메가스터디 N제

수학영역 확률과 통계 | 3점·4점 공략

246제

KB066582

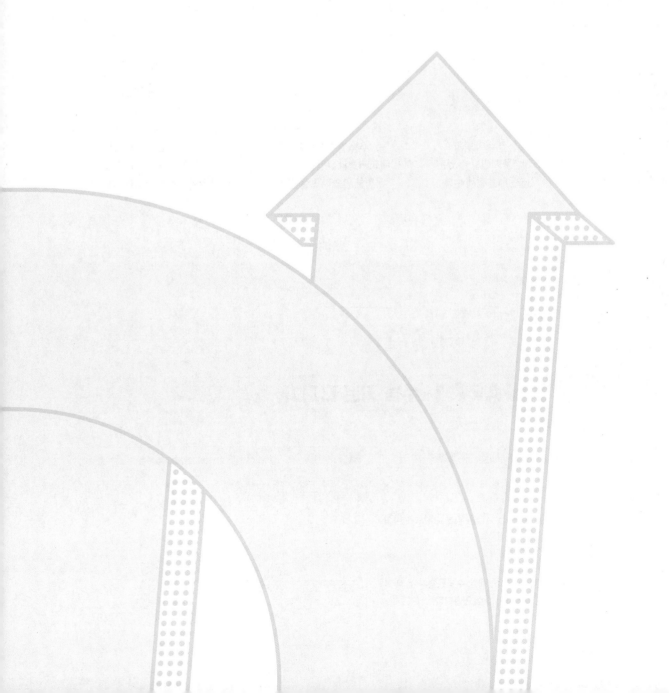

이 책의 **구성과 특징**

**까다로운 기본 문항과
낮아진 최고난도 문항의 난도**

▶ ▶ ▶

기본 문항이 까다로워질수록 탄탄한 기본기가 필요합니다.
기본이 탄탄해야 3점 문항들은 물론 고난도 문항을 풀 수 있는 힘이 생깁니다.

메가스터디 N제 확률과 통계의 **PART 1**의 **STEP 1, 2, 3**의 단계를 차근차근 밟으면
고난도 문항을 해결할 수 있는 종합적 사고력을 기를 수 있습니다.

PART 2에서는 **PART 1**에서 쌓은 탄탄한 기본을 바탕으로
고난도 문항에 대한 실전 감각을 익혀 최고 등급에 도달할 수 있는 힘을 키울 수 있습니다.

메가스터디 N제 **확률과 통계**는

최신 평가원,
수능 트렌드를 반영한
문제 출제

수능 필수 개념과
그 개념을 확인할 수 있는
기출문제를 함께 수록

수능 필수 유형에 대한
대표 기출과 유형별 예상 문제로
유형을 연습하고 실전에 대비

최고난도 문항에 대한
실전 감각을 익힐 수 있도록
어려운 4점 수준의 문제를 수록

PART 1 수능 기본 다지기

STEP 1 수능 필수 개념 정리&기출문제로 개념 확인하기

수능 필수 개념 정리

수능 필수 개념과 공식들을 체계적으로 정리하여 수능 학습의 기본을 빠르게 다질
수 있게 했습니다.

기출문제로 개념 확인하기

수능 필수 개념 학습이 잘되어 있는지 확인하는 기출문제를 수록했습니다. 이를
통하여 실제 수능에 출제되는 개념에 대한 이해를 강화할 수 있습니다.

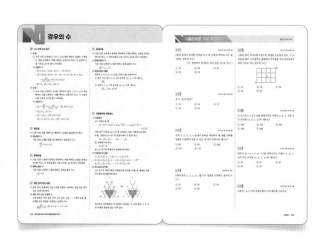

STEP 2 · 유형별 문제로 수능 대비하기

출제 경향 분석 / 실전 가이드

기출문제를 분석하여 필수 유형을 분류하고, 각 유형에 대한 출제 경향 및 실전 가이드를 제시했습니다.

대표 유형 / 예상 문제

각 유형을 대표하는 기출문제를 수록하여 유형에 대한 이해를 높이고, 3점 문항과 쉬운 4점 수준의 예상 문제를 수록하여 실전 감각을 키울 수 있게 했습니다.

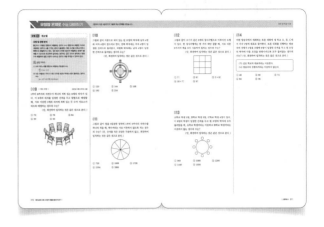

STEP 3 · 등급 업 도전하기

등급 업 문제

기본 4점 수준의 예상 문제를 수록하여 개념에 대한 심화 학습이 가능하도록 하였습니다.

해결 전략

각 문제에 대한 단계별 해결 전략을 제시하여 고난도 문항에 대한 적응력을 기를 수 있도록 하였습니다.

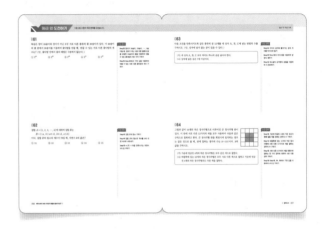

PART 2   고난도 문제로 수능 대비하기

STEP 1 · 고난도 문제로 실전 대비하기

대표 유형

각 유형을 대표하는 어려운 4점 수준의 기출문제를 수록하여 실전 감각을 키울 수 있게 했습니다.

예상 문제

최근 평가원, 수능의 트렌드는 초고난도 문항을 지양하면서도 변별력을 확보할 수 있는 문항을 출제하는 것입니다. 상위권을 목표로 하는 학생들이 어려운 4점 문항을 빠르고 정확하게 풀어보는 연습이 가능하게 구성했습니다.

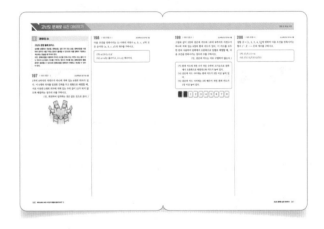

STEP 2 · 최고난도 문제로 1등급 도전하기

1등급 도전 문제

최근 수능에서 최고난도 문항의 난도가 다소 낮아졌으나 1등급을 위해서는 최고난도 문항을 반드시 잡아야 합니다.

1등급을 좌우하는 최고난도 문항만을 수록하여 1등급을 목표로 확실한 실력을 쌓을 수 있게 구성했습니다.

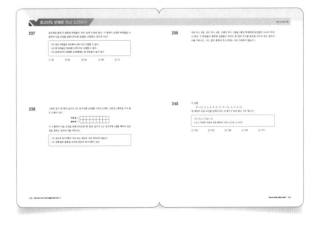

이 책의 **차례**

PART 1

수능 기본 다지기

기출 및 핵심 예상 문제수

기출문제	수능 대비 예상 문제	등급 업 문제	합계
44	129	23	196

N

I

경우의 수

수능 출제 포커스

- 여러 가지 상황에서 경우의 수를 구하는 문제가 출제될 수 있으므로 주어진 상황에 따라 중복순열, 원순열, 같은 것이 있는 순열, 중복조합 중에서 이용해야 하는 것을 정확하게 판단할 수 있어야 한다.
- 중복조합을 이용하여 주어진 조건을 만족시키는 순서쌍의 개수나 함수의 개수를 구하는 문제가 출제될 수 있으므로 복잡한 조건이 주어졌을 때, 조건을 구분하여 정리한 후 경우의 수를 구하는 연습을 해 두어야 한다.
- 이항정리를 이용하여 다항식의 전개식에서 특정한 항의 계수를 구하거나 미지수를 구하는 문제가 출제될 수 있으므로 기본적인 계산 실수를 하지 않도록 충분히 연습을 해 두어야 한다.

기출 및 핵심 예상 문제수

기출문제	수능 대비 예상 문제	등급 업 문제	합계
17	43	9	69

■ 고1 수학 다시 보기

(1) 순열

① 서로 다른 n개에서 $r\,(0<r\leq n)$개를 택하여 일렬로 나열하는 것을 n개에서 r개를 택하는 순열이라 하고, 이 순열의 수를 기호로 $_n\mathrm{P}_r$와 같이 나타낸다.

② 순열의 수

- $n!=n(n-1)(n-2)\times\cdots\times3\times2\times1$
- $_n\mathrm{P}_r=n(n-1)(n-2)\cdots(n-r+1)$ (단, $0<r\leq n$)

$$=\frac{n!}{(n-r)!}\text{ (단, }0\leq r\leq n)$$

- $0!=1,\ _n\mathrm{P}_n=n!,\ _n\mathrm{P}_0=1$

(2) 조합

① 서로 다른 n개에서 순서를 생각하지 않고 $r\,(0<r\leq n)$개를 택하는 것을 n개에서 r개를 택하는 조합이라 하고, 이 조합의 수를 기호로 $_n\mathrm{C}_r$와 같이 나타낸다.

② 조합의 수

- $_n\mathrm{C}_r=\dfrac{_n\mathrm{P}_r}{r!}=\dfrac{n!}{r!(n-r)!}$ (단, $0\leq r\leq n$)
- $_n\mathrm{C}_n=1,\ _n\mathrm{C}_0=1$
- $_n\mathrm{C}_r=\,_n\mathrm{C}_{n-r}$ (단, $0\leq r\leq n$)

  $_n\mathrm{C}_r=\,_{n-1}\mathrm{C}_r+\,_{n-1}\mathrm{C}_{r-1}$ (단, $1\leq r<n$)

1 원순열

(1) 서로 다른 것을 원형으로 배열하는 순열을 원순열이라 한다.

(2) 원순열의 수

서로 다른 n개를 원형으로 배열하는 원순열의 수는

$$\frac{n!}{n}=(n-1)!$$

2 중복순열

(1) 서로 다른 n개에서 중복을 허락하여 r개를 택하는 순열을 중복순열이라 하고, 이 중복순열의 수를 기호로 $_n\Pi_r$와 같이 나타낸다.

(2) 중복순열의 수

서로 다른 n개에서 r개를 택하는 중복순열의 수는

$$_n\Pi_r=n^r$$

3 같은 것이 있는 순열

(1) 같은 것이 포함되어 있는 n개를 일렬로 나열하는 것을 같은 것이 있는 순열이라 한다.

(2) 같은 것이 있는 순열의 수

n개 중에서 서로 같은 것이 각각 p개, q개, $\cdots$, r개씩 있을 때, n개를 모두 일렬로 나열하는 순열의 수는

$$\frac{n!}{p!q!\cdots r!}\text{ (단, }p+q+\cdots+r=n)$$

4 중복조합

(1) 서로 다른 n개에서 중복을 허락하여 r개를 택하는 조합을 중복조합이라 하고, 이 중복조합의 수를 기호로 $_n\mathrm{H}_r$와 같이 나타낸다.

(2) 중복조합의 수

서로 다른 n개에서 r개를 택하는 중복조합의 수는

$$_n\mathrm{H}_r=\,_{n+r-1}\mathrm{C}_r$$

(3) 중복조합의 활용

방정식 $x+y+z=n$ (n은 자연수)를 만족시키는

① 음이 아닌 정수 $x,\ y,\ z$의 순서쌍 $(x,\ y,\ z)$의 개수는

$$_3\mathrm{H}_n$$

② 자연수 $x,\ y,\ z$의 순서쌍 $(x,\ y,\ z)$의 개수는

$$_3\mathrm{H}_{n-3}\text{ (단, }n\geq3)$$

5 이항정리와 이항계수

(1) 이항정리

n이 자연수일 때

$$(a+b)^n=\,_n\mathrm{C}_0a^n+\,_n\mathrm{C}_1a^{n-1}b^1+\cdots+\,_n\mathrm{C}_ra^{n-r}b^r+\cdots$$
$$+\,_n\mathrm{C}_nb^n$$

이와 같이 다항식 $(a+b)^n$을 전개하는 것을 이항정리라 한다.

또한, 다항식 $(a+b)^n$의 전개식에서 각 항의 계수

$$_n\mathrm{C}_0,\ _n\mathrm{C}_1,\ _n\mathrm{C}_2,\ \cdots,\ _n\mathrm{C}_r,\ \cdots,\ _n\mathrm{C}_n$$

을 이항계수라 하고,

$$_n\mathrm{C}_ra^{n-r}b^r$$

을 $(a+b)^n$의 전개식의 일반항이라 한다.

(2) 이항계수의 성질

① $_n\mathrm{C}_0+\,_n\mathrm{C}_1+\cdots+\,_n\mathrm{C}_r+\cdots+\,_n\mathrm{C}_n=2^n$

② $_n\mathrm{C}_0+\,_n\mathrm{C}_2+\,_n\mathrm{C}_4+\cdots=\,_n\mathrm{C}_1+\,_n\mathrm{C}_3+\,_n\mathrm{C}_5+\cdots=2^{n-1}$

③ $_n\mathrm{C}_0-\,_n\mathrm{C}_1+\,_n\mathrm{C}_2-\cdots+(-1)^n\,_n\mathrm{C}_n=0$

(3) 파스칼의 삼각형

$(a+b)^n$의 전개식에서 이항계수를 삼각형 모양으로 배열한 것을 파스칼의 삼각형이라 한다.

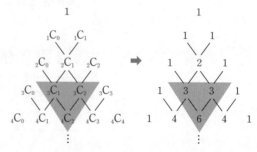

파스칼의 삼각형에서 각 단계의 이웃하는 두 수의 합은 그 두 수의 아래쪽 중앙에 있는 수와 같다.

001

2023년 시행 교육청 3월

5명의 학생이 일정한 간격을 두고 원 모양의 탁자에 모두 둘러앉는 경우의 수는?

(단, 회전하여 일치하는 것은 같은 것으로 본다.)

① 16   ② 20   ③ 24

④ 28   ⑤ 32

002

2023년 시행 교육청 3월

$_3P_2 + {}_3\Pi_2$의 값은?

① 15   ② 16   ③ 17

④ 18   ⑤ 19

003

2018년 시행 교육청 3월

숫자 0, 1, 2, 3, 4 중에서 중복을 허락하여 세 개를 선택해 일렬로 나열하여 만들 수 있는 세 자리 자연수의 개수는?

① 90   ② 95   ③ 100

④ 105   ⑤ 110

004

2024학년도 수능

5개의 문자 x, x, y, y, z를 모두 일렬로 나열하는 경우의 수는?

① 10   ② 20   ③ 30

④ 40   ⑤ 50

005

2021년 시행 교육청 3월

그림과 같이 직사각형 모양으로 연결된 도로망이 있다. 이 도로망을 따라 A지점에서 출발하여 P지점을 지나 B지점까지 최단 거리로 가는 경우의 수는?

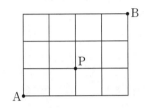

① 12   ② 14   ③ 16

④ 18   ⑤ 20

006

2014학년도 평가원 9월

$3 \leq a \leq b \leq c \leq d \leq 10$을 만족시키는 자연수 a, b, c, d의 모든 순서쌍 (a, b, c, d)의 개수는?

① 240   ② 270   ③ 300

④ 330   ⑤ 360

007

2023년 시행 교육청 4월

방정식 $3x + y + z + w = 11$을 만족시키는 자연수 x, y, z, w의 모든 순서쌍 (x, y, z, w)의 개수는?

① 24   ② 27   ③ 30

④ 33   ⑤ 36

008

2021학년도 평가원 9월

다항식 $(x+3)^8$의 전개식에서 x^7의 계수를 구하시오.

유형 ① 원순열

유형 및 경향 분석

물건이나 사람을 원형으로 배열하는 경우의 수나 원형으로 배열된 자리에 색칠하는 경우의 수를 구하는 문제가 출제된다. 특정 조건을 만족시키면서 원형으로 배열하거나 세모, 네모 등의 다각형 모양으로 배열하는 문제가 출제될 수 있으므로 회전하여 일치하는 경우에는 같은 것으로 생각하고 원형으로 배열하여 같은 모양이 나타나는 경우의 수를 파악할 수 있어야 한다.

실전 가이드

(1) 서로 다른 n개를 원형으로 배열하는 원순열의 수는
$$\frac{n!}{n}=(n-1)!$$

(2) 서로 구별되는 자리가 k개인 다각형 모양의 탁자에 n명이 둘러앉는 경우의 수는
$$(n-1)!\times k \,(\text{단, } 3\le k\le n)$$

009 | 대표 유형 |

2023년 시행 교육청 10월

1부터 8까지의 자연수가 하나씩 적혀 있는 8개의 의자가 있다. 이 8개의 의자를 일정한 간격을 두고 원형으로 배열할 때, 서로 이웃한 2개의 의자에 적혀 있는 두 수가 서로소가 되도록 배열하는 경우의 수는?

(단, 회전하여 일치하는 것은 같은 것으로 본다.)

① 72   ② 78   ③ 84
④ 90   ⑤ 96

010

그림과 같이 이중으로 되어 있는 원 모양의 탁자에 남자 4명과 여자 4명이 앉으려고 한다. 안쪽 탁자에는 여자 4명이 일정한 간격으로 둘러앉고, 바깥쪽 탁자에는 남자 4명이 일정한 간격으로 둘러앉는 경우의 수는?

(단, 회전하여 일치하는 것은 같은 것으로 본다.)

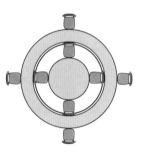

① 120   ② 144   ③ 168
④ 192   ⑤ 216

011

그림과 같이 원을 9등분한 영역에 1부터 9까지의 자연수를 하나씩 적을 때, 짝수끼리는 서로 이웃하지 않도록 적는 경우의 수는? (단, 숫자를 적은 모양은 구분하지 않고, 회전하여 일치하는 것은 같은 것으로 본다.)

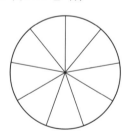

① 720   ② 1008   ③ 1728
④ 2304   ⑤ 2880

012

그림과 같이 크기가 같은 9개의 정사각형으로 이루어진 도형이 있다. 한 정사각형에는 한 가지 색만 칠할 때, 서로 다른 9가지의 색을 모두 사용하여 칠하는 경우의 수는?

(단, 회전하여 일치하는 것은 같은 것으로 본다.)

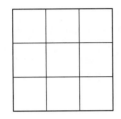

① 7!
② 8!
③ 2×8!
④ 18×7!
⑤ 9!

013

A학교 학생 2명, B학교 학생 2명, C학교 학생 4명이 있다. 이 8명의 학생이 일정한 간격을 두고 원 모양의 탁자에 모두 둘러앉을 때, A학교 학생끼리는 이웃하고 B학교 학생끼리는 이웃하지 않는 경우의 수는?

(단, 회전하여 일치하는 것은 같은 것으로 본다.)

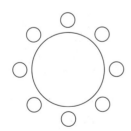

① 960
② 1080
③ 1200
④ 1440
⑤ 1600

014

어떤 방송국에서 개최하는 토론 대회에 세 학교 A, B, C에서 각각 2명씩 대표로 참가한다. 토론 대회를 진행하는 방송국의 진행자 2명을 포함한 8명이 일정한 간격을 두고 원 모양의 탁자에 다음 조건을 만족시키도록 모두 둘러앉는 경우의 수는? (단, 회전하여 일치하는 것은 같은 것으로 본다.)

(가) 같은 학교의 대표끼리는 이웃한다.
(나) 방송국의 진행자끼리는 이웃하지 않는다.

① 48
② 60
③ 72
④ 84
⑤ 96

015

그림과 같은 직사각형 모양의 탁자에 남학생 5명과 여학생 3명이 앉는다. 모서리를 사이에 두고 앉는 경우도 이웃한 경우로 생각할 때, 여학생끼리는 서로 이웃하지 않도록 앉는 경우의 수는? (단, 회전하여 일치하는 것은 같은 것으로 본다.)

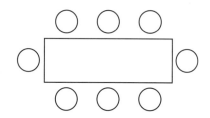

① 4260   ② 4760   ③ 5260
④ 5760   ⑤ 6260

유형 2 중복순열

유형 및 경향 분석

서로 다른 n개에서 중복을 허락하여 r개를 택하는 중복순열의 수를 이용하여 숫자나 물건을 중복하여 나열하거나 서로 다른 상자에 서로 다른 공을 넣는 경우의 수를 구하는 문제가 출제된다.

실전 가이드

서로 다른 n개에서 중복을 허락하여 r개를 택해 일렬로 나열하는 순열
➡ 서로 다른 n개에서 중복을 허락하여 r개를 택하는 중복순열의 수는
$$_{n}\Pi_{r}=n^{r}$$

016 | 대표 유형 | 2023학년도 평가원 6월

네 문자 a, b, X, Y 중에서 중복을 허락하여 6개를 택해 일렬로 나열하려고 한다. 다음 조건이 성립하도록 나열하는 경우의 수는?

> (가) 양 끝 모두에 대문자가 나온다.
> (나) a는 한 번만 나온다.

① 384   ② 408   ③ 432
④ 456   ⑤ 480

017

서로 다른 5개의 구슬 a, b, c, d, e를 세 그릇 A, B, C에 남김없이 나누어 담는 경우의 수는?

(단, 빈 그릇이 있을 수 있다.)

① 81   ② 100   ③ 125
④ 175   ⑤ 243

018

'MATH'의 4개의 문자 M, A, T, H 중에서 중복을 허락하여 5개의 문자를 택해 만들 수 있는 5자리의 암호의 개수는?

① 256   ② 625   ③ 720

④ 1000   ⑤ 1024

019

7명의 학생이 볼펜과 연필을 포함한 4종류의 필기도구 중에서 각자 하나씩을 선택하려고 한다. 볼펜 또는 연필을 선택한 학생이 반드시 있도록 필기도구를 선택하는 경우의 수는 $N \times 2^7$이다. N의 값을 구하시오.

(단, 각 필기도구는 7개씩 있다.)

020

1부터 6까지의 숫자가 하나씩 적혀 있는 여섯 개의 구슬을 1부터 5까지의 숫자가 하나씩 적혀 있는 다섯 개의 주머니에 남김없이 나누어 넣으려고 한다. 홀수가 적혀 있는 구슬은 홀수가 적혀 있는 주머니에 넣고, 짝수가 적혀 있는 구슬은 짝수가 적혀 있는 주머니에 넣는 경우의 수를 구하시오.

(단, 구슬을 하나도 넣지 않은 주머니가 있을 수 있다.)

021

숫자 1, 2, 3, 4 중에서 중복을 허락하여 네 개를 택해 만들 수 있는 네 자리의 자연수 중에서 각 자리의 수의 곱이 6의 배수인 모든 자연수의 개수는?

① 140   ② 150   ③ 160

④ 170   ⑤ 180

유형 3 중복순열; 함수의 개수

유형 및 경향 분석

중복순열을 이용하여 주어진 조건을 만족시키는 함수의 개수를 구하는 문제가 출제된다. 함수의 정의를 정확히 알고 문제에서 요구하는 함수의 조건이 무엇인지 파악해야 한다.

📖 실전 가이드

두 집합 X, Y의 원소의 개수가 각각 m, n일 때, 함수 $f : X \longrightarrow Y$의 개수는
$$_n\Pi_r = n^r$$

022 | 대표 유형 |

2022년 시행 교육청 4월

두 집합 $X=\{1, 2, 3, 4, 5\}$, $Y=\{1, 2, 3\}$에 대하여 다음 조건을 만족시키는 함수 $f : X \longrightarrow Y$의 개수는?

> 집합 X의 모든 원소 x에 대하여 $x \times f(x) \leq 10$이다.

① 102 ② 105 ③ 108
④ 111 ⑤ 114

023

두 집합 $X=\{a, b, c, d, e\}$, $Y=\{1, 2, 3, 4, 5\}$에 대하여 다음 조건을 만족시키는 함수 $f : X \longrightarrow Y$의 개수는?

> (가) $f(a) \neq 1$, $f(a) \neq 5$
> (나) $f(b) = f(c)$

① 300 ② 325 ③ 350
④ 375 ⑤ 400

024

집합 $X=\{2, 3, 4, 5, 6\}$에 대하여 다음 조건을 만족시키는 함수 $f : X \longrightarrow X$의 개수는?

> 임의의 $x \in X$에 대하여 $x+f(x)$의 값은 홀수이다.

① 70 ② 72 ③ 74
④ 76 ⑤ 78

025

두 집합 $X=\{1, 2, 3, 4\}$, $Y=\{1, 2, 3, 4, 5, 6, 7\}$에 대하여 다음 조건을 만족시키는 함수 $f : X \longrightarrow Y$의 개수는?

> (가) $f(1)+f(2)$는 짝수이다.
> (나) $f(1) < f(2)$

① 429 ② 433 ③ 437
④ 441 ⑤ 445

유형 4 같은 것이 있는 순열

유형 및 경향 분석

같은 숫자, 같은 문자 또는 같은 물건을 일렬로 나열하는 경우의 수를 구하는 문제가 출제된다. 특히 특정한 문자나 물건의 순서가 이미 정해진 경우에는 그 대상들을 같은 것으로 생각하여 같은 것이 있는 순열의 수를 이용하여 경우의 수를 구한다.

📖 실전 가이드

n개 중에서 서로 같은 것이 각각 p개, q개, $\cdots$, r개씩 있을 때, n개를 모두 일렬로 나열하는 순열의 수는

$$\frac{n!}{p! q! \cdots r!} \ (단, \ p+q+\cdots+r=n)$$

026 | 대표 유형 |

2023년 시행 교육청 7월

숫자 0, 0, 0, 1, 1, 2, 2가 하나씩 적힌 7장의 카드가 있다. 이 7장의 카드를 모두 한 번씩 사용하여 일렬로 나열할 때, 이웃하는 두 장의 카드에 적힌 수의 곱이 모두 1 이하가 되도록 나열하는 경우의 수는?

(단, 같은 숫자가 적힌 카드끼리는 서로 구별하지 않는다.)

① 14   ② 15   ③ 16
④ 17   ⑤ 18

027

그림과 같이 숫자 1, 1, 2, 3, 4, 5, 6이 하나씩 적힌 7장의 카드를 일렬로 나열할 때, 짝수가 적혀 있는 카드는 반드시 짝수 번째에 놓이도록 나열하는 경우의 수는?

(단, 같은 숫자가 적힌 카드끼리는 서로 구별하지 않는다.)

| 1 | 1 | 2 | 3 | 4 | 5 | 6 |

① 71   ② 72   ③ 73
④ 74   ⑤ 75

028

흰 공 5개, 빨간 공 2개, 검은 공 1개를 일렬로 나열할 때, 양 끝에 있는 공의 색이 서로 다른 경우의 수는?

(단, 같은 색의 공끼리는 서로 구별하지 않는다.)

① 84   ② 102   ③ 112
④ 136   ⑤ 180

029

어느 고등학교의 1학년 학생 4명과 세 학생 A, B, C를 포함한 2학년 학생 5명을 일렬로 세울 때, 다음 조건을 만족시키도록 세우는 경우의 수는?

> (가) 2학년 학생끼리는 서로 이웃하지 않는다.
> (나) 앞쪽부터 항상 A, B, C 순으로 세운다.

① 450   ② 460   ③ 470
④ 480   ⑤ 490

030

알파벳 대문자 A, B, C, D와 소문자 a, b, c, d가 있다. 이 8개의 문자를 일렬로 나열할 때, A는 a보다 앞에, B는 b보다 뒤에, C와 c는 이웃하게 나열하는 경우의 수는?

① 2480   ② 2500   ③ 2520
④ 2540   ⑤ 2560

031

어느 단체에서는 회원들에게 사이렌을 울리는 것을 신호로 메시지를 보내기로 했다. 사이렌으로 보내는 신호는 4초 동안 울리는 것과 6초 동안 울리는 것의 두 종류가 있고, 신호와 신호 사이의 간격은 2초이다. 두 종류의 신호 중 한 가지 또는 두 가지를 여러 번 사용하여 메시지를 보내는 데 소요되는 시간이 정확히 30초일 때, 보낼 수 있는 메시지의 개수는?

① 5   ② 6   ③ 7
④ 8   ⑤ 9

032

5개의 숫자 1, 2, 3, 4, 5 중에서 네 개를 택하여 네 자리의 자연수를 만들 때, 다음 조건을 만족시키는 네 자리의 자연수의 개수는?

> (가) 홀수는 중복하여 선택할 수 없다.
> (나) 짝수는 두 번까지 중복하여 선택할 수 있다.

① 240   ② 250   ③ 260
④ 270   ⑤ 280

033

그림과 같이 바구니 A에는 크기와 모양이 똑같은 탁구공이 6개 들어 있고, 바구니 B는 비어 있다. 한 번에 1개에서 3개까지 탁구공을 바구니 A에서 바구니 B로 옮길 수 있을 때, 바구니 A의 탁구공을 모두 바구니 B로 옮기는 경우의 수는?

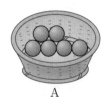 

A   B

① 18   ② 20   ③ 22
④ 23   ⑤ 24

유형 5 최단 거리로 가는 경우의 수

유형 및 경향 분석

같은 것이 있는 순열의 수를 이용하여 주어진 도로망에서 최단 거리로 이동하는 경우의 수를 구하는 문제가 출제된다.

🖐 실전 가이드

A지점에서 B지점까지 최단 거리로 가는 경우의 수는 가로로 m칸, 세로로 n칸인 경로일 때, 같은 것이 각각 m개, n개 있는 것을 일렬로 나열하는 순열의 수와 같다.
즉, A지점에서 B지점까지 최단 거리로 가는 경우의 수는

$$\frac{(m+n)!}{m!n!}$$

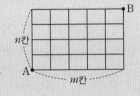

---

034 | 대표 유형 |

2024학년도 평가원 9월

그림과 같이 직사각형 모양으로 연결된 도로망이 있다. 이 도로망을 따라 A지점에서 출발하여 P지점을 거쳐 B지점까지 최단 거리로 가는 경우의 수는?

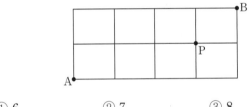

① 6   ② 7   ③ 8
④ 9   ⑤ 10

035

그림과 같은 모양으로 연결된 도로망이 있다. 이 도로망을 따라 A지점에서 출발하여 B지점까지 최단 거리로 가는 경우의 수는?

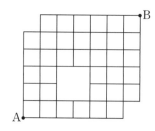

① 1014　　　　② 1015　　　　③ 1016
④ 1017　　　　⑤ 1018

036

그림과 같은 모양으로 연결된 도로망이 있다. 이 도로망을 따라 A지점에서 출발하여 B지점까지 최단 거리로 가는 경우의 수는?

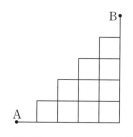

① 42　　　　② 43　　　　③ 44
④ 45　　　　⑤ 46

037

그림과 같이 직사각형 모양으로 연결된 도로망이 있다. 이 도로망을 따라 갑은 A지점에서 출발하여 B지점까지, 을은 B지점에서 출발하여 A지점까지 최단 거리로 이동하였다. 갑과 을이 각자의 출발 지점에서 동시에 출발하여 도중에 만난 후 도착 지점까지 최단 거리로 가는 경우의 수는?

(단, 갑과 을의 속력은 같다.)

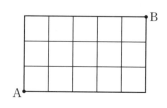

① 1184　　　　② 1216　　　　③ 1248
④ 1280　　　　⑤ 1312

038

그림과 같은 모양으로 연결된 도로망의 한 교차점에서 도로망을 따라 이웃한 교차점으로 이동하는 것을 한 번의 이동이라 한다. A지점에서 출발하여 B지점까지 가려면 각 교차점에서 오른쪽 방향(→) 또는 위쪽 방향(↑) 또는 대각선 방향(↗)으로만 이동할 수 있다고 할 때, 오른쪽, 위쪽, 대각선 방향으로 적어도 한 번씩 이동하여 A지점에서 B지점까지 가는 경우의 수는?

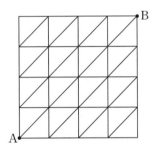

① 210   ② 220   ③ 230

④ 240   ⑤ 250

유형 6 중복조합

유형 및 경향 분석

중복조합의 수를 구하는 간단한 계산 문제, 같은 종류의 물건을 서로 다른 사람에게 나누어 주는 문제가 다양하게 출제된다.

실전 가이드

서로 다른 n개에서 중복을 허락하여 r개를 택하는 중복조합의 수는

$$_nH_r =\ _{n+r-1}C_r$$

만점 Tip ▶ 같은 종류의 물건 r개를 n명에게 나누어 주는 경우의 수 ➡ $_nH_r$

---

039 | 대표 유형 |

2022학년도 평가원 6월

빨간색 카드 4장, 파란색 카드 2장, 노란색 카드 1장이 있다. 이 7장의 카드를 세 명의 학생에게 남김없이 나누어 줄 때, 3가지 색의 카드를 각각 한 장 이상 받는 학생이 있도록 나누어 주는 경우의 수는? (단, 같은 색 카드끼리는 서로 구별하지 않고, 카드를 받지 못하는 학생이 있을 수 있다.)

① 78   ② 84   ③ 90

④ 96   ⑤ 102

040

사과, 배, 감 세 종류의 과일 중에서 10개를 선택하여 과일 상자를 만들려고 한다. 세 종류의 과일이 적어도 한 개씩 들어가도록 과일 상자를 만드는 경우의 수는?

(단, 각 종류의 과일은 10개 이상씩 있다.)

① 35   ② 36   ③ 37
④ 38   ⑤ 39

041

같은 종류의 공 5개를 서로 다른 3개의 상자에 남김없이 나누어 넣으려고 한다. 각 상자 안의 공이 3개 이하가 되도록 넣는 경우의 수는? (단, 빈 상자가 있을 수도 있다.)

① 10   ② 11   ③ 12
④ 13   ⑤ 14

042

같은 종류의 연필 4자루와 같은 종류의 공책 5권을 세 학생 A, B, C에게 남김없이 나누어 주는 경우의 수는? (단, 세 학생 모두 공책 또는 연필을 적어도 한 개씩은 받아야 한다.)

① 220   ② 222   ③ 224
④ 226   ⑤ 228

유형 7 중복조합; 순서쌍의 개수

유형 및 경향 분석

부등호 $\leq$, $\geq$로 수의 대소 관계가 주어지고 부등식을 만족시키는 순서쌍의 개수를 구하는 문제 또는 주어진 방정식을 만족시키는 순서쌍의 개수를 구하는 문제가 출제된다.

📝 실전 가이드

(1) 두 자연수 m, n에 대하여 $m \leq a \leq b \leq c \leq n$을 만족시키는 세 자연수 a, b, c를 정하는 경우의 수는 m부터 n까지 $(n-m+1)$개의 자연수 중에서 중복을 허락하여 3개를 택하는 중복조합의 수와 같으므로
$$_{n-m+1}\mathrm{H}_3$$

(2) 방정식 $x_1+x_2+x_3+\cdots+x_n=m$ (m, n은 자연수)를 만족시키는 음이 아닌 정수 x_1, x_2, x_3, $\cdots$, x_n의 순서쌍 $(x_1, x_2, x_3, \cdots, x_n)$의 개수는
$$_{n}\mathrm{H}_m$$

만점 Tip ▶ 주어진 방정식의 해가 '음이 아닌 정수'가 아닌 다른 범위의 해이면 치환을 통해 '음이 아닌 정수'를 해로 갖는 방정식으로 변형한다.

043 | 대표 유형 |

2022학년도 수능

다음 조건을 만족시키는 자연수 a, b, c, d, e의 모든 순서쌍 (a, b, c, d, e)의 개수는?

(가) $a+b+c+d+e=12$
(나) $|a^2-b^2|=5$

① 30   ② 32   ③ 34
④ 36   ⑤ 38

044

$2 \leq a \leq b < 6 < c \leq d \leq 10$을 만족시키는 자연수 a, b, c, d의 모든 순서쌍 (a, b, c, d)의 개수는?

① 80   ② 90   ③ 100
④ 110   ⑤ 120

045

방정식 $x+y+z=8$을 만족시키는 음이 아닌 정수 x, y, z 중에서 3 이상의 자연수가 2개 포함되는 모든 순서쌍 (x, y, z)의 개수는?

① 18   ② 20   ③ 22
④ 24   ⑤ 26

046

다음 조건을 만족시키는 자연수 a, b, c의 모든 순서쌍 (a, b, c)의 개수는?

> (가) $a \times b \times c$는 짝수이다.
> (나) $a \leq b \leq c \leq 20$

① 1320   ② 1330   ③ 1340
④ 1350   ⑤ 1360

047

다음 조건을 만족시키는 정수 a, b, c의 모든 순서쌍 (a, b, c)의 개수는?

> (가) $|a| + |b| + |c| = 8$
> (나) $abc \neq 0$

① 144   ② 152   ③ 160
④ 168   ⑤ 176

유형 8 중복조합; 함수의 개수

유형 및 경향 분석

중복조합을 이용하여 함수의 개수를 구하는 문제가 출제된다. 순열과 조합을 모두 이용하여 함수의 개수를 구하는 문제가 출제되므로 주어진 조건에 따라 알맞은 공식을 이용하는 것이 중요하다.

🔖 실전 가이드

두 집합 X, Y의 원소의 개수가 각각 m, n인 함수 $f : X \longrightarrow Y$에 대하여 $a < b$ $(a \in X$, $b \in X)$이면 $f(a) \leq f(b)$인 함수의 개수는

$$_n\mathrm{H}_m$$

만점 Tip ▶ 경우의 수를 이용한 함수의 개수

두 집합 X, Y의 원소의 개수가 각각 m, n인 함수 $f : X \longrightarrow Y$에 대하여

(1) 함수의 개수는 $_n\Pi_m$
(2) 일대일함수의 개수는 $_n\mathrm{P}_m$ (단, $n \geq m$)
(3) $a < b$ $(a \in X$, $b \in X)$일 때
  ① $f(a) < f(b)$인 함수의 개수는 $_n\mathrm{C}_m$ (단, $n \geq m$)
  ② $f(a) \leq f(b)$인 함수의 개수는 $_n\mathrm{H}_m$

048 | 대표 유형 |

2021학년도 수능

집합 $X = \{1, 2, 3, 4\}$에 대하여 다음 조건을 만족시키는 함수 $f : X \longrightarrow X$의 개수는?

> $$f(2) \leq f(3) \leq f(4)$$

① 64   ② 68   ③ 72
④ 76   ⑤ 80

049

두 집합 $X=\{1, 2, 3, 4, 5\}$, $Y=\{1, 2, 3, 4, 5, 6, 7\}$에 대하여 다음 조건을 만족시키는 함수 $f : X \longrightarrow Y$의 개수는?

> (가) $f(4)=5$
> (나) 집합 X의 임의의 두 원소 x_1, x_2에 대하여
> $x_1 < x_2$이면 $f(x_1) \leq f(x_2)$이다.

① 100   ② 105   ③ 110
④ 115   ⑤ 120

050

두 집합 $A=\{1, 2, 3, 4\}$, $B=\{5, 6, 7, 8\}$에 대하여 다음 조건을 만족시키는 함수 $f : A \longrightarrow B$의 개수는?

> (가) $f(2)$의 값은 소수이다.
> (나) 집합 A의 임의의 두 원소 i, j에 대하여
> $i < j$이면 $f(i) \leq f(j)$이다.

① 16   ② 17   ③ 18
④ 19   ⑤ 20

051

두 집합 $X=\{1, 2, 3, 4\}$, $Y=\{x \,|\, x$는 10 이하의 자연수$\}$에 대하여 다음 조건을 만족시키는 함수 $f : X \longrightarrow Y$의 개수는?

> $$f(1) \leq f(2) < f(3) \leq f(4)$$

① 490   ② 495   ③ 500
④ 505   ⑤ 510

052

두 집합 $X=\{1, 2, 3, 4, 5, 6\}$, $Y=\{7, 8, 9, 10\}$에 대하여 다음 조건을 만족시키는 함수 $f : X \longrightarrow Y$의 개수는?

> (가) $f(1)=7$
> (나) 집합 X의 1이 아닌 임의의 두 원소 x_1, x_2에 대하여
> $x_1 < x_2$이면 $f(1) < f(x_1) \leq f(x_2)$이다.
> (다) 함수 f의 치역과 공역은 같다.

① 6   ② 7   ③ 8
④ 9   ⑤ 10

유형 ⑨ 이항정리와 이항계수

유형 및 경향 분석

이항정리를 이용한 다항식의 전개식에서 특정한 항의 계수를 구하거나 특정한 항들의 계수 사이에 성립하는 관계식에서 미지수를 구하는 문제가 출제된다.

📑 실전 가이드

(1) n이 자연수일 때
$$(a+b)^n = {}_nC_0a^n + {}_nC_1a^{n-1}b + \cdots + {}_nC_ra^{n-r}b^r + \cdots + {}_nC_nb^n$$

(2) 이항계수의 성질
$$(1+x)^n = {}_nC_0 + {}_nC_1x + {}_nC_2x^2 + \cdots + {}_nC_rx^r + \cdots + {}_nC_nx^n$$
을 이용하여 다음을 구할 수 있다.

① ${}_nC_0 + {}_nC_1 + {}_nC_2 + \cdots + {}_nC_n = 2^n$

② ${}_nC_0 - {}_nC_1 + {}_nC_2 - \cdots + (-1)^n {}_nC_n = 0$

③ ${}_nC_0 + {}_nC_2 + {}_nC_4 + \cdots = {}_nC_1 + {}_nC_3 + {}_nC_5 + \cdots = 2^{n-1}$

053 | 대표 유형 |

2022학년도 평가원 9월

$\left(x^2 + \dfrac{a}{x}\right)^5$의 전개식에서 $\dfrac{1}{x^2}$의 계수와 x의 계수가 같을 때, 양수 a의 값은?

① 1 ② 2 ③ 3

④ 4 ⑤ 5

054

$\left(x + \dfrac{2}{x^2}\right)^8$의 전개식에서 x^2의 계수와 x^5의 계수의 합은?

① 120 ② 122 ③ 124

④ 126 ⑤ 128

055

다항식 $(2x+a)^5$의 전개식에서 x^3의 계수가 320일 때, x의 계수는? (단, a는 상수이다.)

① 160 ② 200 ③ 240

④ 280 ⑤ 320

056

다항식 $(1+3x)(1+x)^5$의 전개식에서 x^4의 계수를 구하시오.

057

$\left(x-\dfrac{1}{x}\right)\left(x+\dfrac{1}{x}\right)^2\left(x+\dfrac{1}{x}\right)^3\left(x-\dfrac{1}{x}\right)^4$의 전개식에서 x^2의 계수는?

① 5   ② 10   ③ 15

④ 20   ⑤ 25

058

홀수 k에 대하여
$$f(k)={}_k\mathrm{C}_1+{}_k\mathrm{C}_3+{}_k\mathrm{C}_5+\cdots+{}_k\mathrm{C}_k$$
일 때, $f(1)+f(3)+f(5)+f(7)+f(9)$의 값은?

① 331   ② 341   ③ 351

④ 361   ⑤ 371

059

2 이상의 자연수 n에 대하여 다항식
$$(1+x)+(1+x)^2+(1+x)^3+\cdots+(1+x)^n$$
의 전개식에서 x^2의 계수가 56일 때, n의 값은? (단, $x\neq0$)

① 5   ② 6   ③ 7

④ 8   ⑤ 9

060

다음 조건을 이용하여
$$({}_8\mathrm{C}_0)^2+({}_8\mathrm{C}_1)^2+({}_8\mathrm{C}_2)^2+\cdots+({}_8\mathrm{C}_8)^2$$
을 간단히 한 것은?

> (가) $(1+x)^{2n}=(1+x)^n(1+x)^n$
>
> (나) ${}_n\mathrm{C}_r={}_n\mathrm{C}_{n-r}$ (단, $0\leq r\leq n$)

① 2^{16} ② ${}_{16}\mathrm{P}_8$ ③ ${}_{16}\mathrm{C}_8$

④ $({}_{16}\mathrm{P}_8)^2$ ⑤ $({}_{16}\mathrm{C}_8)^2$

061

똑같은 장미 30송이와 장미가 아닌 모두 서로 다른 종류의 꽃 30송이가 있다. 이 60송이의 꽃 중에서 30송이를 이용하여 꽃다발을 만들 때, 만들 수 있는 서로 다른 꽃다발의 개수는? (단, 꽃다발 안에서 꽃의 배열은 구분하지 않는다.)

① 2^{28} ② 2^{29} ③ 2^{30} ④ 2^{31} ⑤ 2^{32}

해결 전략

Step ❶ 장미가 30송이, 29송이, …, 0송이일 때, 장미가 아닌 서로 다른 종류의 꽃을 포함한 30송이의 꽃을 이용하여 만들 수 있는 꽃다발의 개수 각각 구하기

Step ❷ Step ❶에서 구한 값을 이용하여 만들 수 있는 서로 다른 꽃다발의 개수 구하기

062

집합 $A=\{1, 2, 3, \cdots, k\}$에 대하여 집합 B는
$$B=\{(a, b)\,|\,a\in A,\ b\in A,\ a\leq b\}$$
이다. 집합 B의 원소의 개수가 78일 때, 자연수 k의 값은?

① 11   ② 12   ③ 13   ④ 14   ⑤ 15

해결 전략

Step ❶ 집합 B의 원소 구하기

Step ❷ 집합 B의 원소의 개수를 k에 대한 식으로 나타내기

Step ❸ $n(B)=78$을 만족시키는 자연수 k의 값 구하기

063

다음 조건을 만족시키도록 같은 종류의 공 15개를 세 상자 A, B, C에 넣는 방법의 수를 구하시오. (단, 상자에 넣지 않는 공이 있을 수 있다.)

(가) 세 상자 A, B, C 모두 적어도 하나의 공을 넣어야 한다.
(나) 상자에 넣은 공은 7개 이상이다.

해결 전략

Step ❶ 각각의 상자에 들어가는 공의 개수를 미지수로 놓기

Step ❷ **Step ❶**의 미지수를 이용하여 방정식 세우기

Step ❸ 파스칼의 삼각형의 성질을 이용하여 식 정리하기

064

그림과 같이 16개의 작은 정사각형으로 이루어진 큰 정사각형 판이 있다. 이 판에 서로 다른 13가지의 색을 모두 사용하여 다음과 같은 규칙으로 칠하려고 한다. 큰 정사각형 판을 회전시켜 일치하는 경우는 같은 것으로 볼 때, 판에 칠하는 경우의 수는 $k \times 10!$이다. k의 값을 구하시오.

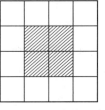

(가) 가운데 빗금친 4개의 작은 정사각형은 모두 같은 색으로 칠한다.
(나) 바깥쪽에 있는 12개의 작은 정사각형은 모두 서로 다른 색으로 칠하고 가운데 빗금친 4개의 작은 정사각형과도 다른 색을 칠한다.

해결 전략

Step ❶ 가운데 빗금친 4개의 작은 정사각형에 칠할 색을 정하는 경우의 수 구하기

Step ❷ 바깥쪽에 있는 12개의 작은 정사각형에 서로 다른 12가지의 색을 칠하는 경우의 수 구하기

Step ❸ 서로 다른 12가지의 색을 원형으로 칠하는 한 가지 경우에 대하여 서로 다른 경우 구하기

Step ❹ **Step ❶**, **❷**, **❸**에서 구한 값을 이용하여 k의 값 구하기

065

집합 $A=\{1, 2, 3, 4, 5\}$에 대하여 함수 $f : A \longrightarrow A$가 다음 조건을 만족시킨다.

> (가) 치역의 원소의 최댓값은 4이다.
> (나) $f(1)+f(3)+f(5)=7$

함수 f의 개수는?

① 130   ② 132   ③ 134   ④ 136   ⑤ 138

해결 전략

Step ❶ 두 조건 (가), (나)를 만족시키는 경우 구하기

Step ❷ 각 경우에 따라 치역의 원소의 최댓값이 4인 경우의 수 구하기

Step ❸ 주어진 조건을 만족시키는 함수 f의 개수 구하기

066

그림과 같이 가로의 길이가 각각 1, 1.2, 1.3, 3.5이고 세로의 길이가 모두 1인 네 개의 직사각형을 붙여 만든 도형을 빨간색, 노란색, 파란색으로 칠하려고 한다. 한 직사각형에는 한 가지 색만을 칠할 때, 파란색이 칠해진 부분의 넓이가 2 이상이 되는 경우의 수를 구하시오. (단, 같은 색을 여러 번 칠할 수 있고, 세 가지 색을 모두 사용하지 않을 수도 있다.)

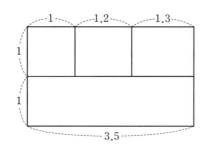

해결 전략

Step ❶ 주어진 그림에서 각각의 영역에 번호를 붙여 나누어 보기

Step ❷ 각각의 영역에 파란색을 칠하는 영역의 개수를 기준으로 나누어 경우의 수 구하기

067

1, 2, 3의 숫자가 하나씩 적혀 있는 카드가 각각 2장, 3장, 4장 들어 있는 주머니가 있다. 이 주머니에서 1장씩 4장의 카드를 꺼내어 꺼낸 순서대로 나열하여 네 자리의 자연수를 만든다. 이와 같이 만든 네 자리의 자연수 중에서 3의 배수의 개수는?

(단, 꺼낸 카드는 다시 넣지 않는다.)

① 7   ② 11   ③ 15   ④ 19   ⑤ 23

해결 전략

Step ❶ 3의 배수는 각 자리의 숫자의 합이 3의 배수임을 이용하여 경우 나누기

Step ❷ 각 경우를 만족시키는 네 자리의 자연수의 개수 구하기

068

숫자 1, 1, 2, 3, 3, 3, 4, 5가 하나씩 적혀 있는 8장의 카드를 일렬로 나열할 때, 짝수가 적혀 있는 카드끼리는 서로 이웃하지 않게 하려고 한다. 짝수가 적혀 있는 카드 사이에 놓이는 다른 카드의 개수가 짝수 개인 경우의 수는?

① 360   ② 540   ③ 720   ④ 900   ⑤ 1080

해결 전략

Step ❶ 홀수가 적혀 있는 카드를 일렬로 나열하는 경우의 수 구하기

Step ❷ 짝수가 적혀 있는 카드 사이에 짝수 개의 카드가 놓이도록 짝수가 적혀 있는 카드의 자리를 선택하는 경우의 수 구하기

Step ❸ 짝수가 적혀 있는 카드끼리 서로 자리를 바꾸는 경우의 수 구하기

069

빨간색 볼펜 5자루, 파란색 볼펜 4자루, 검은색 볼펜 3자루가 있다. 이 12자루의 볼펜을 똑같은 필통 3개에 남김없이 나누어 넣어 A, B, C 세 명에게 나누어 주려고 한다. 각 필통에는 적어도 1자루 이상의 볼펜이 들어 있다고 할 때, 볼펜을 넣은 필통을 A, B, C 세 명에게 나누어 주는 경우의 수는? (단, 같은 색 볼펜끼리는 서로 구별하지 않는다.)

① 2379   ② 2397   ③ 2739   ④ 2793   ⑤ 2973

해결 전략

Step ❶ 각각의 볼펜을 A, B, C 세 명에게 나누어 주는 경우의 수 구하기

Step ❷ 각각의 볼펜을 A, B, C 중 어느 두 명에게만 나누어 주는 경우의 수 구하기

Step ❸ 각각의 볼펜을 A, B, C 중 어느 한 명에게만 나누어 주는 경우의 수 구하기

Ⅱ

확률

수능 출제 포커스

- 다양한 실생활 상황에서 경우의 수를 이용하여 수학적 확률을 구하는 문제가 출제될 수 있으므로 복잡하게 주어진 조건을 정리한 후 확률을 구하는 연습을 많이 해 두어야 한다.
- 조건부확률, 사건의 독립을 이용하여 확률을 구하는 계산 문제가 출제될 수 있으므로 계산 과정에서 실수하지 않도록 주의한다.
- 조건부확률이나 독립시행을 이용하여 확률을 구하는 문제가 출제될 수 있으므로 주어진 조건이나 상황을 표로 정리하는 연습을 많이 해 두어야 한다.

기출 및 핵심 예상 문제수

기출문제	수능 대비 예상 문제	등급 업 문제	합계
15	43	7	65

II 확률

1 확률의 정의와 성질

(1) 시행과 사건
  ① 시행: 주사위나 동전을 던지는 것과 같이 같은 조건에서 여러 번 반복할 수 있고, 그 결과가 우연에 의하여 결정되는 실험이나 관찰
  ② 표본공간: 어떤 시행에서 일어날 수 있는 모든 결과의 집합
  ③ 사건: 표본공간의 부분집합
  ④ 근원사건: 표본공간의 부분집합 중에서 한 개의 원소로 이루어진 사건

  만점 Tip ▸ 표본공간 S는 어떤 시행에서 일어날 수 있는 모든 가능한 결과 전체의 집합이므로 반드시 일어나는 사건이고, 시행의 결과로 절대 일어날 수 없는 사건을 공집합 $\varnothing$로 나타낸다.

(2) 합사건과 곱사건
  두 사건 A, B에 대하여
  ① 합사건: A 또는 B가 일어나는 사건, 즉 $A \cup B$
  ② 곱사건: A와 B가 동시에 일어나는 사건, 즉 $A \cap B$

(3) 수학적 확률
  어떤 시행의 표본공간 S에서 사건 A가 일어날 수학적 확률은
$$P(A) = \frac{n(A)}{n(S)}$$
$$= \frac{(\text{사건 } A\text{가 일어나는 경우의 수})}{(\text{일어날 수 있는 모든 경우의 수})}$$

(4) 확률의 기본 성질
  표본공간이 S인 어떤 시행에서
  ① 임의의 사건 A에 대하여
$$0 \leq P(A) \leq 1$$
  ② 반드시 일어나는 사건 S에 대하여
$$P(S) = 1$$
  ③ 절대로 일어나지 않는 사건 $\varnothing$에 대하여
$$P(\varnothing) = 0$$

2 확률의 덧셈정리

(1) 표본공간의 임의의 두 사건 A, B에 대하여
$$P(A \cup B) = P(A) + P(B) - P(A \cap B)$$
(2) 두 사건 A, B가 서로 배반사건, 즉 $A \cap B = \varnothing$일 때
$$P(A \cup B) = P(A) + P(B)$$
(3) 여사건의 확률
  표본공간의 사건 A의 여사건 A^c에 대하여
$$P(A^c) = 1 - P(A)$$

만점 Tip ▸ '적어도 ~인 사건', '~ 이상인 사건', '~ 이하인 사건' 등의 표현이 있을 때, 여사건의 확률을 이용하면 더 편리한 경우가 있다.

3 조건부확률

표본공간 S에서 확률이 0이 아닌 두 사건 A, B에 대하여 사건 A가 일어났다는 조건 아래에서 사건 B가 일어날 확률을 사건 A가 일어났을 때의 사건 B의 조건부확률이라 하고, 이것을 기호로 $P(B|A)$와 같이 나타낸다.

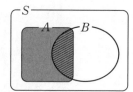

$$P(B|A) = \frac{P(A \cap B)}{P(A)} \ (\text{단, } P(A) > 0)$$

참고 $P(B|A) = \dfrac{n(A \cap B)}{n(A)}$

4 확률의 곱셈정리

두 사건 A, B에 대하여 $P(A) > 0$, $P(B) > 0$일 때
$$P(A \cap B) = P(A)P(B|A)$$
$$= P(B)P(A|B)$$

5 사건의 독립과 종속

(1) 두 사건 A, B에 대하여 $P(A) > 0$, $P(B) > 0$이고, 사건 A가 일어나거나 일어나지 않는 것이 사건 B가 일어날 확률에 영향을 주지 않을 때, 즉
$$P(B) = P(B|A) = P(B|A^c)$$
  일 때, 두 사건 A, B는 서로 독립이라 한다.
(2) 두 사건 A, B가 서로 독립이 아닐 때, 즉
$$P(B|A) \neq P(B) \text{ 또는 } P(B|A^c) \neq P(B)$$
  일 때, 두 사건 A, B는 서로 종속이라 한다.
(3) 두 사건 A, B가 서로 독립이기 위한 필요충분조건은
$$P(A \cap B) = P(A)P(B) \ (\text{단, } P(A) > 0, P(B) > 0)$$
(4) 두 사건 A, B가 서로 종속이기 위한 필요충분조건은
$$P(A \cap B) \neq P(A)P(B) \ (\text{단, } P(A) > 0, P(B) > 0)$$

만점 Tip ▸ 두 사건 A와 B가 서로 독립이면 A^c과 B, A와 B^c, A^c과 B^c도 각각 서로 독립이다.

6 독립시행의 확률

(1) 독립시행: 동전이나 주사위를 던지는 시행처럼 어떤 시행을 반복하는 경우 매번 일어나는 사건이 서로 독립인 시행
(2) 독립시행의 확률
  1회의 시행에서 사건 A가 일어날 확률이 p일 때, n회의 독립시행에서 사건 A가 r회 일어날 확률은
$${}_n C_r \, p^r q^{n-r} \ (\text{단, } q = 1-p, \ r = 0, 1, 2, \cdots, n)$$

정답 및 해설 16쪽

070

2022학년도 평가원 9월

네 개의 수 1, 3, 5, 7 중에서 임의로 선택한 한 개의 수를 a라 하고, 네 개의 수 2, 4, 6, 8 중에서 임의로 선택한 한 개의 수를 b라 하자. $a \times b > 31$일 확률은?

① $\dfrac{1}{16}$　　② $\dfrac{1}{8}$　　③ $\dfrac{3}{16}$

④ $\dfrac{1}{4}$　　⑤ $\dfrac{5}{16}$

071

2021학년도 수능

한 개의 주사위를 세 번 던져서 나오는 눈의 수를 차례로 a, b, c라 할 때, $a \times b \times c = 4$일 확률은?

① $\dfrac{1}{54}$　　② $\dfrac{1}{36}$　　③ $\dfrac{1}{27}$

④ $\dfrac{5}{108}$　　⑤ $\dfrac{1}{18}$

072

2024학년도 평가원 6월

두 사건 A, B에 대하여

$$P(A \cap B^c) = \frac{1}{9}, \quad P(B^c) = \frac{7}{18}$$

일 때, $P(A \cup B)$의 값은? (단, B^c은 B의 여사건이다.)

① $\dfrac{5}{9}$　　② $\dfrac{11}{18}$　　③ $\dfrac{2}{3}$

④ $\dfrac{13}{18}$　　⑤ $\dfrac{7}{9}$

073

2024학년도 평가원 6월

흰색 손수건 4장, 검은색 손수건 5장이 들어 있는 상자가 있다. 이 상자에서 임의로 4장의 손수건을 동시에 꺼낼 때, 꺼낸 4장의 손수건 중에서 흰색 손수건이 2장 이상일 확률은?

① $\dfrac{1}{2}$　　② $\dfrac{4}{7}$　　③ $\dfrac{9}{14}$

④ $\dfrac{5}{7}$　　⑤ $\dfrac{11}{14}$

074

2022학년도 평가원 6월

어느 동아리의 학생 20명을 대상으로 진로활동 A와 진로활동 B에 대한 선호도를 조사하였다. 이 조사에 참여한 학생은 진로활동 A와 진로활동 B 중 하나를 선택하였고, 각각의 진로활동을 선택한 학생 수는 다음과 같다.

(단위: 명)

구분	진로활동 A	진로활동 B	합계
1학년	7	5	12
2학년	4	4	8
합계	11	9	20

이 조사에 참여한 학생 20명 중에서 임의로 선택한 한 명이 진로활동 B를 선택한 학생일 때, 이 학생이 1학년일 확률은?

① $\dfrac{1}{2}$　　② $\dfrac{5}{9}$　　③ $\dfrac{3}{5}$

④ $\dfrac{7}{11}$　　⑤ $\dfrac{2}{3}$

075

2021학년도 수능

두 사건 A와 B는 서로 독립이고

$$P(A|B) = P(B), \quad P(A \cap B) = \frac{1}{9}$$

일 때, $P(A)$의 값은?

① $\dfrac{7}{18}$　　② $\dfrac{1}{3}$　　③ $\dfrac{5}{18}$

④ $\dfrac{2}{9}$　　⑤ $\dfrac{1}{6}$

076

2022학년도 평가원 6월

주사위 2개와 동전 4개를 동시에 던질 때, 나오는 주사위의 눈의 수의 곱과 앞면이 나오는 동전의 개수가 같을 확률은?

① $\dfrac{3}{64}$　　② $\dfrac{5}{96}$　　③ $\dfrac{11}{192}$

④ $\dfrac{1}{16}$　　⑤ $\dfrac{13}{192}$

유형 **1** 확률의 정의와 성질

유형 및 경향 분석

경우의 수를 이용하여 확률을 구하는 문제가 출제된다. 확률의 정의와 기본 성질을 이해하고 활용하여 문제를 해결해야 한다.

📋 실전 가이드

(1) 수학적 확률

어떤 시행의 표본공간 S에서 사건 A가 일어날 수학적 확률은

$$P(A)=\frac{n(A)}{n(S)}=\frac{(\text{사건 }A\text{가 일어나는 경우의 수})}{(\text{일어날 수 있는 모든 경우의 수})}$$

(2) 확률의 기본 성질

① 임의의 사건 A에 대하여

$$0\le P(A)\le 1$$

② 반드시 일어나는 사건 S에 대하여

$$P(S)=1$$

③ 절대로 일어나지 않는 사건 $\varnothing$에 대하여

$$P(\varnothing)=0$$

077 | 대표 유형 | 2023학년도 평가원 6월

주머니 A에는 1부터 3까지의 자연수가 하나씩 적혀 있는 3 장의 카드가 들어 있고, 주머니 B에는 1부터 5까지의 자연수가 하나씩 적혀 있는 5장의 카드가 들어 있다. 두 주머니 A, B에서 각각 카드를 임의로 한 장씩 꺼낼 때, 꺼낸 두 장의 카드에 적힌 수의 차가 1일 확률은?

① $\dfrac{1}{3}$ ② $\dfrac{2}{5}$ ③ $\dfrac{7}{15}$

④ $\dfrac{8}{15}$ ⑤ $\dfrac{3}{5}$

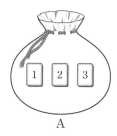
A

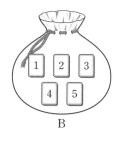
B

078

양면이 모두 파란색인 딱지 한 장, 양면이 모두 노란색인 딱지 한 장, 양면이 각각 파란색, 노란색인 딱지 한 장이 들어 있는 상자가 있다. 이 상자에서 임의로 한 장의 딱지를 꺼내어 한쪽 면이 바닥에 닿도록 놓았을 때, 보이는 면이 파란색일 확률은?

① $\dfrac{1}{6}$ ② $\dfrac{1}{4}$ ③ $\dfrac{1}{3}$

④ $\dfrac{1}{2}$ ⑤ $\dfrac{2}{3}$

079

당첨 제비 4개를 포함한 10개의 제비가 있다. 이 중에서 임의로 4개의 제비를 동시에 뽑을 때, 한 개도 당첨되지 않을 확률은?

① $\dfrac{1}{14}$ ② $\dfrac{1}{7}$ ③ $\dfrac{3}{14}$

④ $\dfrac{2}{7}$ ⑤ $\dfrac{5}{14}$

080

서로 다른 두 개의 주사위를 동시에 던질 때, 한 주사위의 눈의 수가 다른 주사위의 눈의 수의 배수가 될 확률은?

① $\dfrac{7}{18}$ ② $\dfrac{1}{2}$ ③ $\dfrac{11}{18}$

④ $\dfrac{13}{18}$ ⑤ $\dfrac{5}{6}$

081

한 개의 주사위를 두 번 던져서 나오는 눈의 수를 차례로 a, b라 할 때, 이차함수 $y=x^2-2ax+4b$의 그래프의 꼭짓점의 x좌표와 y좌표의 합이 음수가 될 확률은?

① $\dfrac{1}{3}$ ② $\dfrac{13}{36}$ ③ $\dfrac{7}{18}$

④ $\dfrac{5}{12}$ ⑤ $\dfrac{4}{9}$

082

두 집합 $X=\{1, 2, 3, 4\}$, $Y=\{2, 3, 4, 5, 6\}$에 대하여 함수 $f : X \longrightarrow Y$가 다음 조건을 만족시킬 확률은?

> (가) $f(3)=4$
> (나) X의 임의의 두 원소 x_1, x_2에 대하여
> $x_1 < x_2$이면 $f(x_1) \leq f(x_2)$이다.

① $\dfrac{18}{625}$ ② $\dfrac{21}{625}$ ③ $\dfrac{24}{625}$

④ $\dfrac{27}{625}$ ⑤ $\dfrac{6}{125}$

083

네 명의 학생이 동시에 가위바위보를 한다. 한 학생이라도 이기면 게임이 끝난다고 할 때, 1회의 시행에서 게임이 끝날 확률은? (단, 각 학생이 가위, 바위, 보를 낼 확률은 각각 같다.)

① $\dfrac{11}{27}$ ② $\dfrac{4}{9}$ ③ $\dfrac{13}{27}$

④ $\dfrac{14}{27}$ ⑤ $\dfrac{5}{9}$

084

그림과 같이 가로로 평행하고 간격이 1인 직선 6개와 세로로 평행하고 간격이 1인 직선 5개가 수직으로 만난다. 이 11개의 직선 중에서 임의로 네 개를 택해 직사각형을 만들 때, 직사각형의 넓이가 4일 확률은?

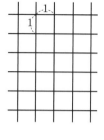

① $\dfrac{1}{15}$ ② $\dfrac{1}{10}$ ③ $\dfrac{2}{15}$

④ $\dfrac{1}{6}$ ⑤ $\dfrac{1}{5}$

085

두 집합 $X=\{1,\ 2,\ 3,\ 4\}$, $Y=\{1,\ 2,\ 3,\ 4,\ 5\}$에 대하여 함수 $f : X \longrightarrow Y$가 다음 조건을 만족시킬 확률은?

> 함수 f의 치역의 모든 원소의 합은 7이다.

① $\dfrac{32}{625}$ ② $\dfrac{64}{625}$ ③ $\dfrac{96}{625}$

④ $\dfrac{128}{625}$ ⑤ $\dfrac{32}{125}$

유형 2 확률의 덧셈정리

유형 및 경향 분석

확률의 덧셈정리에 대한 여러 가지 문제가 출제된다. 덧셈정리의 공식을 잘 기억해 두어야 하고, 주어진 사건이 서로 배반사건인지 아닌지를 구별할 줄 알아야 한다. 또한, 여사건의 확률을 이용하여 풀어야 하는 문제인지 파악할 수 있어야 한다.

🔖 실전 가이드

(1) 사건 A 또는 사건 B가 일어날 확률
$$P(A\cup B)=P(A)+P(B)-P(A\cap B)$$
(2) 두 사건 A, B가 서로 배반사건일 때, 즉 $A\cap B=\varnothing$일 때
$$P(A\cup B)=P(A)+P(B)$$
(3) 사건 A의 여사건 A^c의 확률
$$P(A^c)=1-P(A)$$
(4) $P(A^c\cap B^c)=P((A\cup B)^c)=1-P(A\cup B)$
$P(A^c\cup B^c)=P((A\cap B)^c)=1-P(A\cap B)$
(5) $P(A\cap B^c)=P(A\cup B)-P(B)=P(A)-P(A\cap B)$

086 | 대표 유형 | 2023학년도 수능

주머니에 1이 적힌 흰 공 1개, 2가 적힌 흰 공 1개, 1이 적힌 검은 공 1개, 2가 적힌 검은 공 3개가 들어 있다. 이 주머니에서 임의로 3개의 공을 동시에 꺼내는 시행을 한다. 이 시행에서 꺼낸 3개의 공 중에서 흰 공이 1개이고 검은 공이 2개인 사건을 A, 꺼낸 3개의 공에 적혀 있는 수를 모두 곱한 값이 8인 사건을 B라 할 때, $P(A\cup B)$의 값은?

① $\dfrac{11}{20}$ ② $\dfrac{3}{5}$ ③ $\dfrac{13}{20}$

④ $\dfrac{7}{10}$ ⑤ $\dfrac{3}{4}$

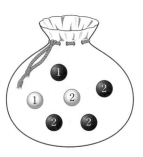

087

1부터 200까지의 자연수가 하나씩 적혀 있는 200장의 카드가 있다. 이 카드 중에서 임의로 한 장을 뽑을 때, 카드에 적혀 있는 수가 2의 배수 또는 3의 배수일 확률은?

① $\dfrac{133}{200}$ ② $\dfrac{27}{40}$ ③ $\dfrac{137}{200}$

④ $\dfrac{139}{200}$ ⑤ $\dfrac{141}{200}$

088

두 사건 A, B에 대하여
$$P(A\cap B^c)=P(A^c\cap B)=\frac{1}{6},\ P(A\cup B)=\frac{2}{3}$$
일 때, $P(A\cap B)$의 값은? (단, A^c은 A의 여사건이다.)

① $\dfrac{1}{12}$ ② $\dfrac{1}{6}$ ③ $\dfrac{1}{4}$

④ $\dfrac{1}{3}$ ⑤ $\dfrac{5}{12}$

089

한 개의 주사위를 두 번 던져서 나온 눈의 수를 차례로 x, y 라 할 때, $(x-y)(x-3y)=0$일 확률은?

① $\dfrac{1}{6}$　　　　② $\dfrac{2}{9}$　　　　③ $\dfrac{5}{18}$

④ $\dfrac{1}{3}$　　　　⑤ $\dfrac{7}{18}$

090

남학생 6명과 여학생 2명으로 구성된 봉사 동아리가 있다. 이 동아리 인원 중에서 봉사활동에 갈 4명을 임의로 동시에 뽑을 때, 여학생 2명이 모두 봉사활동을 가거나 1명도 봉사활동을 가지 않을 확률은?

① $\dfrac{1}{7}$　　　　② $\dfrac{2}{7}$　　　　③ $\dfrac{3}{7}$

④ $\dfrac{4}{7}$　　　　⑤ $\dfrac{5}{7}$

091

표본공간 S의 두 부분집합 A, B에 대하여 | 보기 |에서 옳은 것만을 있는 대로 고른 것은? (단, $A \neq B$)

┤ 보기 ├

ㄱ. $P(B)=1$이면 $P(A) \neq 1$이다.
ㄴ. $P(A)+P(B)=1$이면 A와 B는 배반사건이다.
ㄷ. $0 < P(A)+P(B) < 2$

① ㄱ　　　　② ㄴ　　　　③ ㄱ, ㄴ

④ ㄱ, ㄷ　　　　⑤ ㄱ, ㄴ, ㄷ

092

1부터 6까지의 숫자가 하나씩 적혀 있는 카드 앞에 각각 한 개의 동전이 놓여 있다. 6개의 동전 중에서 2개는 앞면이, 나머지는 뒷면이 보이게 놓여 있다. 한 개의 주사위를 한 번 던져 나온 눈의 수와 같은 번호의 카드 앞에 놓인 동전을 뒤집는 시행을 2번 하였을 때, 동전의 앞면이 보이게 놓여 있는 동전이 2개일 확률은 $\dfrac{q}{p}$이다. $p+q$의 값을 구하시오.

(단, p와 q는 서로소인 자연수이다.)

093

남학생 A를 포함한 남학생 3명과 여학생 B를 포함한 여학생 4명이 있다. 이 7명의 학생이 원 모양의 탁자에 일정한 간격을 두고 임의로 모두 둘러앉을 때, A의 양 옆에는 모두 남학생이 앉거나 B의 양 옆에는 모두 여학생이 앉을 확률은?

① $\dfrac{2}{15}$ ② $\dfrac{1}{6}$ ③ $\dfrac{1}{5}$

④ $\dfrac{7}{30}$ ⑤ $\dfrac{4}{15}$

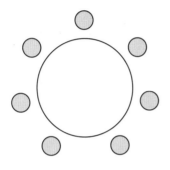

유형 ③ 여사건의 확률

유형 및 경향 분석

여사건의 확률을 이용하여 해결하는 실생활 활용 문제가 출제된다. 구하고자 하는 사건의 확률보다 그 여사건의 확률을 구하는 것이 더 쉬운 경우, 여사건을 이용하면 더욱 편리하게 확률을 구할 수 있다.

실전 가이드

표본공간 S의 사건 A의 여사건 A^c에 대하여
$$\mathrm{P}(A^c)=1-\mathrm{P}(A)$$

만점 Tip ▶ '~ 이상일 확률', '~ 이하일 확률', '~가 아닐 확률' 등의 표현이 있을 때, 여사건의 확률을 이용할 수 있다.

094 | 대표 유형 | 2024학년도 수능

숫자 1, 2, 3, 4, 5, 6이 하나씩 적혀 있는 6장의 카드가 있다. 이 6장의 카드를 모두 한 번씩 사용하여 일렬로 임의로 나열할 때, 양 끝에 놓인 카드에 적힌 두 수의 합이 10 이하가 되도록 카드가 놓일 확률은?

① $\dfrac{8}{15}$ ② $\dfrac{19}{30}$ ③ $\dfrac{11}{15}$

④ $\dfrac{5}{6}$ ⑤ $\dfrac{14}{15}$

095

어느 공장에서 생산한 10개의 제품 중 2개는 불량품이다. 이 공장에서 생산한 10개의 제품 중에서 임의로 2개를 동시에 택할 때, 불량품이 1개 이상 나올 확률은?

① $\dfrac{11}{45}$　　② $\dfrac{13}{45}$　　③ $\dfrac{1}{3}$

④ $\dfrac{17}{45}$　　⑤ $\dfrac{19}{45}$

096

어느 연구소에서 신물질을 개발하기 위하여 만든 새로운 연구팀에 참여한 연구원은 9명이고 이들은 모두 두 개의 연구 조직 A, B 중 한 조직에 속해 있다. 또한, 두 연구 조직 A, B는 각각 5명, 4명의 연구원으로 구성되어 있다. 이 연구팀의 연구원 9명 중에서 임의로 3명을 동시에 뽑을 때, 연구 조직 A와 연구 조직 B에서 각각 적어도 1명씩 뽑을 확률은?

① $\dfrac{1}{2}$　　② $\dfrac{7}{12}$　　③ $\dfrac{2}{3}$

④ $\dfrac{3}{4}$　　⑤ $\dfrac{5}{6}$

097

흰 공 1개, 빨간 공 2개, 파란 공 3개, 검은 공 4개가 들어 있는 주머니가 있다. 이 주머니에서 임의로 3개의 공을 동시에 꺼낼 때, 두 가지 색의 공이 나올 확률은?

① $\dfrac{3}{8}$　　② $\dfrac{5}{12}$　　③ $\dfrac{11}{24}$

④ $\dfrac{1}{2}$　　⑤ $\dfrac{13}{24}$

098

집합 $X=\{1,\ 2,\ 3\}$에서 집합 $Y=\{1,\ 3,\ 9,\ 27,\ 81\}$로의 모든 함수 f 중에서 임의로 하나를 택할 때, 택한 함수가
$$f(1) \times f(2) \neq f(3)$$
을 만족시킬 확률은?

① $\dfrac{18}{25}$　　② $\dfrac{19}{25}$　　③ $\dfrac{4}{5}$

④ $\dfrac{21}{25}$　　⑤ $\dfrac{22}{25}$

유형 ④ 조건부확률

유형 및 경향 분석

조건부확률을 이용하여 확률을 구하는 문제가 출제된다. 확률의 덧셈정리, 여사건의 확률 등 확률의 성질을 이용하여 확률을 구할 수 있어야 한다.

📖 실전 가이드

	$P(A)$ 또는 $n(A)$	$P(A^c)$ 또는 $n(A^c)$
$P(B)$ 또는 $n(B)$	a	b
$P(B^c)$ 또는 $n(B^c)$	c	d

공집합 또는 전체집합이 아닌 두 집합 A, B에 대하여 각각의 확률 또는 경우의 수가 위의 표와 같이 주어질 때, 조건부확률은 다음과 같이 계산한다.

$$P(A|B) = \frac{P(A \cap B)}{P(B)} = \frac{a}{a+b}, \quad P(B|A) = \frac{P(B \cap A)}{P(A)} = \frac{a}{a+c},$$

$$P(A|B^c) = \frac{P(A \cap B^c)}{P(B^c)} = \frac{c}{c+d}, \quad P(B|A^c) = \frac{P(B \cap A^c)}{P(A^c)} = \frac{b}{b+d}$$

---

099 | 대표 유형 |

2024학년도 평가원 6월

한 개의 주사위를 두 번 던질 때 나오는 눈의 수를 차례로 a, b라 하자. $a \times b$가 4의 배수일 때, $a+b \leq 7$일 확률은?

① $\dfrac{2}{5}$ ② $\dfrac{7}{15}$ ③ $\dfrac{8}{15}$

④ $\dfrac{3}{5}$ ⑤ $\dfrac{2}{3}$

100

두 사건 A, B에 대하여

$$P(A) = \frac{1}{4}, \quad P(A \cap B) = \frac{1}{9}$$

일 때, $P(B^c|A)$의 값은? (단, B^c은 B의 여사건이다.)

① $\dfrac{2}{9}$ ② $\dfrac{1}{3}$ ③ $\dfrac{4}{9}$

④ $\dfrac{5}{9}$ ⑤ $\dfrac{2}{3}$

101

두 사건 A, B에 대하여

$$P(A) = \frac{3}{7}, \quad P(B) = \frac{1}{2}, \quad P(A \cap B) = \frac{1}{4}$$

일 때, $P(B^c|A^c)$의 값은?

(단, A^c, B^c은 각각 A, B의 여사건이다.)

① $\dfrac{5}{16}$ ② $\dfrac{3}{8}$ ③ $\dfrac{7}{16}$

④ $\dfrac{1}{2}$ ⑤ $\dfrac{9}{16}$

102

어느 프로야구 경기의 관객 100명을 대상으로 응원하는 팀을 조사하였다. 관객 100명은 모두 X팀 또는 Y팀 중 한 팀을 선택하였고, 각 팀을 선택한 관객의 수는 다음과 같다.

(단위: 명)

	남자 관객	여자 관객
X팀	24	a
Y팀	b	8

이 조사에 참여한 관객 100명 중 임의로 선택한 한 명이 X팀을 응원하는 사람일 때, 이 사람이 여자 관객일 확률이 $\dfrac{3}{5}$이다. a의 값을 구하시오.

103

어느 여행 동호회의 남자 회원과 여자 회원의 비율은 5 : 3이다. 이 동호회 회원 중 40 %는 패키지 여행 경험이 있고, 패키지 여행 경험이 있는 회원 중 80 %는 남자 회원이라 한다. 이 동호회 회원 중 임의로 택한 한 명이 여자 회원일 때, 이 회원이 패키지 여행 경험이 없는 회원일 확률은?

① $\dfrac{59}{75}$　　② $\dfrac{4}{5}$　　③ $\dfrac{61}{75}$

④ $\dfrac{62}{75}$　　⑤ $\dfrac{21}{25}$

104

어느 학교의 전체 학생은 400명이고, 각 학생은 수련회에서 프로그램 A, 프로그램 B 중 하나를 선택하였다. 이 학교의 학생 중 프로그램 A를 선택한 학생은 남학생 100명과 여학생 60명이라 한다. 이 학교의 학생 중 임의로 뽑은 1명의 학생이 프로그램 B를 선택한 학생일 때, 이 학생이 여학생일 확률은 $\dfrac{2}{3}$이다. 이 학교의 남학생의 수는?

① 180　　② 190　　③ 200

④ 210　　⑤ 220

유형 5 확률의 곱셈정리

유형 및 경향 분석

확률의 곱셈정리를 이용하여 여러 가지 확률을 구하는 문제가 출제된다. 문제에서 주어진 조건과 구해야 하는 확률을 파악할 수 있어야 한다.

실전 가이드

두 사건 A, B에 대하여

(1) 두 사건 A, B가 동시에 일어나는 사건인 $A \cap B$의 확률은

$$P(A \cap B) = P(A)P(B|A) = P(B)P(A|B)$$
$$\text{(단, } P(A) > 0, \ P(B) > 0)$$

(2) 사건 B의 확률은

$$P(B) = P(A \cap B) + P(A^c \cap B)$$
$$= P(A)P(B|A) + P(A^c)P(B|A^c)$$

105 | 대표 유형 |

2023년 시행 교육청 7월

주머니 A에는 흰 공 1개, 검은 공 2개가 들어 있고, 주머니 B에는 흰 공 3개, 검은 공 3개가 들어 있다. 주머니 A에서 임의로 1개의 공을 꺼내어 주머니 B에 넣은 후 주머니 B에서 임의로 3개의 공을 동시에 꺼낼 때, 주머니 B에서 꺼낸 3개의 공 중에서 적어도 한 개가 흰 공일 확률은?

① $\dfrac{6}{7}$　　② $\dfrac{92}{105}$　　③ $\dfrac{94}{105}$

④ $\dfrac{32}{35}$　　⑤ $\dfrac{14}{15}$

A　　　　　B

106

주황색 탁구공 2개와 흰색 탁구공 8개가 들어 있는 상자가 있다. 이 상자에서 탁구공을 임의로 한 개씩 꺼내는 시행을 할 때, 주황색 탁구공을 모두 꺼내면 시행을 멈추도록 한다. 두 번째 시행에서 멈출 확률을 a, 다섯 번째 시행에서 멈출 확률을 b라 할 때, $a+b$의 값은?

(단, 꺼낸 탁구공은 다시 넣지 않는다.)

① $\dfrac{1}{12}$ ② $\dfrac{1}{11}$ ③ $\dfrac{1}{10}$

④ $\dfrac{1}{9}$ ⑤ $\dfrac{1}{8}$

107

빨간색, 노란색, 파란색의 카드가 각각 4장씩 총 12장의 카드가 들어 있는 주머니가 있다. 이 주머니에서 임의로 두 장의 카드를 동시에 꺼낸 후 다시 두 장의 카드를 동시에 꺼낼 때, 두 번 모두 같은 색의 카드를 2장씩 뽑을 확률은?

(단, 꺼낸 카드는 다시 넣지 않는다.)

① $\dfrac{13}{165}$ ② $\dfrac{14}{165}$ ③ $\dfrac{16}{165}$

④ $\dfrac{17}{165}$ ⑤ $\dfrac{19}{165}$

108

딸기 맛 사탕 n개와 레몬 맛 사탕 3개가 들어 있는 바구니가 있다. 이 바구니에서 임의로 1개의 사탕을 두 번 꺼낼 때, 첫 번째는 딸기 맛 사탕이 나오고, 두 번째는 레몬 맛 사탕이 나올 확률이 $\dfrac{1}{4}$이다. 모든 n의 값의 합을 구하시오.

(단, 꺼낸 사탕은 다시 넣지 않는다.)

109

승훈이가 어떤 게임에서 승리했을 때 다음에도 승리할 확률은 $\dfrac{4}{5}$이고, 패했을 때 다음에도 패할 확률은 $\dfrac{2}{5}$이다. 승훈이가 이 게임을 하는데 첫 번째 게임에서 승리할 확률이 $\dfrac{1}{3}$일 때, 4번째 게임에서 승리할 확률은?

(단, 게임에서 비기는 경우는 없다.)

① $\dfrac{52}{75}$ ② $\dfrac{18}{25}$ ③ $\dfrac{56}{75}$

④ $\dfrac{58}{75}$ ⑤ $\dfrac{4}{5}$

유형 6 확률의 곱셈정리를 이용한 조건부확률

유형 및 경향 분석

확률의 곱셈정리와 조건부확률을 함께 이용하여 확률을 구하는 문제가 출제된다. 확률의 덧셈정리, 여사건의 확률, 조건부확률 등 확률의 성질을 이용하는 경우도 있으므로 정확히 알고 있어야 한다.

📖 실전 가이드

두 사건 A, B에 대하여 사건 A가 일어났을 때 사건 B의 조건부확률은

$$P(B|A) = \frac{P(A \cap B)}{P(A)} = \frac{P(A \cap B)}{P(A \cap B) + P(A \cap B^c)}$$
$$= \frac{P(B)P(A|B)}{P(B)P(A|B) + P(B^c)P(A|B^c)}$$

110 | 대표 유형 |

2022학년도 평가원 9월

주머니 A에는 흰 공 2개, 검은 공 4개가 들어 있고, 주머니 B에는 흰 공 3개, 검은 공 3개가 들어 있다. 두 주머니 A, B와 한 개의 주사위를 사용하여 다음 시행을 한다.

> 주사위를 한 번 던져
> 나온 눈의 수가 5 이상이면
> 주머니 A에서 임의로 2개의 공을 동시에 꺼내고,
> 나온 눈의 수가 4 이하이면
> 주머니 B에서 임의로 2개의 공을 동시에 꺼낸다.

이 시행을 한 번 하여 주머니에서 꺼낸 2개의 공이 모두 흰색일 때, 나온 눈의 수가 5 이상일 확률은?

① $\dfrac{1}{7}$ ② $\dfrac{3}{14}$ ③ $\dfrac{2}{7}$

④ $\dfrac{5}{14}$ ⑤ $\dfrac{3}{7}$

A   B

111

두 양궁 선수 A, B가 한 발의 활의 쏘아 10점을 얻을 확률은 각각 $\dfrac{3}{4}$, $\dfrac{2}{3}$라 한다. 두 선수가 임의로 순서를 정하여 각각 한 번씩 활을 쏘았더니 첫 번째로 활을 쏜 선수만 10점을 얻었다고 할 때, 첫 번째로 활을 쏜 선수가 A일 확률은?

① $\dfrac{1}{2}$ ② $\dfrac{9}{17}$ ③ $\dfrac{3}{5}$

④ $\dfrac{2}{3}$ ⑤ $\dfrac{9}{13}$

112

주머니 A에는 흰 공 4개, 검은 공 3개가 들어 있고, 주머니 B에는 흰 공 2개, 검은 공 3개가 들어 있다. 두 주머니 A, B 중에서 임의로 하나의 주머니를 택하고 그 주머니에서 임의로 2개의 공을 동시에 꺼낸다. 주머니에서 꺼낸 2개의 공이 흰 공 1개, 검은 공 1개일 때, 2개의 공을 주머니 B에서 꺼낼 확률은?

① $\dfrac{18}{41}$ ② $\dfrac{19}{41}$ ③ $\dfrac{20}{41}$

④ $\dfrac{21}{41}$ ⑤ $\dfrac{22}{41}$

113

상자 A에는 1, 2, 3, 4의 숫자가 하나씩 적혀 있는 4장의 카드가 들어 있고, 상자 B에는 5, 6, 7, 8, 9의 숫자가 하나씩 적혀 있는 5장의 카드가 들어 있다. 두 상자 A, B에서 임의로 카드를 한 장씩 꺼냈더니 2장의 카드에 적혀 있는 두 수의 합이 홀수일 때, 상자 A에서 꺼낸 카드에 적혀 있는 수가 짝수일 확률은?

① $\dfrac{1}{5}$ ② $\dfrac{3}{10}$ ③ $\dfrac{2}{5}$

④ $\dfrac{1}{2}$ ⑤ $\dfrac{3}{5}$

114

어느 제약회사에서 1000정의 알약을 생산하였는데 이 중 1정의 알약이 모조 알약으로 바뀌는 일이 발생하였다. 알약이 진품인지 모조품인지를 구별하는 기술을 이용할 경우 진품 알약이 진품으로 판정될 확률은 90 %이고, 모조품으로 판정될 확률은 10 %이다. 또한, 모조품 알약이 모조품으로 판정될 확률이 90 %이고, 진품으로 판정될 확률은 10 %이다. 임의로 알약 1정을 검사한 결과가 모조품일 때, 실제로 그 알약이 모조품일 확률은 $\dfrac{q}{p}$이다. $p+q$의 값을 구하시오.

(단, p와 q는 서로소인 자연수이다.)

115

두 개의 생산 라인 A, B를 가지고 있는 공장에서 만들어지는 전체 제품 중 40 %의 제품은 생산 라인 A에서, 60 %의 제품은 생산 라인 B에서 만들어지고 그 제품 중에서 각각 5 %, 3 %가 불량품이다. 전체 제품 중에서 임의로 한 개의 제품을 택하였더니 그 제품이 불량품일 때, 이 제품이 생산 라인 A에서 만들어진 제품일 확률은?

① $\dfrac{8}{19}$ ② $\dfrac{9}{19}$ ③ $\dfrac{10}{19}$

④ $\dfrac{11}{19}$ ⑤ $\dfrac{12}{19}$

116

세 주머니 A, B, C에 모양과 크기가 같은 6개의 공이 들어 있다. 주머니 A에는 검은 공 4개와 흰 공 2개, 주머니 B에는 검은 공 3개와 흰 공 3개, 주머니 C에는 검은 공 5개와 흰 공 1개가 들어 있다. 각 주머니에서 공을 한 개씩 꺼냈더니 흰 공이 두 개 나왔을 때, 주머니 A에서 꺼낸 공이 흰 공일 확률은?

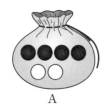  

A   B   C

① $\dfrac{2}{9}$ ② $\dfrac{1}{3}$ ③ $\dfrac{4}{9}$

④ $\dfrac{2}{3}$ ⑤ $\dfrac{3}{4}$

유형 7 사건의 독립과 종속

유형 및 경향 분석

두 사건 A, B가 서로 독립이고 $P(A)$, $P(B)$, $P(A \cap B)$ 등의 값이 주어질 때, 확률을 구하는 문제가 출제된다.

📖 실전 가이드

두 사건 A와 B가 서로 독립이면

(1) $P(A \cap B) = P(A)P(B)$

(2) $P(A^c \cap B) = P(A^c)P(B)$ ➡ 두 사건 A^c과 B도 서로 독립

(3) $P(A \cap B^c) = P(A)P(B^c)$ ➡ 두 사건 A와 B^c도 서로 독립

(4) $P(A^c \cap B^c) = P(A^c)P(B^c)$ ➡ 두 사건 A^c과 B^c도 서로 독립

만점 Tip ▸ 두 사건 A와 B가 서로 독립이면

(1) $P(B|A) = P(B|A^c) = P(B)$

(2) $P(A|B) = P(A|B^c) = P(A)$

---

117 | 대표 유형 | 2024학년도 수능

두 사건 A, B는 서로 독립이고

$$P(A \cap B) = \frac{1}{4}, \ P(A^c) = 2P(A)$$

일 때, $P(B)$의 값은? (단, A^c은 A의 여사건이다.)

① $\dfrac{3}{8}$ ② $\dfrac{1}{2}$ ③ $\dfrac{5}{8}$

④ $\dfrac{3}{4}$ ⑤ $\dfrac{7}{8}$

118

두 사건 A, B는 서로 독립이고

$$P(A) = \frac{1}{3}, \ P(B) = \frac{2}{5}$$

일 때, $P(A \cap B^c)$의 값은? (단, B^c은 B의 여사건이다.)

① $\dfrac{1}{2}$ ② $\dfrac{1}{3}$ ③ $\dfrac{1}{4}$

④ $\dfrac{1}{5}$ ⑤ $\dfrac{1}{6}$

119

두 사건 A, B는 서로 독립이고

$$\mathrm{P}(B^c) = \frac{2}{5},\ \mathrm{P}(A^c \cup B) = \frac{7}{10}$$

일 때, $\mathrm{P}(A \cap B)$의 값은?

(단, A^c, B^c은 각각 A, B의 여사건이다.)

① $\dfrac{3}{10}$ ② $\dfrac{7}{20}$ ③ $\dfrac{2}{5}$

④ $\dfrac{9}{20}$ ⑤ $\dfrac{1}{2}$

120

어느 학급의 학생 40명을 대상으로 보충학습과 급식을 신청받은 결과 보충학습을 신청한 학생은 20명이었다. 이 학급의 학생 중에서 임의로 선택한 한 명이 보충학습을 신청한 학생일 때, 이 학생이 급식을 신청한 학생일 확률이 $\dfrac{2}{5}$이다. 보충학습을 신청하는 것과 급식을 신청하는 것은 서로 독립일 때, 이 학급의 학생 40명 중에서 급식을 신청한 학생의 수는?

① 16 ② 17 ③ 18

④ 19 ⑤ 20

121

한 개의 주사위를 한 번 던져서 1의 눈이 나오는 사건을 [1], 2 또는 3의 눈이 나오는 사건을 [2, 3]으로 나타낸다. 다음 | 보기 |의 사건 중에서 사건 [1, 2, 3, 4]와 서로 독립인 사건만을 있는 대로 고른 것은?

┌ 보기 ┐

ㄱ. [4, 6]
ㄴ. [3, 4, 5]
ㄷ. [3, 4, 5, 6]

① ㄱ ② ㄴ ③ ㄱ, ㄴ
④ ㄴ, ㄷ ⑤ ㄱ, ㄴ, ㄷ

유형 8 독립시행의 확률

유형 및 경향 분석

특정 사건이 일어날 확률이 일정한 시행을 n번 반복할 때, 이 사건이 r번 일어날 확률을 구하는 문제가 출제된다. 실생활 문제가 많이 출제되므로 주어진 상황이 독립시행인지를 파악할 수 있어야 한다.

실전 가이드

한 번의 시행에서 사건 A가 일어날 확률이 p로 일정할 때, 이 시행을 n번 반복하는 독립시행에서 사건 A가 r번 일어날 확률은

$$_n C_r p^r (1-p)^{n-r} \ (\text{단}, r=0, 1, 2, \cdots, n)$$

122 | 대표 유형 |

2023학년도 평가원 6월

수직선의 원점에 점 P가 있다. 한 개의 주사위를 사용하여 다음 시행을 한다.

주사위를 한 번 던져 나온 눈의 수가
6의 약수이면 점 P를 양의 방향으로 1만큼 이동시키고,
6의 약수가 아니면 점 P를 이동시키지 않는다.

이 시행을 4번 반복할 때, 4번째 시행 후 점 P의 좌표가 2 이상일 확률은?

① $\dfrac{13}{18}$ ② $\dfrac{7}{9}$ ③ $\dfrac{5}{6}$

④ $\dfrac{8}{9}$ ⑤ $\dfrac{17}{18}$

123

한 개의 동전을 5번 던질 때, 앞면이 적어도 2번 나올 확률은?

① $\dfrac{9}{16}$ ② $\dfrac{5}{8}$ ③ $\dfrac{11}{16}$

④ $\dfrac{3}{4}$ ⑤ $\dfrac{13}{16}$

124

A, B 두 사람이 탁구 시합을 할 때, A가 B를 이길 확률이 항상 일정하다고 한다. 2번의 시합에서 A가 모두 이길 확률이 $\dfrac{1}{16}$일 때, 4번의 시합 중 3번의 시합에서 A가 이길 확률은 $\dfrac{q}{p}$이다. $p+q$의 값을 구하시오.

(단, p와 q는 서로소인 자연수이다.)

125

흰 공 3개, 검은 공 5개가 들어 있는 상자가 있다. 이 상자에서 임의로 한 개의 공을 꺼낼 때, 꺼낸 공이 흰 공이면 동전을 3번 던지고, 검은 공이면 동전을 4번 던진다. 이 시행에서 동전의 앞면이 3번 나올 확률은?

① $\dfrac{3}{64}$　　② $\dfrac{5}{64}$　　③ $\dfrac{1}{8}$

④ $\dfrac{5}{32}$　　⑤ $\dfrac{13}{64}$

126

다음 그림과 같이 원주를 6등분하는 점을 시계 방향으로 차례로 A, B, C, D, E, F라 하자. 점 A를 출발점으로 하는 점 P가 주사위를 던져 짝수의 눈이 나오면 2칸, 홀수의 눈이 나오면 1칸을 시계 방향으로 움직일 때, 점 A를 출발한 점 P가 한 바퀴 돌아 다시 점 A에 위치할 확률은?

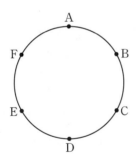

① $\dfrac{21}{32}$　　② $\dfrac{43}{64}$　　③ $\dfrac{11}{16}$

④ $\dfrac{45}{64}$　　⑤ $\dfrac{23}{32}$

127

한 개의 주사위를 사용하여 다음 규칙에 따라 점수를 얻는 시행을 한다.

> 한 번 던져 6의 약수의 눈이 나오면 2점, 6의 약수의 눈이 아닌 눈이 나오면 1점을 얻는다.

이 시행을 5번 반복할 때, 얻은 점수의 합이 7점일 확률은?

① $\dfrac{34}{243}$　　② $\dfrac{4}{27}$　　③ $\dfrac{38}{243}$

④ $\dfrac{40}{243}$　　⑤ $\dfrac{14}{81}$

128

그림과 같이 5개의 개폐식 스위치 A, B, C, D, E로 구성된 회로 체계가 있다. 스위치가 닫혀 있으면 회로가 연결되어 전류가 흐르고, 각각의 스위치가 닫혀 있을 확률은 모두 $\dfrac{2}{3}$ 이다.

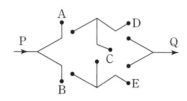

P에서 Q로 전류가 흐를 때, 스위치 C가 열려 있을 확률은?

(단, 각 스위치는 독립적으로 작동한다.)

① $\dfrac{53}{184}$ ② $\dfrac{27}{92}$ ③ $\dfrac{55}{184}$ ④ $\dfrac{7}{23}$ ⑤ $\dfrac{57}{184}$

해결 전략

Step ❶ C가 닫혀 있을 때, P에서 Q로 전류가 흐를 확률 구하기

Step ❷ C가 열려 있을 때, P에서 Q로 전류가 흐를 확률 구하기

Step ❸ 조건부확률을 이용하여 P에서 Q로 전류가 흐를 때, 스위치 C가 열려 있을 확률 구하기

129

어느 고등학교 1학년, 2학년, 3학년의 학생 수의 비율이 2 : 2 : 1이다. 이 학교 학생들의 등교 방법을 조사하였더니 걸어서 등교하는 학생의 비율이 1학년은 30 %, 2학년은 15 %, 3학년은 10 %이었다. 걸어서 등교하는 학생 중 임의로 한 명을 택하였을 때, 그 학생이 1학년이거나 2학년 학생일 확률은?

① $\dfrac{8}{9}$ ② $\dfrac{9}{10}$ ③ $\dfrac{10}{11}$ ④ $\dfrac{11}{12}$ ⑤ $\dfrac{12}{13}$

해결 전략

Step ❶ 임의로 택한 한 명이 걸어서 등교하는 1학년, 2학년, 3학년 학생일 확률 각각 구하기

Step ❷ Step ❶의 확률을 이용하여 임의로 택한 한 명이 걸어서 등교하는 학생일 확률 구하기

Step ❸ 걸어서 등교하는 학생 중 한 명을 택하였을 때, 그 학생이 1학년이거나 2학년 학생일 확률 구하기

130

다음과 같이 흰 공과 검은 공이 들어 있는 n $(n \geq 3)$개의 주머니가 있다.

[주머니 1] 흰 공 1개, 검은 공 n개
[주머니 2] 흰 공 2개, 검은 공 $(n-1)$개
[주머니 3] 흰 공 3개, 검은 공 $(n-2)$개
    ⋮
[주머니 n] 흰 공 n개, 검은 공 1개

n개의 주머니에서 임의로 한 주머니를 택하여 3개의 공을 동시에 꺼낼 때, 모두 흰 공이 나올 확률을 P_n이라 하자. $P_{100} = \dfrac{q}{p}$일 때, $p+q$의 값을 구하시오.

(단, p와 q는 서로소인 자연수이다.)

해결 전략

Step ❶ 임의로 한 주머니를 택할 확률 구하기

Step ❷ n개의 주머니에서 각각 3개의 공을 동시에 꺼낼 때, 모두 흰 공이 나올 확률 구하기

Step ❸ P_n을 n에 대한 식으로 나타내기

131

다음 조건을 만족시키는 좌표평면 위에 점 (a, b)가 있다. 이 점들 중에서 임의로 택한 서로 다른 세 점을 꼭짓점으로 갖는 삼각형을 만들 때, 세 변의 길이의 합이 4보다 클 확률은 $\dfrac{q}{p}$이다. $p+q$의 값을 구하시오. (단, p와 q는 서로소인 자연수이다.)

> (가) a는 5 이하의 자연수이다.
> (나) b는 3 이하의 자연수이다.

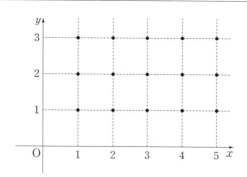

해결 전략

Step ❶ 조건을 만족시키는 좌표평면 위의 서로 다른 15개의 점 중에서 임의로 택한 서로 다른 세 점을 꼭짓점으로 하는 삼각형의 개수 구하기

Step ❷ 택한 세 점을 꼭짓점으로 하는 삼각형의 세 변의 길이의 합이 4보다 큰 사건을 A라 하고, 여사건 A^c 생각해 보기

Step ❸ 여사건의 확률 구하기

132

8개의 정사각형 모양의 빈칸이 일렬로 놓여 있다. 검은색과 흰색 중에서 임의로 한 가지 색을 택하여 1개의 정사각형 모양의 빈칸에 칠한다. 다음 조건을 만족시키면서 8개의 정사각형 모양의 빈칸에 모두 색을 칠할 확률이 $\dfrac{q}{p}$일 때, $p+q$의 값을 구하시오.

(단, p와 q는 서로소인 자연수이다.)

(가) 검은색이 칠해진 정사각형의 개수는 6 이하이다.
(나) 흰색이 칠해진 정사각형은 서로 이웃하지 않는다.

해결 전략

Step ❶ 8개의 정사각형 모양의 빈칸에 검은색 또는 흰색을 칠하는 모든 경우의 수 구하기

Step ❷ 두 조건 (가), (나)를 만족시키는 모든 경우의 수 구하기

Step ❸ 확률 구하기

133

주머니 A에는 흰 공 1개와 검은 공 1개가 들어 있고, 주머니 B에는 검은 공 2개가 들어 있다. 주머니 A에서 임의로 1개의 공을 꺼내어 주머니 B에 넣은 후, 다시 주머니 B에서 임의로 1개의 공을 꺼내어 주머니 A에 넣는 시행을 한다. 시행을 3번 반복하였을 때, 주머니 A에 흰 공이 들어 있을 확률은?

① $\dfrac{13}{27}$ ② $\dfrac{14}{27}$ ③ $\dfrac{5}{9}$ ④ $\dfrac{16}{27}$ ⑤ $\dfrac{17}{27}$

해결 전략

Step ❶ 주머니 A에 흰 공 1개, 검은 공 1개가 들어 있을 때, 한 번의 시행 후 나올 수 있는 모든 경우를 구하고 각 경우의 확률 구하기

Step ❷ 주머니 A에 검은 공 2개가 들어 있을 때, 한 번의 시행 후 나올 수 있는 모든 경우를 구하고 각 경우의 확률 구하기

Step ❸ 시행을 3번 반복한 후, 주머니 A에 흰 공이 들어 있는 모든 경우를 구하고 각 경우의 확률 구하기

134

그림과 같이 흰 공 3개, 검은 공 1개가 들어 있는 주머니가 있다. 한 개의 주사위를 던져서 1의 눈이 나오면 주머니에 공을 넣지 않고, 짝수의 눈이 나오면 주머니에 검은 공을 1개 넣고, 3 또는 5의 눈이 나오면 주머니에 흰 공을 1개 넣기로 하였다. 이와 같은 방법으로 한 개의 주사위를 다섯 번 던질 때, 주머니에 들어 있는 흰 공의 개수가 검은 공의 개수보다 크거나 같을 확률은?

① $\dfrac{2}{3}$ ② $\dfrac{13}{18}$ ③ $\dfrac{7}{9}$ ④ $\dfrac{5}{6}$ ⑤ $\dfrac{8}{9}$

해결 전략

Step ❶ 한 개의 주사위를 던져서 1의 눈이 나올 확률, 짝수의 눈이 나올 확률, 3 또는 5의 눈이 나올 확률 각각 구하기

Step ❷ 한 개의 주사위를 다섯 번 던질 때, 주머니에 들어 있는 검은 공의 개수가 흰 공의 개수보다 클 확률 구하기

Step ❸ Step ❷에서 구한 각 경우의 확률을 이용하여 흰 공의 개수가 검은 공의 개수보다 크거나 같을 확률 구하기

III

통계

수능 출제 포커스

• 이산확률변수의 평균, 분산, 표준편차를 구하는 문제가 출제될 수 있으므로 이산확률변수의 확률분포표를 이용하여 평균, 분산, 표준편차를 계산하는 공식을 잘 정리해 두어야 한다.

• 정규분포에서 확률을 구하는 문제가 출제될 수 있으므로 정규분포곡선의 성질을 이해하고, 확률변수의 표준화를 이용하여 확률을 계산할 수 있어야 한다.

• 표본평균이 어떤 범위의 값을 가질 확률을 구하는 문제가 출제될 수 있으므로 모집단이 따르는 정규분포와 표본의 크기를 이용하여 표본평균이 따르는 정규분포를 구할 수 있어야 한다.

기출 및 핵심 예상 문제수

기출문제	수능 대비 예상 문제	등급 업 문제	합계
12	43	7	62

1 이산확률변수와 확률분포

(1) 확률질량함수의 성질

이산확률변수 X의 확률질량함수가

$P(X=x_i)=p_i$ $(i=1, 2, 3, \cdots, n)$일 때

① $0 \leq p_i \leq 1$

② $p_1+p_2+p_3+\cdots+p_n=1$

③ $P(x_i \leq X \leq x_j)=p_i+p_{i+1}+p_{i+2}+\cdots+p_j$

(단, $i, j=1, 2, 3, \cdots, n$이고, $i \leq j$)

(2) 이산확률변수 X의 평균, 분산, 표준편차

이산확률변수 X의 확률질량함수가

$P(X=x_i)=p_i$ $(i=1, 2, 3, \cdots, n)$일 때

① 평균(기댓값) : $E(X)=x_1p_1+x_2p_2+x_3p_3+\cdots+x_np_n$

② 분산 : $V(X)=E(X^2)-\{E(X)\}^2$

③ 표준편차 : $\sigma(X)=\sqrt{V(X)}$

(3) 이산확률변수 $aX+b$의 평균, 분산, 표준편차

이산확률변수 X와 두 상수 a $(a \neq 0)$, b에 대하여

① $E(aX+b)=aE(X)+b$

② $V(aX+b)=a^2V(X)$

③ $\sigma(aX+b)=|a|\sigma(X)$

2 이항분포의 평균, 분산, 표준편차

확률변수 X가 이항분포 $B(n, p)$를 따를 때,

$E(X)=np, V(X)=npq, \sigma(X)=\sqrt{npq}$ (단, $q=1-p$)

3 연속확률변수와 확률분포

(1) 연속확률변수 : 확률변수 X가 어떤 범위에 속하는 모든 실수의 값을
가질 때, X를 연속확률변수라 한다.

(2) 확률밀도함수

연속확률변수 X가 $a \leq X \leq \beta$에 속
하는 모든 실수의 값을 가지고 이 구
간에서 정의된 함수 $f(x)$가 다음 조
건을 모두 만족시킬 때, $f(x)$를 X
의 확률밀도함수라 한다.

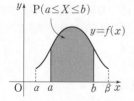

(ⅰ) $f(x) \geq 0$

(ⅱ) 함수 $y=f(x)$의 그래프와 x축 및 두 직선 $x=\alpha$, $x=\beta$로 둘
러싸인 부분의 넓이는 1이다.

(ⅲ) $P(a \leq X \leq b)$는 함수 $y=f(x)$의 그래프와 x축 및 두 직선
$x=a$, $x=b$로 둘러싸인 부분의 넓이와 같다.

(단, $a \leq a \leq b \leq \beta$)

4 정규분포

(1) 표준정규분포

평균이 0이고 표준편차가 1인 정규분포 $N(0, 1)$을 표준정규분
포라 한다.

(2) 정규분포의 표준화

확률변수 X가 정규분포 $N(m, \sigma^2)$을 따를 때, 새로운 확률변수
$Z=\dfrac{X-m}{\sigma}$은 표준정규분포 $N(0, 1)$을 따른다. 이와 같이 확
률변수 X를 확률변수 Z로 바꾸는 것을 표준화라 한다.

(3) 이항분포와 정규분포의 관계

확률변수 X가 이항분포 $B(n, p)$를 따를 때, n이 충분히 크면
X는 근사적으로 정규분포 $N(np, npq)$를 따른다.

(단, $q=1-p$)

5 표본평균의 분포

모평균이 m, 모표준편차가 σ인 모집단에서 크기가 n인 표본을 임의
추출할 때, 표본평균 $\overline{X}$에 대하여

(1) $E(\overline{X})=m$, $V(\overline{X})=\dfrac{\sigma^2}{n}$, $\sigma(\overline{X})=\dfrac{\sigma}{\sqrt{n}}$

(2) 모집단이 정규분포 $N(m, \sigma^2)$을 따르면 표본의 크기 n에 관계없
이 표본평균 $\overline{X}$는 정규분포 $N\left(m, \dfrac{\sigma^2}{n}\right)$을 따른다.

(3) 모집단이 정규분포를 따르지 않더라도 표본의 크기 n이 충분히
크면 표본평균 $\overline{X}$는 근사적으로 정규분포 $N\left(m, \dfrac{\sigma^2}{n}\right)$을 따른다.

6 모평균의 신뢰구간

정규분포 $N(m, \sigma^2)$을 따르는 모집단에서 크기가 n인 표본을 임의
추출할 때, 표본평균 $\overline{X}$의 값이 $\overline{x}$이면 모평균 m에 대한 신뢰구간은
다음과 같다.

(1) 신뢰도 95 %의 신뢰구간

$$\overline{x}-1.96\frac{\sigma}{\sqrt{n}} \leq m \leq \overline{x}+1.96\frac{\sigma}{\sqrt{n}}$$

(2) 신뢰도 99 %의 신뢰구간

$$\overline{x}-2.58\frac{\sigma}{\sqrt{n}} \leq m \leq \overline{x}+2.58\frac{\sigma}{\sqrt{n}}$$

135

2023학년도 평가원 9월

이산확률변수 X의 확률분포를 표로 나타내면 다음과 같다.

X	0	1	a	합계
$P(X=x)$	$\frac{1}{10}$	$\frac{1}{2}$	$\frac{2}{5}$	1

$\sigma(X)=E(X)$일 때, $E(X^2)+E(X)$의 값은? (단, $a>1$)

① 29   ② 33   ③ 37

④ 41   ⑤ 45

136

2022학년도 수능

확률변수 X가 이항분포 $B\left(n, \frac{1}{3}\right)$을 따르고 $V(2X)=40$일 때, n의 값은?

① 30   ② 35   ③ 40

④ 45   ⑤ 50

137

2019학년도 수능

연속확률변수 X가 갖는 값의 범위는 $0 \leq X \leq 2$이고, X의 확률밀도함수의 그래프가 그림과 같을 때, $P\left(\frac{1}{3} \leq X \leq a\right)$의 값은? (단, a는 상수이다.)

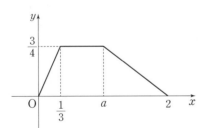

① $\frac{11}{16}$ ② $\frac{5}{8}$ ③ $\frac{9}{16}$

④ $\frac{1}{2}$ ⑤ $\frac{7}{16}$

138

2024학년도 평가원 9월

어느 고등학교의 수학 시험에 응시한 수험생의 시험 점수는 평균이 68점, 표준편차가 10점인 정규분포를 따른다고 한다. 이 수학 시험에 응시한 수험생 중 임의로 선택한 수험생 한 명의 시험 점수가 55점 이상이고 78점 이하일 확률을 오른쪽 표준정규분포표를 이용하여 구한 것은?

z	$P(0 \leq Z \leq z)$
1.0	0.3413
1.1	0.3643
1.2	0.3849
1.3	0.4032

① 0.7262   ② 0.7445   ③ 0.7492

④ 0.7675   ⑤ 0.7881

139

2017학년도 수능

정규분포 $N(0, 4^2)$을 따르는 모집단에서 크기가 9인 표본을 임의추출하여 구한 표본평균을 $\overline{X}$, 정규분포 $N(3, 2^2)$을 따르는 모집단에서 크기가 16인 표본을 임의추출하여 구한 표본평균을 $\overline{Y}$라 하자. $P(\overline{X} \geq 1)=P(\overline{Y} \leq a)$를 만족시키는 상수 a의 값은?

① $\frac{19}{8}$ ② $\frac{5}{2}$ ③ $\frac{21}{8}$

④ $\frac{11}{4}$ ⑤ $\frac{23}{8}$

140

2023학년도 수능

어느 회사에서 생산하는 샴푸 1개의 용량은 정규분포 $N(m, \sigma^2)$을 따른다고 한다. 이 회사에서 생산하는 샴푸 중에서 16개를 임의추출하여 얻은 표본평균을 이용하여 구한 m에 대한 신뢰도 95 %의 신뢰구간이 $746.1 \leq m \leq 755.9$이다. 이 회사에서 생산하는 샴푸 중에서 n개를 임의추출하여 얻은 표본평균을 이용하여 구하는 m에 대한 신뢰도 99 %의 신뢰구간이 $a \leq m \leq b$일 때, $b-a$의 값이 6 이하가 되기 위한 자연수 n의 최솟값은? (단, 용량의 단위는 mL이고, Z가 표준정규분포를 따르는 확률변수일 때, $P(|Z| \leq 1.96)=0.95$, $P(|Z| \leq 2.58)=0.99$로 계산한다.)

① 70   ② 74   ③ 78

④ 82   ⑤ 86

유형 **1** 이산확률변수와 확률질량함수

유형 및 경향 분석

확률의 총합이 1임을 이용하여 주어진 확률분포표를 완성한 후 확률 또는 확률변수의 평균, 분산, 표준편차를 구하는 문제가 출제된다. 이산확률변수에 대한 기본적인 개념을 이해하고 평균, 분산, 표준편차를 구할 수 있어야 한다.

📖 실전 가이드

(1) 이산확률변수 X의 확률질량함수가
$\quad$ $P(X=x_i)=p_i$ $(i=1, 2, 3, \cdots, n)$일 때
$\quad$ ① 평균(기댓값): $E(X)=m=x_1 p_1+x_2 p_2+x_3 p_3+\cdots+x_n p_n$
$\quad$ ② 분산: $V(X)=E((X-m)^2)=E(X^2)-\{E(X)\}^2$
$\quad$ ③ 표준편차: $\sigma(X)=\sqrt{V(X)}$
(2) 확률변수 X와 두 상수 a $(a \neq 0)$, b에 대하여
$\quad$ ① $E(aX+b)=aE(X)+b$
$\quad$ ② $V(aX+b)=a^2 V(X)$
$\quad$ ③ $\sigma(aX+b)=|a|\sigma(X)$

141 | 대표 유형 |
2024학년도 수능

4개의 동전을 동시에 던져서 앞면이 나오는 동전의 개수를 확률변수 X라 하고, 이산확률변수 Y를

$$Y=\begin{cases} X & (X가\ 0\ 또는\ 1의\ 값을\ 가지는\ 경우) \\ 2 & (X가\ 2\ 이상의\ 값을\ 가지는\ 경우) \end{cases}$$

라 하자. $E(Y)$의 값은?

① $\dfrac{25}{16}$ ② $\dfrac{13}{8}$ ③ $\dfrac{27}{16}$

④ $\dfrac{7}{4}$ ⑤ $\dfrac{29}{16}$

142

이산확률변수 X의 확률분포를 표로 나타내면 다음과 같다.

X	-3	0	3	합계
$P(X=x)$	a	$3a$	$5a$	1

$P(X^2-9=0)$의 값은? (단, a는 상수이다.)

① $\dfrac{1}{6}$ ② $\dfrac{1}{3}$ ③ $\dfrac{1}{2}$

④ $\dfrac{2}{3}$ ⑤ $\dfrac{3}{4}$

143

이산확률변수 X의 확률분포를 표로 나타내면 다음과 같다.

X	2	a	6	합계
$P(X=x)$	b	$\dfrac{1}{6}$	b	1

$E(X)=4$일 때, 두 상수 a, b에 대하여 $E(bX+a)$의 값은?

① $\dfrac{16}{3}$ ② $\dfrac{17}{3}$ ③ 6

④ $\dfrac{19}{3}$ ⑤ $\dfrac{20}{3}$

144

이산확률변수 X의 확률분포를 표로 나타내면 다음과 같다.

X	0	1	2	3	합계
$P(X=x)$	$\dfrac{2}{5}$	$\dfrac{3}{10}$	$\dfrac{1}{5}$	$\dfrac{1}{10}$	1

확률변수 $Y=aX+b$에 대하여 $E(Y)=6$, $V(Y)=16$일 때, 두 상수 a, b에 대하여 ab의 값은? (단, $a>0$)

① 2   ② 4   ③ 6

④ 8   ⑤ 10

145

이산확률변수 X의 확률질량함수가
$$P(X=x)=k(x+1) \ (x=0,\ 1,\ 2,\ 3,\ 4,\ 5)$$
일 때, $P(X^2-4X\le 0)$의 값은? (단, k는 상수이다.)

① $\dfrac{4}{7}$ ② $\dfrac{13}{21}$ ③ $\dfrac{2}{3}$

④ $\dfrac{5}{7}$ ⑤ $\dfrac{16}{21}$

146

이산확률변수 X의 확률질량함수가
$$P(X=x)=kx^2 \ (x=1,\ 2,\ 3,\ 4)$$
일 때, $E(X)$의 값은? (단, k는 상수이다.)

① $\dfrac{8}{3}$ ② 3   ③ $\dfrac{10}{3}$

④ $\dfrac{11}{3}$ ⑤ 4

147

확률변수 X에 대하여 $3X+2Y=10$이고 $E(2X+3)=5$, $V(Y)=18$일 때, $E(Y)+E(X^2)$의 값은?

① $\dfrac{21}{2}$ ② 11   ③ $\dfrac{23}{2}$

④ 12   ⑤ $\dfrac{25}{2}$

148

두 확률변수 X, Y가 다음 조건을 만족시킨다.

> (가) $\text{E}(3X+1)=7$, $\text{V}(3X+1)=36$
> (나) $\text{E}(2Y-1)=5$, $\text{V}(3Y+2)=1$

$Y=aX+b$일 때, 두 상수 a, b에 대하여 $a+b$의 값은?

(단, $a>0$)

① $\dfrac{8}{3}$ ② $\dfrac{17}{6}$ ③ 3

④ $\dfrac{19}{6}$ ⑤ $\dfrac{10}{3}$

149

흰 공 3개, 검은 공 5개가 들어 있는 주머니에서 임의로 2개의 공을 꺼낼 때, 나온 흰 공의 개수를 확률변수 X라 하자. $\text{E}(4X+5)$의 값은?

① 5   ② 6   ③ 7

④ 8   ⑤ 9

유형 2 | 이항분포

유형 및 경향 분석

이항분포를 따르는 확률변수의 평균, 분산, 표준편차를 구하는 문제가 출제되므로 관련된 공식을 잘 정리해 두도록 한다.

실전 가이드

이항분포는 독립시행에서 정의되는 확률분포를 말한다. 확률변수 X의 확률질량함수가 $\text{P}(X=r)={}_nC_rp^rq^{n-r}$ $(q=1-p, \ r=0, 1, 2, \cdots, n)$이면 확률변수 X가 이항분포 $\text{B}(n, p)$를 따르고, 다음이 성립한다.

(1) $\text{E}(X)=np$
(2) $\text{V}(X)=npq$
(3) $\sigma(X)=\sqrt{npq}$

150 | 대표 유형 |

2019학년도 수능

확률변수 X가 이항분포 $\text{B}\left(n, \dfrac{1}{2}\right)$을 따르고 $\text{E}(X^2)=\text{V}(X)+25$를 만족시킬 때, n의 값은?

① 10   ② 12   ③ 14

④ 16   ⑤ 18

151

확률변수 X가 이항분포 $\mathrm{B}(144, p)$를 따르고 $\mathrm{V}(X)=20$일 때, $\mathrm{E}(X)$의 값은? $\left(\text{단, } 0<p<\dfrac{1}{2}\right)$

① 16   ② 20   ③ 24

④ 28   ⑤ 32

152

확률변수 X가 이항분포 $\mathrm{B}(n, p)$를 따르고 $\mathrm{E}(X)=16$, $\mathrm{V}(X)=12$일 때, $n+p$의 값은?

① $\dfrac{257}{4}$ ② $\dfrac{129}{2}$ ③ $\dfrac{259}{4}$

④ 65   ⑤ $\dfrac{261}{4}$

153

확률변수 X가 이항분포 $\mathrm{B}\left(20, \dfrac{1}{2}\right)$을 따르고 $\mathrm{P}(X=3)=a\times\mathrm{P}(X=1)$을 만족시킬 때, 상수 a의 값은?

① 51   ② 54   ③ 57

④ 60   ⑤ 63

154

이산확률변수 X의 확률질량함수가

$$\mathrm{P}(X=x)={}_{20}\mathrm{C}_{20-x}\frac{2^x}{3^{20}} \ (x=0, 1, 2, \cdots, 20)$$

일 때, $\mathrm{E}(X)+\mathrm{V}(X)$의 값은?

① $\dfrac{100}{9}$ ② $\dfrac{40}{3}$ ③ $\dfrac{140}{9}$

④ $\dfrac{160}{9}$ ⑤ 20

155

두 확률변수 X, Y가 각각 이항분포 $B(n, p)$, $B(m, q)$를 따를 때, |보기|에서 옳은 것만을 있는 대로 고른 것은?

(단, $p+q=1$, $pq \neq 0$)

┤ 보기 ├

ㄱ. $V(X) = V(Y)$이면 $n = m$이다.

ㄴ. $m = 4n$이고 $E(X) > E(Y)$이면 $p > \dfrac{4}{5}$이다.

ㄷ. $n + m = 400$일 때, $V(X) > 2V(Y)$를 만족시키는 자연수 n의 최솟값은 267이다.

① ㄱ   ② ㄷ   ③ ㄱ, ㄴ

④ ㄴ, ㄷ   ⑤ ㄱ, ㄴ, ㄷ

156

수직선 위의 원점 O에 점 P가 있다. 한 개의 동전을 던져 앞면이 나오면 오른쪽으로 2만큼, 뒷면이 나오면 왼쪽으로 1만큼 점 P를 이동시키는 시행을 한다. 이 시행을 20번 반복하여 이동된 점 P에 대응하는 수를 확률변수 X라 하자. $E(X)$의 값은?

① 6   ② 8   ③ 10

④ 12   ⑤ 14

유형 ❸ 연속확률변수와 확률밀도함수

유형 및 경향 분석

주어진 확률밀도함수의 그래프를 보고 확률밀도함수의 성질을 이용하여 연속확률변수의 확률을 구하는 문제가 출제된다.

실전 가이드

연속확률변수 X가 $\alpha \leq X \leq \beta$의 모든 실수를 값으로 갖고, X의 확률밀도함수가 $f(x)$일 때

(1) $f(x) \geq 0$

(2) 함수 $y = f(x)$의 그래프와 x축 및 두 직선 $x = \alpha$, $x = \beta$로 둘러싸인 부분의 넓이는 1이다.

(3) 확률 $P(a \leq X \leq b)$는 함수 $y = f(x)$의 그래프와 x축 및 두 직선 $x = a$, $x = b$로 둘러싸인 부분의 넓이와 같다. (단, $\alpha \leq a \leq b \leq \beta$)

157 | 대표 유형 |

2021학년도 평가원 9월

연속확률변수 X가 갖는 값의 범위는 $0 \leq X \leq 8$이고, X의 확률밀도함수 $f(x)$의 그래프는 직선 $x = 4$에 대하여 대칭이다.

$$3P(2 \leq X \leq 4) = 4P(6 \leq X \leq 8)$$

일 때, $P(2 \leq X \leq 6)$의 값은?

① $\dfrac{3}{7}$ ② $\dfrac{1}{2}$ ③ $\dfrac{4}{7}$

④ $\dfrac{9}{14}$ ⑤ $\dfrac{5}{7}$

158

연속확률변수 X가 갖는 값의 범위는 $0 \leq X \leq 4$이고, X의 확률밀도함수 $y=f(x)$의 그래프가 그림과 같을 때, $k \times \mathrm{P}(1 \leq X \leq 3)$의 값은? (단, k는 상수이다.)

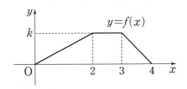

① $\dfrac{1}{5}$ ② $\dfrac{6}{25}$ ③ $\dfrac{7}{25}$

④ $\dfrac{8}{25}$ ⑤ $\dfrac{9}{25}$

159

연속확률변수 X가 갖는 값의 범위는 $0 \leq X \leq 10$이고, X의 확률밀도함수 $f(x)$가

$$f(x) = \frac{a}{4}x + \frac{a}{10}$$

일 때, $\mathrm{P}(3 \leq X \leq 9) = \dfrac{q}{p}$이다. $p+q$의 값을 구하시오.

(단, a는 상수이고, p와 q는 서로소인 자연수이다.)

160

연속확률변수 X가 갖는 값의 범위는 $0 \leq X \leq 8$이고, X의 확률밀도함수 $y=f(x)$의 그래프가 그림과 같다.

$\mathrm{P}\left(0 \leq X \leq \dfrac{b}{2}\right) + \mathrm{P}(0 \leq X \leq b) = \dfrac{15}{16}$일 때,

$\mathrm{P}(4a \leq X \leq k) = \dfrac{1}{2}$이 되도록 하는 k의 값은?

(단, a, b, k는 상수이다.)

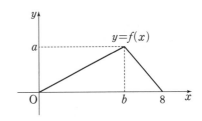

① 4   ② $\dfrac{9}{2}$ ③ 5

④ $\dfrac{11}{2}$ ⑤ 6

161

연속확률변수 X가 갖는 값의 범위는 $0 \leq X \leq 4$이고, X의 확률밀도함수 $f(x)$가

$$f(x) = \frac{1}{4}|2-x| \quad (0 \leq x \leq 4)$$

이다. $Y = 40 + 2X$일 때, $P(43 \leq Y \leq 48)$의 값은?

① $\dfrac{17}{32}$ ② $\dfrac{9}{16}$ ③ $\dfrac{19}{32}$

④ $\dfrac{5}{8}$ ⑤ $\dfrac{21}{32}$

162

연속확률변수 X가 갖는 값의 범위는 $0 \leq X \leq 3$이고, X의 확률밀도함수 $f(x)$가

$$f(x) = \begin{cases} a(x+1) & (0 \leq x < 1) \\ a(3-x) & (1 \leq x \leq 3) \end{cases}$$

일 때, $P\left(\dfrac{1}{2} \leq X \leq 3\right)$의 값은? (단, a는 상수이다.)

① $\dfrac{23}{28}$ ② $\dfrac{6}{7}$ ③ $\dfrac{25}{28}$

④ $\dfrac{13}{14}$ ⑤ $\dfrac{27}{28}$

163

연속확률변수 X가 갖는 값의 범위는 $0 \leq X \leq 12$이고, X의 확률밀도함수 $f(x)$가 다음 조건을 만족시킨다.

(가) $0 \leq x \leq 3$인 모든 실수 x에 대하여
　　$f(x) = f(12-x)$이다.

(나) $0 \leq x \leq 6$인 모든 실수 x에 대하여
　　$f(x) = f(x+6)$이다.

$P(4 \leq X \leq 6) = \dfrac{1}{12}$일 때, $P(8 \leq X \leq 10)$의 값은?

① $\dfrac{1}{4}$ ② $\dfrac{7}{24}$ ③ $\dfrac{1}{3}$

④ $\dfrac{3}{8}$ ⑤ $\dfrac{5}{12}$

164

$0 \leq x \leq 4$에서 정의된 연속확률변수 X의 확률밀도함수를 $f(x)$라 하고, $-6 \leq x \leq -2$에서 정의된 연속확률변수 Y의 확률밀도함수를 $g(x)$라 하자. $0 \leq x \leq 4$인 모든 실수 x에 대하여 $f(x) = g(x-6)$이고, 4 이하의 자연수 k에 대하여 $P(k-1 \leq X \leq k) = \dfrac{k}{a}$일 때, $P(-3 \leq Y \leq -2)$의 값은?

(단, a는 상수이다.)

① $\dfrac{3}{10}$ ② $\dfrac{7}{20}$ ③ $\dfrac{2}{5}$

④ $\dfrac{9}{20}$ ⑤ $\dfrac{1}{2}$

유형 ④ 정규분포

유형 및 경향 분석

정규분포를 따르는 확률변수 X에 대하여 주어진 확률 $P(\alpha \leq X \leq \beta)$의 값을 구하거나 확률 p가 주어졌을 때, $P(X \geq a)=p$와 같은 식을 만족시키는 상수 a의 값을 구하는 문제가 출제된다.

🔖 실전 가이드

확률변수 Z가 표준정규분포 $N(0, 1)$을 따를 때, 두 양수 a, $b(a<b)$에 대하여 다음과 같이 확률을 구할 수 있다.

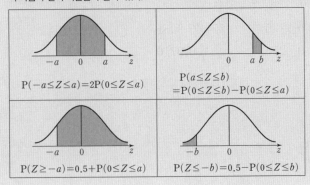

165 | 대표 유형 |

2023학년도 평가원 9월

어느 인스턴트 커피 제조 회사에서 생산하는 A 제품 1개의 중량은 평균이 9, 표준편차가 0.4인 정규분포를 따르고, B 제품 1개의 중량은 평균이 20, 표준편차가 1인 정규분포를 따른다고 한다. 이 회사에서 생산한 A 제품 중에서 임의로 선택한 1개의 중량이 8.9 이상 9.4 이하일 확률과 B 제품 중에서 임의로 선택한 1개의 중량이 19 이상 k 이하일 확률이 서로 같다. 상수 k의 값은? (단, 중량의 단위는 g이다.)

① 19.5   ② 19.75   ③ 20

④ 20.25   ⑤ 20.5

166

확률변수 X는 평균이 m, 표준편차가 σ인 정규분포를 따른다.

$$P(m \leq X \leq m+\sigma)=0.3413,$$
$$P(m \leq X \leq m+2\sigma)=0.4772$$

일 때, $P(m-\sigma \leq X \leq m+2\sigma)$의 값은?

① 0.6826   ② 0.8185   ③ 0.8413

④ 0.9544   ⑤ 0.9772

167

정규분포 $N(5, \sigma^2)$을 따르는 확률변수 X에 대하여 함수 $f(x)$는 $f(x)=P(X \geq x)$라 하자. $f(1)=0.8$일 때, $f(5)-f(9)$의 값은?

① 0.1   ② 0.2   ③ 0.3

④ 0.4   ⑤ 0.5

168

확률변수 X가 정규분포 $N(10, \sigma^2)$을 따르고
$$P(6 \leq X \leq 12) = 0.7, \ P(6 \leq X \leq 14) = 0.86$$
일 때, $P(10 \leq X \leq 12)$의 값은?

① 0.26　　　② 0.27　　　③ 0.28

④ 0.29　　　⑤ 0.3

169

두 확률변수 X, Y가 각각 정규분포 $N(6, 4^2)$, $N(m, 5^2)$을 따르고
$$1 - P(2 \leq X \leq 10) = 2P(Y \geq 15)$$
일 때, m의 값을 구하시오. (단, $m < 15$)

170

어느 고등학교 학생들의 키를 조사하였더니 평균이 168 cm, 표준편차가 4 cm인 정규분포를 따른다. 이 고등학교 학생 중 임의로 선택한 학생의 키가 164 cm 이상 174 cm 이하일 확률을 오른쪽 표준정규분포표를 이용하여 구한 것은?

z	$P(0 \leq Z \leq z)$
1.0	0.3413
1.5	0.4332
2.0	0.4772
2.5	0.4938

① 0.7745　　　② 0.8351　　　③ 0.9104

④ 0.9270　　　⑤ 0.9710

171

확률변수 X가 정규분포 $N(m, 3^2)$을 따를 때, 실수 t에 대하여 함수 $f(t)$는
$$f(t) = P(t \leq X \leq t+2)$$
이다. 모든 실수 t에 대하여 $f(12) \geq f(t)$를 만족시킬 때, $f(13) + f(15) + f(17)$의 값을 오른쪽 표준정규분포표를 이용하여 구한 것은?

z	$P(0 \leq Z \leq z)$
0.5	0.1915
1.0	0.3413
1.5	0.4332
2.0	0.4772

① 0.1915　　　② 0.3413　　　③ 0.4332

④ 0.4772　　　⑤ 0.5328

172

연속확률변수 X가 평균이 m, 표준편차가 σ인 정규분포를 따르고

$$P(16 \leq X \leq 42) = P(18 \leq X \leq 44),$$
$$P(X \leq 33) = P(Z \geq -1)$$

일 때, $m + \sigma$의 값을 구하시오.

(단, 확률변수 Z는 표준정규분포 $N(0, 1)$을 따른다.)

173

확률변수 X는 정규분포 $N(6, 2^2)$을 따르고, 확률변수 Y는 정규분포 $N(8, 4^2)$을 따른다.

$$a = P(2 \leq X \leq 5),\ b = P(8 \leq X \leq 11),$$
$$c = P(1 \leq Y \leq 7)$$

일 때, a, b, c의 대소 관계를 바르게 나타낸 것은?

① $a < b < c$ ② $a < c < b$ ③ $b < a < c$

④ $b < c < a$ ⑤ $c < b < a$

174

확률변수 X가 정규분포 $N(m, 2^2)$을 따를 때, 모든 실수 k에 대하여

$$P(X \leq 6 - k) = P(X \geq 10 + k)$$

를 만족시킨다. 확률변수 X에 대하여 확률변수 Y가 $Y = 2X + 3$일 때, $P(Y \geq 25)$의 값을 오른쪽 표준정규분포표를 이용하여 구한 것은?

z	$P(0 \leq Z \leq z)$
0.5	0.1915
1.0	0.3413
1.5	0.4332
2.0	0.4772

① 0.0228   ② 0.0668   ③ 0.1587

④ 0.3085   ⑤ 0.3413

유형 5 표본평균의 분포

유형 및 경향 분석

모집단의 확률분포와 표본평균의 확률분포 사이의 관계를 이해하고 있는지 묻는 문제가 출제된다. 표본의 크기 n에 따라 표본평균의 분포가 모집단의 분포와 어떻게 달라지는지 알아야 한다.

📖 실전 가이드

(1) 모평균이 m, 모표준편차가 σ인 모집단에서 크기가 n인 표본을 임의추출할 때, 표본평균 $\overline{X}$에 대하여

① $\mathrm{E}(\overline{X})=m$

② $\mathrm{V}(\overline{X})=\dfrac{\sigma^2}{n}$

③ $\sigma(\overline{X})=\dfrac{\sigma}{\sqrt{n}}$

(2) 정규분포 $\mathrm{N}(m,\sigma^2)$을 따르는 모집단에서 크기가 n인 표본을 임의추출할 때, 표본평균 $\overline{X}$는 정규분포 $\mathrm{N}\left(m,\dfrac{\sigma^2}{n}\right)$을 따름을 이용하여 확률을 구한다.

175 | 대표 유형 |

2022학년도 평가원 9월

지역 A에 살고 있는 성인들의 1인 하루 물 사용량을 확률변수 X, 지역 B에 살고 있는 성인들의 1인 하루 물 사용량을 확률변수 Y라 하자. 두 확률변수 X, Y는 정규분포를 따르고 다음 조건을 만족시킨다.

(가) 두 확률변수 X, Y의 평균은 각각 220과 240이다.

(나) 확률변수 Y의 표준편차는 확률변수 X의 표준편차의 1.5배이다.

지역 A에 살고 있는 성인 중 임의추출한 n명의 1인 하루 물 사용량의 표본평균을 $\overline{X}$, 지역 B에 살고 있는 성인 중 임의추출한 $9n$명의 1인 하루 물 사용량의 표본평균을 $\overline{Y}$라 하자. $\mathrm{P}(\overline{X}\le215)=0.1587$일 때, $\mathrm{P}(\overline{Y}\ge235)$의 값을 오른쪽 표준정규분포표를 이용하여 구한 것은? (단, 물 사용량의 단위는 L이다.)

z	$\mathrm{P}(0\le Z\le z)$
0.5	0.1915
1.0	0.3413
1.5	0.4332
2.0	0.4772

① 0.6915　　② 0.7745　　③ 0.8185

④ 0.8413　　⑤ 0.9772

176

정규분포 $\mathrm{N}(40,8^2)$을 따르는 모집단에서 크기가 16인 표본을 임의추출하여 구한 표본평균을 $\overline{X}$라 할 때, $\mathrm{E}(\overline{X})+\sigma(\overline{X})$의 값은?

① 34　　　　② 38　　　　③ 42

④ 46　　　　⑤ 50

177

어느 모집단의 확률변수 X의 확률질량함수가

$$\mathrm{P}(X=r)={}_{160}\mathrm{C}_r\left(\frac{1}{4}\right)^r\left(\frac{3}{4}\right)^{160-r}\ (r=0,\,1,\,2,\,\cdots,\,160)$$

이다. 이 모집단에서 크기가 10인 표본을 임의추출하여 구한 표본평균을 $\overline{X}$라 할 때, $\mathrm{E}(\overline{X})+\mathrm{V}(\overline{X})$의 값을 구하시오.

178

평균이 m, 표준편차가 σ인 정규분포를 따르는 모집단에서 크기가 n_1인 표본을 임의추출하여 구한 표본평균을 $\overline{X}$라 하고, 크기가 n_2인 표본을 임의추출하여 구한 표본평균을 $\overline{Y}$라 하자. | 보기 |에서 옳은 것만을 있는 대로 고른 것은?

| 보기 |

ㄱ. $n_1 < n_2$이면 $\mathrm{E}(\overline{X}) < \mathrm{E}(\overline{Y})$이다.
ㄴ. $n_1 = n_2$이면 $\sigma(\overline{X}) = \sigma(\overline{Y})$이다.
ㄷ. $n_1 < 4n_2$이면 $\mathrm{V}(2\overline{X}) > \mathrm{V}(\overline{Y})$이다.

① ㄱ   ② ㄴ   ③ ㄱ, ㄴ
④ ㄴ, ㄷ   ⑤ ㄱ, ㄴ, ㄷ

179

정규분포 $\mathrm{N}(13,\ 6^2)$을 따르는 모집단에서 크기가 9인 표본을 임의추출하여 구한 표본평균을 $\overline{X}$라 할 때,

$$\mathrm{P}(a \le \overline{X} \le 13) = \mathrm{P}(0 \le Z \le 1)$$

을 만족시키는 상수 a의 값을 구하시오.

(단, 확률변수 Z는 표준정규분포 $\mathrm{N}(0,\ 1)$을 따른다.)

180

정규분포 $\mathrm{N}(24,\ 8^2)$을 따르는 모집단에서 크기가 16인 표본을 임의추출하여 구한 표본평균을 $\overline{X}$라 하자. $\mathrm{P}(20 \le \overline{X} \le 26)$의 값을 오른쪽 표준정규분포표를 이용하여 구한 것은?

z	$\mathrm{P}(0 \le Z \le z)$
0.5	0.1915
1.0	0.3413
1.5	0.4332
2.0	0.4772

① 0.6826   ② 0.8185   ③ 0.8413
④ 0.9544   ⑤ 0.9772

181

1부터 10까지의 자연수가 각각 하나씩 적힌 10개의 공이 들어 있는 주머니에서 임의로 3개의 공을 꺼내어 그 공에 적힌 숫자의 평균을 $\overline{X}$라 할 때, $V(4\overline{X}-5)$의 값을 구하시오.

182

어느 사탕 공장에서 생산되는 사탕 1개의 무게는 평균이 35 g, 표준편차가 8 g인 정규분포를 따른다고 한다. 이 공장에서 생산된 사탕 중에서 임의추출한 16개의 사탕의 무게의 평균을 $\overline{X}$라 할 때, $P(\overline{X} \leq c)=0.02$가 되도록 하는 상수 c에 대하여 $10c$의 값을 오른쪽 표준정규분포표를 이용하여 구하시오.

z	$P(0 \leq Z \leq z)$
1.75	0.46
1.88	0.47
2.05	0.48
2.33	0.49

유형 6 모평균의 추정

유형 및 경향 분석

정규분포를 따르는 모집단에서 임의추출한 표본의 평균을 이용하여 모평균의 신뢰구간을 구하는 문제가 출제된다. 실생활 관련 문제는 지문이 길어서 어렵게 느낄 수 있으나 모평균의 신뢰구간을 구하는 공식에서 필요한 값만을 찾아 대입하면 쉽게 풀 수 있다.

실전 가이드

정규분포 $N(m, \sigma^2)$을 따르는 모집단에서 크기가 n인 표본을 임의추출하여 얻은 표본평균 $\overline{X}$의 값을 $\overline{x}$라 하면 모평균 m에 대한 신뢰구간은

(1) 신뢰도 95 %의 신뢰구간

$$\overline{x}-1.96\frac{\sigma}{\sqrt{n}} \leq m \leq \overline{x}+1.96\frac{\sigma}{\sqrt{n}}$$

(2) 신뢰도 99 %의 신뢰구간

$$\overline{x}-2.58\frac{\sigma}{\sqrt{n}} \leq m \leq \overline{x}+2.58\frac{\sigma}{\sqrt{n}}$$

183 | 대표 유형 | 2024학년도 수능

정규분포 $N(m, 5^2)$을 따르는 모집단에서 크기가 49인 표본을 임의추출하여 얻은 표본평균이 $\overline{x}$일 때, 모평균 m에 대한 신뢰도 95 %의 신뢰구간이 $a \leq m \leq \frac{6}{5}a$이다. $\overline{x}$의 값은?

(단, Z가 표준정규분포를 따르는 확률변수일 때, $P(|Z| \leq 1.96)=0.95$로 계산한다.)

① 15.2　　② 15.4　　③ 15.6
④ 15.8　　⑤ 16.0

184

평균이 m, 표준편차가 σ인 정규분포를 따르는 모집단에서 크기가 64인 표본을 임의추출하여 얻은 모평균 m에 대한 신뢰도 95 %의 신뢰구간이 $a \le m \le b$이고, 크기가 16인 표본을 임의추출하여 얻은 모평균 m에 대한 신뢰도 99 %의 신뢰구간이 $c \le m \le d$이다. $\dfrac{d-c}{b-a}$의 값은? (단, Z가 표준정규분포를 따르는 확률변수일 때, $P(0 \le Z \le 1.96)=0.475$, $P(0 \le Z \le 2.58)=0.495$로 계산한다.)

① $\dfrac{125}{49}$ ② $\dfrac{127}{49}$ ③ $\dfrac{129}{49}$

④ $\dfrac{131}{49}$ ⑤ $\dfrac{19}{7}$

185

어느 고등학교 학생들의 1일 평균 학습 시간을 조사하였더니 평균이 m분, 표준편차가 8분인 정규분포를 따른다고 한다. 이 고등학교 학생 중 n명을 임의추출하여 얻은 1일 평균 학습 시간의 표본평균이 97분일 때, 모평균 m에 대한 신뢰도 95 %의 신뢰구간이 $95 \le m \le 99$이다. 자연수 n의 값은? (단, Z가 표준정규분포를 따르는 확률변수일 때, $P(0 \le Z \le 2)=0.475$로 계산한다.)

① 25   ② 36   ③ 49

④ 64   ⑤ 81

186

어느 공장에서 생산되는 통조림 1개의 무게는 평균이 m g, 표준편차가 σ g인 정규분포를 따른다고 한다. 이 공장에서 생산된 통조림 중에서 81개를 임의추출하여 얻은 표본평균을 이용하여 모평균 m에 대한 신뢰도 95 %의 신뢰구간을 구하면 $a \le m \le a+8$이다. σ의 값은? (단, Z가 표준정규분포를 따르는 확률변수일 때, $P(|Z| \le 2)=0.95$로 계산한다.)

① 12   ② 18   ③ 24

④ 30   ⑤ 36

정답 및 해설 39쪽

187

어느 회사 신입사원들의 채용 시험 점수를 조사하였더니 평균이 m점, 표준편차가 18점인 정규분포를 따른다고 한다. 이 회사 신입사원 중 81명을 임의추출하여 얻은 채용 시험 점수의 표본평균을 이용하여 모평균 m에 대한 신뢰도 99 %의 신뢰구간, 신뢰도 95 %의 신뢰구간은 각각 $a \leq m \leq b$, $c \leq m \leq d$ 이다. $(b-a)+(d-c)$의 값을 구하시오. (단, Z가 표준정규분포를 따르는 확률변수일 때, $P(|Z| \leq 2)=0.95$, $P(|Z| \leq 3)=0.99$로 계산한다.)

188

정규분포 $N(m, 8^2)$을 따르는 모집단에서 크기가 n인 표본을 임의추출하여 얻은 표본평균을 이용하여 모평균 m에 대한 신뢰도 99 %의 신뢰구간을 구하면 $a \leq m \leq b$이다.

$b-a \leq 1.29$가 되도록 하는 자연수 n의 최솟값은? (단, Z가 표준정규분포를 따르는 확률변수일 때,
$P(|Z| \leq 2.58)=0.99$로 계산한다.)

① 128   ② 256   ③ 512
④ 1024   ⑤ 2048

189

정규분포 $N(m, \sigma^2)$을 따르는 모집단에서 크기가 n인 표본을 임의추출하여 얻은 표본평균을 이용하여 모평균 m에 대한 신뢰도 α %의 신뢰구간을 구하면 $a \leq m \leq b$이고, 크기가 $2n$인 표본을 임의추출하여 얻은 표본평균을 이용하여 모평균 m에 대한 신뢰도 α %의 신뢰구간을 구하면 $c \leq m \leq d$이다. $d-c=t(b-a)$일 때, 상수 t의 값은?

① $\dfrac{1}{4}$ ② $\dfrac{1}{2}$ ③ $\dfrac{\sqrt{2}}{2}$

④ $\sqrt{2}$ ⑤ 2

190

수직선 위의 원점에 점 P가 있고, 좌표가 10인 점에 점 Q가 있다. 한 개의 주사위를 한 번 던질 때마다 다음 규칙에 따라 두 점 P, Q를 이동시키는 시행을 한다.

> (가) 점 P는 나온 눈의 수가 6의 약수이면 오른쪽으로 3만큼 이동시키고 6의 약수가 아니면 왼쪽으로 1만큼 이동시킨다.
>
> (나) 점 Q는 나온 눈의 수가 6의 약수이면 오른쪽으로 1만큼 이동시키고 6의 약수가 아니면 왼쪽으로 2만큼 이동시킨다.

주사위를 90번 던질 때, 점 P의 좌표를 확률변수 X, 점 Q의 좌표를 확률변수 Y라 하자. $E(X+Y)$의 값은?

① 120   ② 130   ③ 140   ④ 150   ⑤ 160

해결 전략

Step ❶ 주사위를 90번 던질 때 나온 눈의 수가 6의 약수인 횟수를 확률변수 Z라 하고, 확률변수 Z의 확률분포 구하기

Step ❷ 두 확률변수 X, Y를 각각 확률변수 Z에 대한 식으로 나타내기

Step ❸ $E(Z)$의 값을 이용하여 $E(X+Y)$의 값 구하기

191

$-a \le x \le a+1$에서 정의된 연속확률변수 X의 확률밀도함수 $f(x)$가

$$f(x) = \begin{cases} k|x| & (-a \le x \le a) \\ ka & (a \le x \le a+1) \end{cases}$$

이고, $4P(0 \le X \le 1) = P(a \le X \le a+1)$일 때, $\dfrac{a}{k}$의 값을 구하시오.

(단, a, k는 상수이고, $a \ge 1$, $k > 0$이다.)

해결 전략

Step ❶ 확률밀도함수 $y=f(x)$의 그래프와 x축 및 두 직선 $x=-a$, $x=a+1$로 둘러싸인 부분의 넓이가 1임을 이용하여 k를 a에 대한 식으로 나타내기

Step ❷ $4P(0 \le X \le 1) = P(a \le X \le a+1)$을 만족시키는 두 상수 a, k의 값 각각 구하기

192

정규분포 $N(m, \sigma^2)$을 따르는 확률변수 X가 다음 조건을 만족시킨다.

> (가) $P(X \geq 8) = P(X \leq 2)$
> (나) $P(X \geq 2a-b) + P(X \leq 3) = 1$
> (다) $P(2 \leq X \leq 2a-2) = P(2b \leq X \leq 8)$

두 상수 a, b에 대하여 ab의 값은?

① 3   ② 6   ③ 9   ④ 12   ⑤ 15

해결 전략

Step ❶ 조건 (가)를 이용하여 평균 m의 값 구하기

Step ❷ 두 조건 (나), (다)를 이용하여 두 상수 a, b 사이의 관계식 구하기

Step ❸ Step ❷에서 구한 두 식을 이용하여 두 상수 a, b의 값 구하기

193

$0 \leq x \leq 8$에서 정의된 연속확률변수 X의 확률밀도함수를 $f(x)$라 하자. 상수 a에 대하여 다음 조건을 만족시킨다.

> (가) $P(0 \leq X \leq 2) = \dfrac{1}{8}$
> (나) $0 \leq x \leq 6$인 모든 실수 x에 대하여 $f(x+2) = a + f(x)$이다.

$24P(48a \leq X \leq 96a)$의 값을 구하시오.

해결 전략

Step ❶ 두 조건 (가), (나)를 이용하여 x의 값의 범위에 따른 확률 구하기

Step ❷ 확률밀도함수 $y=f(x)$의 그래프와 x축 및 두 직선 $x=0$, $x=8$로 둘러싸인 부분의 넓이가 1임을 이용하여 상수 a의 값 구하기

194

1부터 10까지의 자연수가 하나씩 적힌 10개의 공이 들어 있는 주머니에서 임의로 한 개의 공을 꺼내어 공에 적힌 수가 7의 약수이면 10점을 얻고 7의 약수가 아니면 2점을 잃는 시행을 한다. 0점에서 시작하여 이 시행을 1600회 반복할 때 얻은 점수가 736점 이상일 확률을 오른쪽 표준정규분포표를 이용하여 구한 것은?

z	$P(0 \le Z \le z)$
0.5	0.1915
1.0	0.3413
1.5	0.4332
2.0	0.4772

① 0.1915 ② 0.3085 ③ 0.3830 ④ 0.6085 ⑤ 0.8830

해결 전략

Step ❶ 10점을 얻는 횟수를 확률변수 X 라 할 때, 7의 약수가 나올 확률을 이용하여 $E(X)$, $V(X)$의 값 구하기

Step ❷ 736점 이상 얻기 위한 X의 값의 범위 구하기

Step ❸ X를 표준정규분포를 따르는 Z로 표준화하여 확률 구하기

195

평균이 m, 표준편차가 σ인 정규분포를 따르는 모집단에서 크기가 25인 표본을 임의추출하여 얻은 표본평균을 이용하여 모평균 m에 대한 신뢰도 95 %의 신뢰구간을 구하면 $a \le m \le b$이고, 크기가 n인 표본을 임의추출하여 얻은 표본평균을 이용하여 모평균 m에 대한 신뢰도 99 %의 신뢰구간을 구하면 $c \le m \le d$이다. $b-a \le d-c$가 성립할 때, 자연수 n의 최댓값을 구하시오. (단, Z가 표준정규분포를 따르는 확률변수일 때, $P(0 \le Z \le 2.0) = 0.475$, $P(0 \le Z \le 2.6) = 0.495$로 계산한다.)

해결 전략

Step ❶ 표본의 크기가 25일 때, 모평균 m 에 대한 신뢰도 95 %의 신뢰구간 구하기

Step ❷ 표본의 크기가 n일 때, 모평균 m 에 대한 신뢰도 99 %의 신뢰구간 구하기

Step ❸ $b-a \le d-c$임을 이용하여 자연수 n의 값의 범위 구하기

196

평균이 m, 표준편차가 4인 정규분포를 따르는 모집단에서 크기가 n^2인 표본을 임의추출하여 구한 표본평균을 $\overline{X}$라 하자. $m=4$일 때 $\mathrm{P}\left(\overline{X} \leq \dfrac{64}{n}\right) \leq 0.9772$이고, $m=1$일 때 $\mathrm{P}\left(\overline{X} \leq \dfrac{64}{n}\right) \geq 0.6915$를 만족시키는 모든 자연수 n의 개수를 오른쪽 표준정규분포표를 이용하여 구하시오.

z	$\mathrm{P}(0 \leq Z \leq z)$
0.5	0.1915
1.0	0.3413
1.5	0.4332
2.0	0.4772

해결 전략

Step ❶ 표본평균 $\overline{X}$가 따르는 정규분포 구하기

Step ❷ 표본평균 $\overline{X}$를 표준정규분포를 따르는 Z로 표준화하여 자연수 n의 값의 범위 구하기

PART 2

고난도 문제로 수능 대비하기

▶ 고난도 문제로 실전 대비하기

▶ 최고난도 문제로 1등급 도전하기

기출 및 핵심 예상 문제수

기출문제	고난도 문제	최고난도 문제	합계
12	28	10	50

PART 2

PART 2 고난도 문제로 수능 대비하기

PART 2는 어려운 4점 수준의 문제들로 구성했습니다.
고난도 문제를 푸는 연습을 통해 실전에 대비할 수 있게 했습니다.

정답 및 해설 42쪽

I 경우의 수

고난도 문항 출제 포커스

실생활 상황에서 원순열, 중복순열, 같은 것이 있는 순열, 중복조합을 이용하여 경우의 수를 구하는 문제가 출제될 수 있으므로 이를 정확히 구분하고 계산하는 연습을 해 두어야 한다.

또한, 중복조합을 이용하여 주어진 조건을 만족시키는 자연수 또는 음이 아닌 정수의 순서쌍의 개수를 구하거나 함수의 개수를 찾는 중복조합의 활용 문제가 출제될 수 있으므로 중복조합을 정확하게 이해하고 계산할 수 있어야 한다.

---

197 | 대표 유형 1 | 2022학년도 평가원 6월

1부터 6까지의 자연수가 하나씩 적혀 있는 6개의 의자가 있다. 이 6개의 의자를 일정한 간격을 두고 원형으로 배열할 때, 서로 이웃한 2개의 의자에 적혀 있는 수의 곱이 12가 되지 않도록 배열하는 경우의 수를 구하시오.

(단, 회전하여 일치하는 것은 같은 것으로 본다.)

---

198 | 대표 유형 2 | 2024학년도 평가원 9월

다음 조건을 만족시키는 13 이하의 자연수 a, b, c, d의 모든 순서쌍 (a, b, c, d)의 개수를 구하시오.

(가) $a \leq b \leq c \leq d$

(나) $a \times d$는 홀수이고, $b+c$는 짝수이다.

199 | 대표 유형 3 | 2024학년도 평가원 6월

그림과 같이 2장의 검은색 카드와 1부터 8까지의 자연수가 하나씩 적혀 있는 8장의 흰색 카드가 있다. 이 카드를 모두 한 번씩 사용하여 왼쪽에서 오른쪽으로 일렬로 배열할 때, 다음 조건을 만족시키는 경우의 수를 구하시오.

(단, 검은색 카드는 서로 구별하지 않는다.)

(가) 흰색 카드에 적힌 수가 작은 수부터 크기순으로 왼쪽에서 오른쪽으로 배열되도록 카드가 놓여 있다.
(나) 검은색 카드 사이에는 흰색 카드가 2장 이상 놓여 있다.
(다) 검은색 카드 사이에는 3의 배수가 적힌 흰색 카드가 1장 이상 놓여 있다.

200 | 대표 유형 4 | 2023학년도 평가원 6월

집합 $X = \{1, 2, 3, 4, 5\}$에 대하여 다음 조건을 만족시키는 함수 $f : X \longrightarrow X$의 개수를 구하시오.

(가) $f(f(1)) = 4$
(나) $f(1) \leq f(3) \leq f(5)$

201

숫자 2, 3, 4, 5, 6이 하나씩 적힌 5개의 공을 세 상자 A, B, C에 남김없이 나누어 넣으려고 한다. 한 상자에 넣은 공에 적힌 수의 합이 13 이상이 되지 않도록 공을 넣는 경우의 수는? (단, 빈 상자는 없다.)

① 126   ② 128   ③ 130
④ 132   ⑤ 134

202

숫자 1, 2, 3이 하나씩 적힌 파란색 카드 3장과 숫자 1, 1, 2, 3, 4가 하나씩 적힌 빨간색 카드 5장이 있다. 이 8장의 카드를 일렬로 나열할 때, 파란색 카드는 카드에 적힌 수가 작은 것부터 크기순으로 왼쪽부터 나열하고, 빨간색 카드는 왼쪽부터 차례로 선택한 두 장의 카드에 적힌 수의 합이 항상 홀수가 되도록 나열하는 경우의 수는?

① 264   ② 288   ③ 312
④ 336   ⑤ 360

203

집합 $X=\{1, 2, 3, 4, 5, 6\}$에 대하여 다음 조건을 만족시키는 함수 $f : X \longrightarrow X$의 개수는?

> (가) $f(1) < f(3)$
> (나) $f(2) \leq f(4)$
> (다) $f(5) \neq f(6)$

① 9410   ② 9420   ③ 9430

④ 9440   ⑤ 9450

204

다음은 등식 $a+b+c+d=20$을 만족시키는 자연수 a, b, c, d의 순서쌍 (a, b, c, d) 중에서 a, b, c, d 중 적어도 2개가 짝수인 모든 순서쌍의 개수를 구하는 과정이다.

> $a+b+c+d=20$에서 네 자연수 a, b, c, d의 합이 짝수이므로 a, b, c, d 중 적어도 2개가 짝수인 경우는 a, b, c, d가 모두 짝수인 경우와 a, b, c, d 중에서 2개만 짝수인 경우이다.
>
> (i) a, b, c, d가 모두 짝수인 경우
>
> $a+b+c+d=20$에서 음이 아닌 정수 x, y, z, w에 대하여
>
> $a=2x+2, b=2y+2, c=2z+2, d=2w+2$
>
>   라 하면 순서쌍 (a, b, c, d)의 개수는
>
> $\boxed{\text{(가)}}$
>
> (ii) a, b, c, d 중에서 2개만 짝수인 경우
>
> a, b, c, d 중에서 짝수가 될 2개를 고르는 경우의 수는
>
> $\boxed{\text{(나)}}$
>
> $a+b+c+d=20$에서 음이 아닌 정수 x', y', z', w'에 대하여 a, b, c, d 중
>
>   두 홀수를 $2x'+1, 2y'+1$, 두 짝수를 $2z'+2, 2w'+2$라 하면 순서쌍 (a, b, c, d)의 개수는
>
> $\boxed{\text{(나)}} \times \boxed{\text{(다)}}$
>
> (i), (ii)에 의하여 구하는 순서쌍 (a, b, c, d)의 개수는
>
> $\boxed{\text{(가)}} + \boxed{\text{(나)}} \times \boxed{\text{(다)}}$

위의 (가), (나), (다)에 알맞은 수를 각각 p, q, r라 할 때, $p+q+r$의 값은?

① 200   ② 210   ③ 220

④ 230   ⑤ 240

205

A, B, C 세 사람은 매주 일요일에 아침 식사로 토스트를 먹는다고 한다. A, B, C가 일요일에 아침 식사로 먹는 토스트의 개수를 각각 a, b, c라 할 때, 다음 조건을 만족시킨다.

> (가) a, b, c는 자연수이다.
> (나) 세 사람이 먹는 토스트의 개수의 합은 10 이하이다.

A, B, C가 매주 일요일에 아침 식사로 먹는 토스트 개수 a, b, c의 모든 순서쌍 (a, b, c)의 개수는?

① 117   ② 118   ③ 119
④ 120   ⑤ 121

206

간식으로 사탕 7개, 초콜릿 10개를 준비하였다. 다음 조건을 만족시키도록 서로 다른 세 상자 A, B, C에 남김없이 나누어 넣는 경우의 수는?

(단, 같은 종류의 간식끼리는 구별하지 않는다.)

> (가) 상자 A에는 한 종류의 간식만 있다.
> (나) 상자 B에는 사탕이 2개 이상, 초콜릿이 3개 이상 있다.
> (다) 상자 C에는 상자 A와 다른 종류의 간식만 2개 이상 있다.

① 56   ② 58   ③ 60
④ 62   ⑤ 64

207

두 집합

$$X=\{1, 2, 3, 4\}, \ Y=\{1, 2, 3, 4, 5, 6, 7, 8, 9\}$$

에 대하여 다음 조건을 만족시키는 집합 X에서 집합 Y로의 함수 f의 개수를 구하시오.

> 집합 X의 임의의 두 원소 x_1, x_2에 대하여
> $|f(x_1)-f(x_2)| \geq 2$이다.

208

전체집합 $U=\{1, 2, 3, 4, 5, 6\}$에 대하여 U의 부분집합 A, B, C가 다음 조건을 만족시킨다.

> (가) $A \subset B^c$
> (나) $A^c \subset B$
> (다) $A^c \subset C^c$

세 집합 A, B, C에 대하여 순서쌍 (A, B, C)의 개수는?
(단, 세 집합 A, B, C 중 어느 것도 공집합이 아니다.)

① 601   ② 602   ③ 603
④ 604   ⑤ 605

Ⅱ 확률

고난도 문항 출제 포커스

경우의 수를 이용하여 확률을 구하는 문제가 출제될 수 있으므로 경우의 수에 대한 개념과 공식을 정확히 알고 있어야 한다.

또한, 독립시행의 확률을 이용한 문제가 출제될 수 있으므로 독립사건의 의미와 성질을 정확히 알고, 문제에 알맞은 식을 세울 수 있어야 한다.

209 | 대표 유형 1 |
2024학년도 평가원 6월

주머니에 숫자 1, 2, 3, 4가 하나씩 적혀 있는 흰 공 4개와 숫자 4, 5, 6, 7이 하나씩 적혀 있는 검은 공 4개가 들어 있다. 이 주머니를 사용하여 다음 규칙에 따라 점수를 얻는 시행을 한다.

> 주머니에서 임의로 2개의 공을 동시에 꺼내어 꺼낸 공이 서로 다른 색이면 12를 점수로 얻고, 꺼낸 공이 서로 같은 색이면 꺼낸 두 공에 적힌 수의 곱을 점수로 얻는다.

이 시행을 한 번 하여 얻은 점수가 24 이하의 짝수일 확률이 $\dfrac{q}{p}$일 때, $p+q$의 값을 구하시오.

(단, p와 q는 서로소인 자연수이다.)

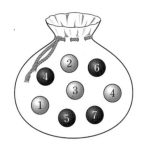

210 | 대표 유형 2 |
2021학년도 평가원 6월

집합 $A=\{1, 2, 3, 4\}$에 대하여 A에서 A로의 모든 함수 f 중에서 임의로 하나를 선택할 때, 이 함수가 다음 조건을 만족시킬 확률은 p이다. $120p$의 값을 구하시오.

> (가) $f(1) \times f(2) \geq 9$
> (나) 함수 f의 치역의 원소의 개수는 3이다.

211 | 대표 유형 3 |

숫자 1, 2, 3이 하나씩 적혀 있는 3개의 공이 들어 있는 주머니가 있다. 이 주머니에서 임의로 한 개의 공을 꺼내어 공에 적혀 있는 수를 확인한 후 다시 넣는 시행을 한다. 이 시행을 5번 반복하여 확인한 5개의 수의 곱이 6의 배수일 확률이 $\dfrac{q}{p}$일 때, $p+q$의 값을 구하시오.

(단, p와 q는 서로소인 자연수이다.)

212 | 대표 유형 4 |

앞면에는 문자 A, 뒷면에는 문자 B가 적힌 한 장의 카드가 있다. 이 카드와 한 개의 동전을 사용하여 다음 시행을 한다.

> 동전을 두 번 던져
> 앞면이 나온 횟수가 2이면 카드를 한 번 뒤집고,
> 앞면이 나온 횟수가 0 또는 1이면 카드를 그대로 둔다.

처음에 문자 A가 보이도록 카드가 놓여 있을 때, 이 시행을 5번 반복한 후 문자 B가 보이도록 카드가 놓일 확률은 p이다. $128 \times p$의 값을 구하시오.

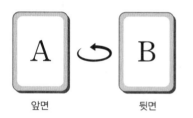

앞면　　　　　　　뒷면

213

어느 사무실에 그림과 같이 앞줄에 2개, 뒷줄에 3개로 나뉘어 놓인 5개의 의자가 있다. A, B 두 사람이 앞줄의 2개의 의자에 앉아 있다가 새로 3명이 들어와서 모두 일어난 후 5명이 임의로 다시 의자에 앉았다. A, B 두 사람이 모두 처음 앉았던 의자가 아닌 다른 의자에 앉을 확률은?

← 뒷줄

← 앞줄

① $\dfrac{11}{20}$　　② $\dfrac{3}{5}$　　③ $\dfrac{13}{20}$

④ $\dfrac{7}{10}$　　⑤ $\dfrac{3}{4}$

214

좌표평면의 원점에 점 P가 있다. 한 개의 동전을 한 번 던져서 앞면이 나오면 점 P를 x축의 양의 방향으로 1만큼, 뒷면이 나오면 점 P를 y축의 양의 방향으로 1만큼 평행이동시키는 시행을 한다. 이 시행을 계속하여 점 P의 x좌표 또는 y좌표가 6이 되면 이 시행을 끝낸다. 이 시행이 끝났을 때, 점 P에 대하여 |보기|에서 옳은 것만을 있는 대로 고른 것은?

┌─ 보기 ├─

ㄱ. 원점에서 점 P까지 거리가 6 이하가 될 확률은 $\dfrac{1}{32}$이다.

ㄴ. 점 P의 좌표가 $(6, 4)$일 확률은 $\dfrac{63}{512}$이다.

ㄷ. 점 P의 x좌표와 y좌표의 합이 10일 확률은 $\dfrac{63}{128}$이다.

① ㄱ　　② ㄱ, ㄴ　　③ ㄱ, ㄷ

④ ㄴ, ㄷ　　⑤ ㄱ, ㄴ, ㄷ

215

한 개의 주사위를 두 번 던져서 첫 번째 나온 눈의 수를 a, 두 번째 나온 눈의 수를 b라 하자. 연립방정식

$$\begin{cases} ax+by=3 \\ x+2y=2 \end{cases}$$

를 만족시키는 x, y가 양의 실수일 확률이 $\dfrac{q}{p}$일 때, $p+q$의 값을 구하시오. (단, p와 q는 서로소인 자연수이다.)

216

숫자 1, 2, 3, 4, 5가 하나씩 적혀 있는 5개의 공이 들어 있는 주머니가 있다. 이 주머니를 이용하여 다음과 같은 시행을 한다.

> 주머니에서 임의로 3개의 공을 동시에 꺼내어 나온 공에 적혀 있는 수를 종이에 적은 다음 꺼낸 공을 다시 주머니에 넣는다.

이 시행을 2번 반복한 후 종이에 적은 6개의 수 중 가장 큰 수가 5일 확률이 $\dfrac{q}{p}$일 때, $p+q$의 값을 구하시오.

(단, p와 q는 서로소인 자연수이다.)

217

1부터 6까지 자연수가 하나씩 적혀 있는 카드가 각각 2장씩 모두 12장의 카드가 들어 있는 상자에서 임의로 카드 1장을 꺼내는 시행을 한다. 이 시행을 계속 반복할 때, 네 번째 시행에서 처음으로 앞에서 꺼낸 카드와 같은 숫자가 적힌 카드를 꺼낼 확률은? (단, 꺼낸 카드는 다시 넣지 않고, 같은 숫자가 적힌 카드끼리는 서로 구분하지 않는다.)

① $\dfrac{7}{26}$
② $\dfrac{4}{13}$
③ $\dfrac{9}{26}$
④ $\dfrac{5}{13}$
⑤ $\dfrac{11}{26}$

218

한 개의 주사위를 n번 던지는 시행에서 나타나는 눈의 수의 최댓값을 a_n, 최솟값을 b_n이라 할 때, $a_n-b_n<5$일 확률을 p_n이라 하자. 예를 들면, 주사위를 한 번 던지는 시행에서 나타나는 눈의 수는 하나이므로 $a_1-b_1=0$이고 $p_1=1$이다. 주사위를 두 번 던지는 시행에서 나타나는 눈의 수가 차례로 6, 4이면 $a_2=6$, $b_2=4$이다. 이 시행에서 p_3의 값은?

① $\dfrac{31}{36}$
② $\dfrac{8}{9}$
③ $\dfrac{11}{12}$
④ $\dfrac{17}{18}$
⑤ $\dfrac{35}{36}$

219

서로 같은 10개의 구슬을 서로 다른 4개의 주머니에 남김없이 나누어 넣으려고 한다. 각 주머니에 5개 이하의 구슬이 들어 있을 확률은? (단, 빈 주머니는 없다.)

① $\dfrac{2}{3}$ ② $\dfrac{5}{7}$ ③ $\dfrac{16}{21}$

④ $\dfrac{17}{21}$ ⑤ $\dfrac{6}{7}$

220

두 배구팀 A, B에 각각 6명의 선수가 있고 각 팀의 선수들은 1, 2, 3, 4, 5, 6의 등번호를 하나씩 달고 있다. 이 12명의 선수 중에서 임의로 3명을 뽑았더니 3명의 등번호가 서로 다를 때, 이들 3명 중 소속팀이 다른 선수가 있을 확률은?

① $\dfrac{1}{2}$ ② $\dfrac{2}{3}$ ③ $\dfrac{3}{4}$

④ $\dfrac{4}{5}$ ⑤ $\dfrac{5}{6}$

221

1부터 10까지 자연수가 하나씩 적혀 있는 10개의 카드가 들어 있는 주머니에서 임의로 1개의 카드를 꺼내어 카드에 적혀 있는 수를 확인한 후 다시 넣는 시행을 한다. 이 시행을 3번 반복한 후 꺼낸 카드에 적혀 있는 세 숫자 중 최솟값을 X, 최댓값을 Y라 할 때, | 보기 |에서 옳은 것만을 있는 대로 고른 것은?

┤ 보기 ├

ㄱ. $X=1$이고 $Y=2$일 확률은 $\dfrac{3}{500}$이다.

ㄴ. $3 \le k \le 10$인 자연수 k에 대하여 $X=1$이고 $Y=k$일 확률은 $\dfrac{3(k-2)}{500}$이다.

ㄷ. $Y-X=5$일 확률은 $\dfrac{3}{20}$이다.

① ㄱ ② ㄱ, ㄴ ③ ㄱ, ㄷ
④ ㄴ, ㄷ ⑤ ㄱ, ㄴ, ㄷ

Ⅲ 통계

고난도 문항 출제 포커스

확률밀도함수의 성질을 이용하는 문제가 출제될 수 있으므로 확률밀도함수와 주어진 함수의 그래프를 이해하고 있어야 한다. 확률밀도함수의 그래프가 주어지지 않는 경우에는 주어진 확률밀도함수를 이용해 그래프를 그릴 수 있어야 한다.

또한, 실생활과 관련된 상황에서 표준정규분포를 이용하여 확률을 구하는 문제가 출제될 수 있으므로 확률변수를 표준화하고 이를 이용하여 표준정규분포표에서 알맞은 값을 구할 수 있어야 한다.

222 | 대표 유형 1 |
2022학년도 평가원 9월

두 이산확률변수 X, Y의 확률분포를 표로 나타내면 각각 다음과 같다.

X	1	3	5	7	9	합계
$P(X=x)$	a	b	c	b	a	1

Y	1	3	5	7	9	합계
$P(Y=y)$	$a+\dfrac{1}{20}$	b	$c-\dfrac{1}{10}$	b	$a+\dfrac{1}{20}$	1

$V(X)=\dfrac{31}{5}$일 때, $10 \times V(Y)$의 값을 구하시오.

223 | 대표 유형 2 |
2022학년도 수능

두 연속확률변수 X와 Y가 갖는 값의 범위는 $0 \leq X \leq 6$, $0 \leq Y \leq 6$이고, X와 Y의 확률밀도함수는 각각 $f(x)$, $g(x)$이다. 확률변수 X의 확률밀도함수 $f(x)$의 그래프는 그림과 같다.

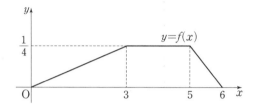

$0 \leq x \leq 6$인 모든 x에 대하여

$$f(x) + g(x) = k \ (k는 \ 상수)$$

를 만족시킬 때, $P(6k \leq Y \leq 15k) = \dfrac{q}{p}$이다. $p+q$의 값을 구하시오. (단, p와 q는 서로소인 자연수이다.)

224 | 대표 유형 3 |

2024학년도 수능

양수 t에 대하여 확률변수 X가 정규분포 $\mathrm{N}(1,\ t^2)$을 따른다.

$$\mathrm{P}(X\le 5t)\ge\frac{1}{2}$$

이 되도록 하는 모든 양수 t에 대하여

$\mathrm{P}(t^2-t+1\le X\le t^2+t+1)$의 최댓값을 오른쪽 표준정규분포표를 이용하여 구한 값을 k라 하자. $1000\times k$의 값을 구하시오.

z	$\mathrm{P}(0\le Z\le z)$
0.6	0.226
0.8	0.288
1.0	0.341
1.2	0.385
1.4	0.419

225 | 대표 유형 4 |

2021년 시행 교육청 10월

주머니에 12개의 공이 들어 있다. 이 공들 각각에는 숫자 1, 2, 3, 4 중 하나씩이 적혀 있다. 이 주머니에서 임의로 한 개의 공을 꺼내어 공에 적혀 있는 수를 확인한 후 다시 넣는 시행을 한다. 이 시행을 4번 반복하여 확인한 4개의 수의 합을 확률변수 X라 할 때, 확률변수 X는 다음 조건을 만족시킨다.

(가) $\mathrm{P}(X=4)=16\times\mathrm{P}(X=16)=\dfrac{1}{81}$

(나) $\mathrm{E}(X)=9$

$\mathrm{V}(X)=\dfrac{q}{p}$일 때, $p+q$의 값을 구하시오.

(단, p와 q는 서로소인 자연수이다.)

226

한 개의 주사위를 두 번 던져 나온 눈의 수를 차례로 a, b라 할 때, $|a-b+1|$의 값을 확률변수 X라 하자. $\mathrm{P}(X^2-3X=0)$의 값은?

① $\dfrac{5}{18}$　　② $\dfrac{11}{36}$　　③ $\dfrac{1}{3}$

④ $\dfrac{13}{36}$　　⑤ $\dfrac{7}{18}$

227

A, B, C 세 사람이 차례대로 주사위를 한 번씩 던질 때, 나오는 눈의 수를 각각 a, b, c라 하고 다음과 같은 규칙으로 점수를 얻는다고 한다.

> [규칙 1] a, b, c 중 가장 큰 수가 1개이면 큰 수를 던진 사람은 그 수만큼 점수를 얻고, 나머지 두 사람은 0점을 얻는다.
>
> [규칙 2] a, b, c 중 가장 큰 수가 2개 또는 3개이면 세 사람은 모두 0점을 얻는다.

A가 얻는 점수를 확률변수 X라 할 때, X의 기댓값은 $\dfrac{q}{p}$이다. $p+q$의 값을 구하시오. (단, p와 q는 서로소인 자연수이다.)

228

숫자 2가 적힌 공이 2개, 숫자 3이 적힌 공이 3개, 숫자 6이 적힌 공이 n개 들어 있는 주머니가 있다. 이 주머니에서 임의로 한 개의 공을 꺼낼 때, 그 공에 적힌 수의 양의 약수의 개수를 확률변수 X라 하면 $\mathrm{E}(X)=\dfrac{10}{3}$이다. 이 주머니에서 임의로 한 개의 공을 꺼내어 공에 적힌 수가 소수인 경우 5점을 얻고, 소수가 아닌 경우 2점을 얻는 시행을 180번 반복할 때, 얻는 점수의 기댓값을 구하시오.

229

$0 \le x \le 12$에서 정의된 연속확률변수 X의 확률밀도함수 $f(x)$가

$$f(x)=\begin{cases} 2kx & (0 \le x \le 4) \\ k(12-x) & (4 \le x \le 12) \end{cases}$$

이다. $\mathrm{P}(3 \le X \le a) \le \dfrac{1}{4}$을 만족시키는 실수 a의 최댓값이 $m+n\sqrt{6}$일 때, 두 정수 m, n에 대하여 $m+n$의 값은?

(단, k는 상수이고, $a>3$이다.)

① 6 ② 7 ③ 8
④ 9 ⑤ 10

230

두 연속확률변수 X와 Y가 갖는 값의 범위는 $0 \le X \le 2$, $0 \le Y \le 2$이고, X와 Y의 확률밀도함수는 각각 $f(x)$, $g(x)$이다. $0 \le x \le 2$인 모든 실수 x에 대하여

$$f(x) = k, \; g(x) = \mathrm{P}(0 \le X \le x)$$

를 만족시킬 때, $\mathrm{P}\left(\dfrac{4}{3} \le Y \le 2\right)$의 값은? (단, k는 상수이다.)

① $\dfrac{1}{3}$ ② $\dfrac{7}{18}$ ③ $\dfrac{4}{9}$

④ $\dfrac{1}{2}$ ⑤ $\dfrac{5}{9}$

231

확률변수 X가 정규분포 $\mathrm{N}(40, 2^2)$을 따르고 확률변수 X의 확률밀도함수 $f(x)$가 다음 조건을 만족시킨다.

(가) 임의의 실수 k에 대하여 $f(a+k) - f(a-k) = 0$이다.

(나) $\mathrm{P}(a-5 \le X \le a-3) + 2\mathrm{P}(a \le X \le a+3)$
$\quad = \mathrm{P}(b \le X \le 43)$

(다) $\mathrm{P}(b \le X \le 43) = \mathrm{P}(0 \le Z \le 1.5) + \mathrm{P}(0 \le Z \le c)$

세 양수 a, b, c에 대하여 $10(a+b+c)$의 값을 구하시오.
(단, 확률변수 Z는 표준정규분포를 따른다.)

232

어느 고등학교 3학년 학생들의 수학 시험 점수는 평균이 75점, 표준편차가 5점인 정규분포를 따른다고 한다. 이 고등학교 3학년 학생인 가은이의 수학 시험 점수는 77.5점이고 이 학교 3학년 학생 중에서 임의로 선택한 한 명의 수학 시험 점수가 70점 이상 80점 이하일 때, 이 학생의 수학 시험 점수가 가은이의 수학 시험 점수 이하일 확률을 오른쪽 표준정규분포표를 이용하여 소수점 아래 둘째 자리까지 구하면 A이다. $100A$의 값을 구하시오.

z	$P(0 \leq Z \leq z)$
0.5	0.1915
1.0	0.3413
1.5	0.4332
2.0	0.4772

233

A 대학의 B 학과에서는 700점 만점인 입시 시험을 통해 200명의 신입생을 선발하려고 하는데 수험생 1000명이 응시하였다. 이 시험에 응시한 수험생의 점수는 평균이 550점, 표준편차가 40점인 정규분포를 따른다고 한다. 합격자의 최저 점수보다 50점 이상 높은 점수를 받은 수험생들에게 장학금을 준다고 할 때, 장학금을 받는 수험생 수를 오른쪽 표준정규분포표를 이용하여 구하면 a명이다. a의 값을 구하시오.

z	$P(0 \leq Z \leq z)$
0.53	0.20
0.85	0.30
1.25	0.39
1.75	0.46
2.10	0.48

234

모평균이 m, 모표준편차가 20인 정규분포를 따르는 모집단에서 크기가 100인 표본을 임의추출하여 모평균 m을 추정하려고 한다. 확률변수 Z가 표준정규분포를 따르고 $P(\alpha \leq Z \leq \beta) = k$로 계산할 때, 모평균 m에 대한 신뢰도 $100k$ %의 신뢰구간을 구하면 $a \leq m \leq b$이다. $b-a$의 값을 두 상수 α와 β로 나타내면?

① $\alpha - \beta$ ② $\beta - \alpha$ ③ $\alpha - 2\beta$

④ $2\alpha - 2\beta$ ⑤ $2\beta - 2\alpha$

235

어느 농장에서 생산하는 토마토 1개의 무게는 평균이 m g, 표준편차가 5 g인 정규분포를 따른다고 한다. 이 농장에서 생산하는 토마토 중에서 25개를 임의추출하여 얻은 표본평균을 이용하여 모평균 m에 대한 신뢰도 96 %의 신뢰구간을 구하면 $a \leq m \leq b$이고, 신뢰도 t %의 신뢰구간을 구하면 $c \leq m \leq d$이다. $b-a \geq 4(d-c)$가 되도록 하는 실수 t의 최댓값을 오른쪽 표준정규분포표를 이용하여 구하시오.

z	$P(0 \leq Z \leq z)$
0.5	0.19
1.0	0.34
1.5	0.43
2.0	0.48

236

정규분포 $N(m_1, \sigma_1{}^2)$을 따르는 모집단에서 임의추출한 크기가 n_1인 표본의 표본평균을 $\overline{X_1}$이라 할 때, 함수 $f(k)$를
$$f(k) = P(\overline{X_1} \leq m_1 + k)$$
라 하고, 정규분포 $N(m_2, \sigma_2{}^2)$을 따르는 모집단에서 임의추출한 크기가 n_2인 표본의 표본평균을 $\overline{X_2}$라 할 때, 함수 $g(k)$를
$$g(k) = P(\overline{X_2} \leq m_2 + k)$$
라 하자. |보기|에서 옳은 것만을 있는 대로 고른 것은?

(단, k는 양수이다.)

| 보기 |

ㄱ. $\sigma_1 n_1 = \sigma_2 n_2$이면 $f(k) \leq g(k)$이다.
ㄴ. $n_1 = n_2$이고 $\sigma_2 = 2\sigma_1$이면 $f(k) = g(2k)$이다.
ㄷ. $n_1 < n_2$, $\sigma_1 > \sigma_2$이면 $f(k) < g(k)$이다.

① ㄱ   ② ㄷ   ③ ㄱ, ㄴ

④ ㄴ, ㄷ   ⑤ ㄱ, ㄴ, ㄷ

정답 및 해설 54쪽

237

검은색과 흰색 두 종류의 바둑돌이 각각 15개 이상씩 있다. 이 중에서 15개의 바둑돌을 사용하여 다음 조건을 만족시키도록 일렬로 나열하는 경우의 수는?

> (가) 검은 바둑돌은 연속해서 4개 이상 나열할 수 없다.
> (나) 흰 바둑돌은 연속해서 2개 이상 나열할 수 없다.
> (다) 앞에서부터 3번째와 13번째에는 흰 바둑돌이 놓여 있다.

① 56   ② 60   ③ 64   ④ 68   ⑤ 72

238

그림과 같이 한 변의 길이가 1인 정사각형 18개를 가로로 9개씩, 세로로 2개씩을 이어 붙인 도형이 있다.

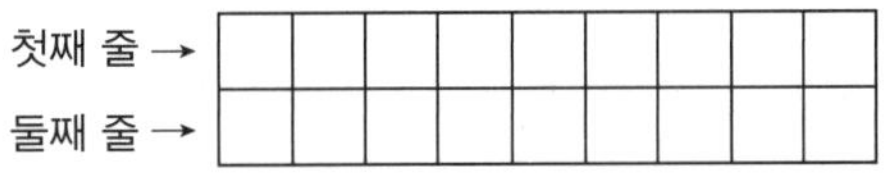

첫째 줄 →
둘째 줄 →

이 도형에서 다음 조건을 만족시키도록 한 변의 길이가 1인 정사각형 4개를 택하여 검은색을 칠하는 경우의 수를 구하시오.

> (가) 검은색 정사각형이 가로 또는 세로로 서로 연속되지 않는다.
> (나) 첫째 줄과 둘째 줄 모두에 검은색 정사각형이 있다.

239 사과 주스 3병, 포도 주스 4병, 오렌지 주스 1병을 3명의 학생에게 남김없이 나누어 주려고 한다. 각 학생들이 종류에 상관없이 적어도 한 병의 주스를 받도록 나누어 주는 경우의 수를 구하시오. (단, 같은 종류의 주스끼리는 서로 구분하지 않는다.)

240 두 집합

$$X=\{1, 2, 3, 4, 5, 6, 7\}, Y=\{1, 2, 3, 4, 5\}$$

에 대하여 다음 조건을 만족시키는 X에서 Y로의 함수 f의 개수는?

> (가) $f(1)+f(4)=6$
> (나) 4 이하의 자연수 k에 대하여 $f(k) \leq f(k+1)$이다.

① 750   ② 755   ③ 760   ④ 765   ⑤ 770

241

어느 대학교의 수시 면접 지원자 A, B, C, D, E가 있다. 이 대학교의 수시 면접은 지원자가 1번부터 7번까지의 번호가 적힌 7개의 면접 문항 중에서 임의로 하나를 선택하여 구술 면접을 치른다고 한다. 지원자 A, B, C는 오전 면접반으로 1번, 2번, 3번, 4번, 5번 중에서 각각 한 문항을 선택하고, 지원자 D, E는 오후 면접반으로 4번, 5번, 6번, 7번 중에서 각각 한 문항을 선택하여 구술 면접을 치를 때, 모든 지원자가 서로 다른 문항을 선택할 확률은?

① $\dfrac{77}{500}$ ② $\dfrac{79}{500}$ ③ $\dfrac{81}{500}$ ④ $\dfrac{83}{500}$ ⑤ $\dfrac{17}{100}$

242

두 학생 A, B는 가위, 바위, 보 모양이 하나씩 그려져 있는 카드와 동전 1개를 이용하여 게임을 하려고 한다. 학생 A는 가위 모양이 그려져 있는 카드 2장과 보 모양이 그려져 있는 카드 3장을 가지고 있고, 학생 B는 가위 모양이 그려져 있는 카드 1장, 바위 모양이 그려져 있는 카드 1장, 보 모양이 그려져 있는 카드 1장을 가지고 있다. 두 학생이 각각 가지고 있는 카드 중 임의로 한 장씩 꺼내어 가위바위보를 한 후 다음 규칙에 따른다.

> (가) 이긴 학생이 꺼낸 두 장의 카드를 모두 가져간다.
> (나) 비긴 경우 동전 1개를 던져서 앞면이 나오면 A가 이기고 뒷면이 나오면 B가 이긴다.
> (다) 가져간 카드는 다음 판에 사용할 수 있다.

A가 첫 번째 판에서 이기고, 두 번째 판에서 질 확률은 $\dfrac{q}{p}$이다. $p+q$의 값을 구하시오.

(단, 승부가 결정되는 것을 한 판으로 하고, p와 q는 서로소인 자연수이다.)

243

1, 1, 2, 2, 3, 3, 4, 4, 5, 5가 하나씩 적혀 있는 10개의 공이 들어 있는 주머니와 한 개의 주사위가 있다. 주사위를 1번 던지고 주머니에서 임의로 공을 한 개씩 3번 꺼낼 때, 주사위를 던져 나온 눈의 수를 a, 나온 공에 적혀 있는 수를 차례로 b, c, d라 하자.

부등식 $(b-c)(c-d) \geq \dfrac{1+(-1)^a}{2}$ 을 만족시킬 확률이 p일 때, $60p$의 값을 구하시오.

(단, 꺼낸 공은 다시 넣지 않는다.)

244 그림과 같이 주머니 A에는 검은 바둑알 4개, 흰 바둑알 1개가 들어 있고, 주머니 B에는 검은 바둑알 2개, 흰 바둑알 2개가 들어 있다. 주머니 B에서 임의로 2개의 바둑알을 동시에 꺼내어 주머니 A에 넣은 다음, 주머니 A에서 임의로 3개의 바둑알을 동시에 꺼낼 때 나오는 흰 바둑알의 개수를 확률변수 X라 하자. $V(21X+5)$의 값을 구하시오.

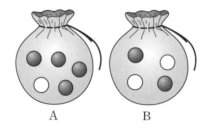

A   B

245 $-6 \le x \le 6$에서 정의된 연속확률변수 X의 확률밀도함수 $f(x)$가 $-6 \le x \le 4$인 모든 실수 x에 대하여 $f(x) = f(x+2)$를 만족시킨다.

$$\mathrm{P}(-0.6 \le X \le 2.8) = \frac{17}{60}, \quad \mathrm{P}(-6 \le X \le -2.6) = \frac{3}{10}$$

일 때, $\mathrm{P}(-4 \le X \le 4.8)$의 값은?

① $\dfrac{3}{4}$　　② $\dfrac{23}{30}$　　③ $\dfrac{47}{60}$　　④ $\dfrac{4}{5}$　　⑤ $\dfrac{49}{60}$

246

어느 양식장에서 생산되는 장어 한 마리의 무게 X는 평균이 450 g, 표준편차가 30 g인 정규분포를 따른다고 한다. 이 양식장에서 생산되는 장어 한 마리의 무게가 510 g 이상인 것을 특 A급으로 판정한다. 이 양식장에서 생산되는 장어 중에서 2500마리를 임의로 추출할 때, 2500마리의 무게의 평균을 $\overline{X}$, 특 A급으로 판정받은 장어의 마리 수를 Y라 하자.

$$31P(\overline{X} \geq 451.2) = 2P(Y \leq k)$$

를 만족시키는 실수 k에 대하여 $10k$의 값을 오른쪽 표준정규분포표를 이용하여 구하시오.

z	$P(0 \leq Z \leq z)$
0.5	0.19
1.0	0.34
1.5	0.43
2.0	0.48

메가스터디 N제

수학영역 확률과 통계 | 3점·4점 공략

246제

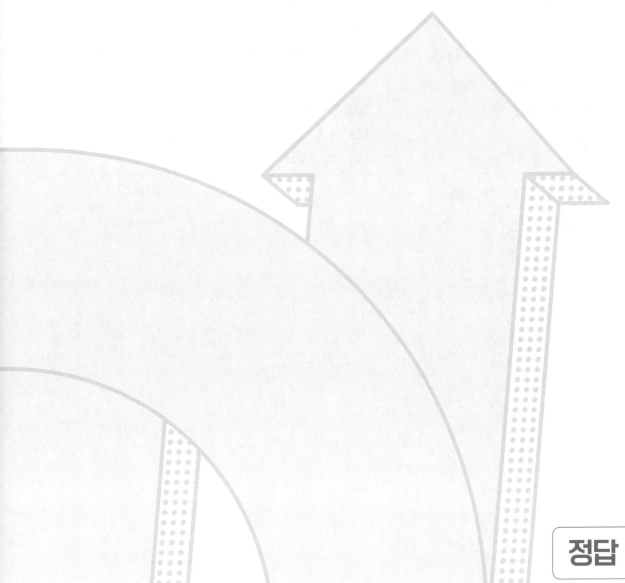

정답 및 해설

PART 1 수능 기본 다지기

I 경우의 수

기출문제로 개념 확인하기

001 ③	002 ①	003 ③	004 ③	005 ④
006 ④	007 ②	008 24		

유형별 문제로 수능 대비하기

009 ①	010 ②	011 ⑤	012 ④	013 ①
014 ⑤	015 ④	016 ③	017 ⑤	018 ⑤
019 127	020 216	021 ③	022 ③	023 ④
024 ②	025 ④	026 ⑤	027 ②	028 ②
029 ④	030 ③	031 ②	032 ④	033 ⑤
034 ③	035 ①	036 ①	037 ①	038 ⑤
039 ③	040 ②	041 ③	042 ⑤	043 ①
044 ③	045 ①	046 ①	047 ④	048 ⑤
049 ②	050 ④	051 ②	052 ①	053 ②
054 ⑤	055 ①	056 35	057 ②	058 ②
059 ③	060 ③			

등급 업 도전하기

061 ③	062 ②	063 435	064 429	065 ⑤
066 41	067 ⑤	068 ⑤	069 ④	

II 확률

기출문제로 개념 확인하기

070 ③	071 ②	072 ④	073 ③	074 ②
075 ②	076 ①			

유형별 문제로 수능 대비하기

077 ①	078 ④	079 ①	080 ③	081 ②
082 ①	083 ④	084 ④	085 ②	086 ③
087 ①	088 ④	089 ②	090 ③	091 ④
092 29	093 ④	094 ⑤	095 ④	096 ⑤
097 ⑤	098 ⑤	099 ②	100 ④	101 ⑤
102 36	103 ①	104 ①	105 ④	106 ④
107 ①	108 7	109 ③	110 ①	111 ③
112 ④	113 ⑤	114 113	115 ③	116 ⑤
117 ④	118 ④	119 ④	120 ①	121 ②
122 ④	123 ⑤	124 67	125 ⑤	126 ②
127 ④				

등급 업 도전하기

128 ④	129 ②	130 249	131 198	132 151
133 ②	134 ③			

PART 1 수능 기본 다지기

 경우의 수

001 답 ③

5명의 학생이 원 모양의 탁자에 모두 둘러앉는 경우의 수는
$(5-1)!=4!=24$

002 답 ①

$_3P_2+_3\Pi_2=3\times2+3^2=6+9=15$

003 답 ③

백의 자리에 올 수 있는 수는 1, 2, 3, 4의 4가지이고
백의 자리를 제외한 나머지 두 자리에 수를 나열하는 경우의 수는
0, 1, 2, 3, 4 중에서 중복을 허락하여 2개를 택하는 중복순열의
수와 같으므로
$_5\Pi_2=5^2=25$
따라서 구하는 세 자리 자연수의 개수는
$4\times25=100$

004 답 ③

5개의 문자 중 x의 개수가 2, y의 개수가 2이므로 구하는 경우의
수는
$\dfrac{5!}{2!2!}=30$

005 답 ④

A지점에서 P지점까지 최단 거리로 가는 경우의 수는
$\dfrac{3!}{2!}=3$
P지점에서 B지점까지 최단 거리로 가는 경우의 수는
$\dfrac{4!}{2!2!}=6$
따라서 A지점에서 출발하여 P지점을 지나 B지점까지 최단 거리
로 가는 경우의 수는
$3\times6=18$

006 답 ④

구하는 순서쌍의 개수는 3부터 10까지의 8개의 자연수 중에서 중
복을 허락하여 4개를 택하는 중복조합의 수와 같으므로

$_8H_4=_{8+4-1}C_4=_{11}C_4=\dfrac{11\times10\times9\times8}{4\times3\times2\times1}=330$

007 답 ②

$x=x'+1$, $y=y'+1$, $z=z'+1$, $w=w'+1$이라 하면
$3x+y+z+w=11$에서
$3(x'+1)+(y'+1)+(z'+1)+(w'+1)=11$
$\therefore 3x'+y'+z'+w'=5$ (x', y', z', w'은 음이 아닌 정수)
           ...... ㉠

(i) $x'=0$일 때
   방정식 ㉠을 만족시키는 순서쌍 (x', y', z', w')의 개수는 방
   정식 $y'+z'+w'=5$를 만족시키는 음이 아닌 세 정수 y', z',
   w'의 순서쌍 (y', z', w')의 개수와 같으므로
   $_3H_5=_{3+5-1}C_5=_7C_5=_7C_2=\dfrac{7\times6}{2\times1}=21$

(ii) $x'=1$일 때
   방정식 ㉠을 만족시키는 순서쌍 (x', y', z', w')의 개수는 방
   정식 $y'+z'+w'=2$를 만족시키는 음이 아닌 세 정수 y', z',
   w'의 순서쌍 (y', z', w')의 개수와 같으므로
   $_3H_2=_{3+2-1}C_2=_4C_2=\dfrac{4\times3}{2\times1}=6$

(iii) $x'\geq2$일 때
   방정식 $y'+z'+w'=5-3x'$을 만족시키는 음이 아닌 세 정수
   y', z', w'의 순서쌍 (y', z', w')은 존재하지 않는다.
(i), (ii), (iii)에서 구하는 순서쌍의 개수는
$21+6=27$

008 답 24

$(x+3)^8$의 전개식의 일반항은
$_8C_rx^{8-r}3^r$ (단, $r=0, 1, 2, \cdots, 8$)
x^7항은 $8-r=7$, 즉 $r=1$일 때이므로 x^7의 계수는
$_8C_1\times3=8\times3=24$

009 답 ①

서로 이웃한 2개의 의자에 적힌 두 수가 서로소가 되도록 배열하려
면 짝수가 적힌 의자끼리는 이웃하지 않도록, 3과 6이 적힌 의자끼
리도 이웃하지 않도록 배열해야 한다.
홀수가 적힌 4개의 의자를 원형으로 배열하는 경우의 수는
$(4-1)!=3!=6$
홀수가 적힌 4개의 의자 사이사이의 4곳 중에서 3이 적힌 의자와
이웃하지 않는 2곳 중 하나에 6이 적힌 의자를 배열하고, 남은 3곳
에 짝수가 적힌 나머지 3개의 의자를 배열하는 경우의 수는

$_2C_1\times3!=2\times6=12$

따라서 구하는 경우의 수는

$6\times12=72$

다른 풀이

주어진 조건을 만족시키도록 의자를 원형으로 배열하려면 홀수가 적힌 4개의 의자를 원형으로 배열한 후, 그 사이사이에 짝수가 적힌 의자를 배열하는 경우에서 3과 6이 적힌 의자가 이웃하는 경우를 제외하면 된다.

홀수가 적힌 4개의 의자를 원형으로 배열한 후, 그 사이사이에 짝수가 적힌 의자를 배열하는 경우의 수는

$(4-1)!\times4!=6\times24=144$

홀수가 적힌 4개의 의자를 원형으로 배열한 후, 그 사이사이에 짝수가 적힌 의자를 배열하면서 3과 6이 적힌 의자가 이웃하도록 배열하는 경우의 수는 3과 6이 적힌 의자를 한 의자로 생각하여 4개의 의자를 원형으로 배열한 후, 홀수가 적힌 의자 사이사이의 3개의 자리에 2, 4, 8이 적힌 의자를 배열하는 경우의 수와 같으므로

$(4-1)!\times2\times3!=6\times2\times6=72$

따라서 구하는 경우의 수는

$144-72=72$

010 답 ②

여자 4명이 안쪽 탁자에 둘러앉는 경우의 수는

$(4-1)!=3!=6$

남자 4명이 바깥쪽 탁자에 둘러앉을 때, 안쪽 탁자에 둘러앉는 여자에 의하여 모든 자리가 서로 구별되므로 남자 4명이 둘러앉는 경우의 수는

$4!=24$

따라서 구하는 경우의 수는

$6\times24=144$

011 답 ⑤

홀수 5개를 원형으로 배열하여 적는 경우의 수는

$(5-1)!=4!=24$

홀수 사이사이의 5곳 중에서 4곳에 짝수 4개를 적는 경우의 수는

$_5P_4=120$

따라서 구하는 경우의 수는

$24\times120=2880$

다른 풀이

오른쪽 그림과 같이 한 칸에 1을 적으면 짝수 4개를 적을 수 있는 칸은

ACEG, ACEH, ACFH, ADFH, BDFH

의 5가지이고, 1을 제외한 나머지 홀수 4개는 남은 네 칸에 적으면 된다.

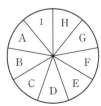

따라서 구하는 경우의 수는

$5\times4!\times4!=5\times24\times24=2880$

012 답 ④

가운데 정사각형에 한 가지 색을 칠하는 경우의 수는 9

가운데 정사각형을 제외한 나머지 8개의 정사각형에 서로 다른 8가지의 색을 원형으로 칠하는 경우의 수는

$(8-1)!=7!$

이때 원형으로 칠하는 한 가지 경우에 대하여 다음 그림과 같이 2가지의 서로 다른 경우가 생긴다.

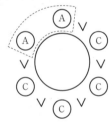

따라서 구하는 경우의 수는

$9\times7!\times2=18\times7!$

013 답 ①

A학교 학생 2명을 한 묶음으로 생각하고 C학교 학생 4명과 함께 5명이 원 모양의 탁자에 둘러앉는 경우의 수는

$(5-1)!=4!=24$

이때 A학교 학생끼리 자리를 바꾸어 앉는 경우의 수는 $2!=2$

한편, B학교 학생 2명이 이웃하지 않으려면 A학교 학생 묶음과 C학교 학생 사이사이의 5곳 중에서 2곳에 앉으면 되므로 B학교 학생 2명이 앉는 경우의 수는

$_5P_2=20$

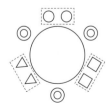

따라서 구하는 경우의 수는

$24\times2\times20=960$

014 답 ⑤

같은 학교의 대표끼리는 이웃하여 앉아야 하므로 세 학교의 대표 2명씩을 각각 한 묶음으로 생각하여 3명이 원 모양의 탁자에 둘러앉는 경우의 수는

$(3-1)!=2!=2$

이때 같은 학교의 대표끼리 자리를 바꾸어 앉는 경우의 수는

$2!\times2!\times2!=2\times2\times2=8$

한편, 진행자 2명이 서로 이웃하지 않으려면 오른쪽 그림과 같이 학교가 서로 다른 대표 사이사이의 3곳 중에서 2곳에 앉으면 되므로 진행자 2명이 앉는 경우의 수는

$_3P_2=6$

따라서 구하는 경우의 수는

$2\times8\times6=96$

015 답 ④

남학생 5명이 원 모양의 탁자에 둘러앉는 경우의 수는
$(5-1)!=4!=24$
남학생 사이사이의 5곳 중에서 3곳에 여학생 3명이 앉는 경우의 수는
$_5P_3=60$
이때 원 모양의 탁자에 둘러앉는 한 가지 경우에 대하여 다음 그림과 같이 4가지의 서로 다른 경우가 생긴다.

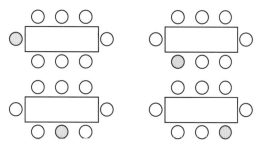

따라서 구하는 경우의 수는
$24\times60\times4=5760$

016 답 ③

조건 (가)를 만족시키도록 양 끝에 문자를 나열하는 경우의 수는 두 문자 X, Y 중에서 중복을 허락하여 2개를 선택하는 경우의 수와 같으므로
$_2\Pi_2=2^2=4$
조건 (나)에 의하여 문자 a를 한 번만 나열하는 경우의 수는 양 끝을 제외한 나머지 4곳 중에서 1곳을 선택하는 경우의 수와 같으므로
4
남은 3곳에 나열하는 문자를 정하는 경우의 수는 세 문자 b, X, Y 중에서 중복을 허락하여 3개를 선택하는 경우의 수와 같으므로
$_3\Pi_3=3^3=27$
즉, 양 끝을 제외한 나머지 4곳에 조건 (나)를 만족시키도록 문자를 나열하는 경우의 수는
$4\times27=108$
따라서 구하는 경우의 수는
$4\times108=432$

017 답 ⑤

서로 다른 구슬 5개를 세 그릇 A, B, C에 남김없이 나누어 담는 경우의 수는 서로 다른 3개에서 중복을 허락하여 5개를 택하는 중복순열의 수와 같으므로
$_3\Pi_5=3^5=243$

018 답 ⑤

4개의 문자 M, A, T, H 중에서 중복을 허락하여 5개의 문자를 택해 만들 수 있는 5자리의 암호의 개수는 서로 다른 4개에서 중복을 허락하여 5개를 택하는 중복순열의 수와 같으므로
$_4\Pi_5=4^5=1024$

019 답 127

7명의 학생이 4종류의 필기도구 중에서 각자 하나씩을 선택하는 경우의 수는
$_4\Pi_7=4^7=2^{14}$
7명의 학생이 볼펜과 연필을 제외한 2종류의 필기도구 중에서 각자 하나씩을 선택하는 경우의 수는
$_2\Pi_7=2^7$
따라서 구하는 경우의 수는
$2^{14}-2^7=2^7\times(2^7-1)=127\times2^7$
$\therefore N=127$

020 답 216

1, 3, 5가 적혀 있는 구슬을 1, 3, 5가 적혀 있는 주머니에 넣는 경우의 수는
$_3\Pi_3=3^3=27$
2, 4, 6이 적혀 있는 구슬을 2, 4가 적혀 있는 주머니에 넣는 경우의 수는
$_2\Pi_3=2^3=8$
따라서 구하는 경우의 수는
$27\times8=216$

021 답 ③

숫자 1, 2, 3, 4 중에서 중복을 허락하여 4개를 택해 만들 수 있는 네 자리의 자연수의 개수는 서로 다른 4개에서 중복을 허락하여 4개를 택하는 중복순열의 수와 같으므로
$_4\Pi_4=4^4=256$
이때 각 자리의 수의 곱이 6의 배수가 아닌 경우는 다음과 같다.
(i) 각 자리의 수가 모두 홀수인 경우
   각 자리의 수가 모두 홀수이려면 1, 3 중 하나이어야 하므로 이 경우의 수는 서로 다른 2개에서 중복을 허락하여 4개를 택하는 중복순열의 수와 같다.
   $\therefore \ _2\Pi_4=2^4=16$
(ii) 각 자리의 수가 3이 아닌 경우
   각 자리의 수가 3이 아니려면 1, 2, 4 중 하나이어야 하므로 이 경우의 수는 서로 다른 3개에서 중복을 허락하여 4개를 택하는 중복순열의 수와 같다.
   $\therefore \ _3\Pi_4=3^4=81$
(iii) 각 자리의 수가 모두 홀수이면서 3이 아닌 경우
   각 자리의 수가 모두 1이어야 하므로 그 경우는
   1111의 1가지
(i), (ii), (iii)에서 각 자리의 수의 곱이 6의 배수가 아닌 경우의 수는
$16+81-1=96$
따라서 구하는 자연수의 개수는
$256-96=160$

022 답 ③

구하는 함수의 개수는 집합 $X=\{1, 2, 3, 4, 5\}$에서 집합
$Y=\{1, 2, 3\}$으로의 모든 함수의 개수에서 $x \times f(x) > 10$인 집합
X의 원소가 존재하는 함수 f의 개수를 빼면 된다.
집합 $X=\{1, 2, 3, 4, 5\}$에서 집합 $Y=\{1, 2, 3\}$으로의 모든 함
수의 개수는
$$_3\Pi_5=3^5=243$$
$x \times f(x) > 10$을 만족시키는 경우는 $f(4)=3$, $f(5)=3$이므로
(i) $f(4)=3$인 함수 f의 개수
  $f(1)$, $f(2)$, $f(3)$, $f(5)$가 될 수 있는 값은 1, 2, 3이므로 이
  경우의 수는
  $$_3\Pi_4=3^4=81$$
(ii) $f(5)=3$인 함수 f의 개수
  (i)과 같은 방법으로 81
(iii) $f(4)=3$, $f(5)=3$인 함수 f의 개수
  $f(1)$, $f(2)$, $f(3)$이 될 수 있는 값은 1, 2, 3이므로 이 경우의
  수는
  $$_3\Pi_3=3^3=27$$
(i), (ii), (iii)에서 $x \times f(x) > 10$을 만족시키는 함수 f의 개수는
$$81+81-27=135$$
따라서 구하는 함수 f의 개수는
$$243-135=108$$

다른 풀이

정의역 $X=\{1, 2, 3, 4, 5\}$에 따라 경우를 나누어 함숫값을 정해
보자.
(i) $x \leq 3$일 때
  집합 Y의 모든 원소에 대하여 $x \times f(x) \leq 10$을 만족시키므로
  $f(1)$, $f(2)$, $f(3)$이 될 수 있는 값은 1, 2, 3이다.
  즉, $f(1)$, $f(2)$, $f(3)$의 값을 정하는 경우의 수는
  $$_3\Pi_3=3^3=27$$
(ii) $x \geq 4$일 때
  $f(x)=3$일 때 $x \times f(x) \leq 10$을 만족시키지 않으므로
  $f(4)$, $f(5)$가 될 수 있는 값은 1, 2이다.
  즉, $f(4)$, $f(5)$의 값을 정하는 경우의 수는
  $$_2\Pi_2=2^2=4$$
(i), (ii)에서 구하는 함수 f의 개수는
$$27 \times 4=108$$

023 답 ④

집합 X의 원소 a는 집합 Y의 원소 중 1과 5를 제외한 3개의 원소
중 한 원소에 대응하므로 $f(a)$의 값을 정하는 경우의 수는 3
또한, 집합 X의 세 원소 b, d, e는 각각 집합 Y의 5개의 원소 중
한 원소에 대응하면 되므로 함숫값을 정하는 경우의 수는
$$_5\Pi_3=5^3=125$$
이때 집합 X의 원소 c는 원소 b가 대응하는 원소와 같은 원소에
대응하면 되므로 $f(c)$의 값을 정하는 경우의 수는 1

따라서 구하는 함수 f의 개수는
$$3 \times 125 \times 1=375$$

024 답 ②

임의의 $x \in X$에 대하여 $x+f(x)$의 값이 홀수이려면 x의 값이 홀
수일 때 $f(x)$의 값은 짝수, x의 값이 짝수일 때 $f(x)$의 값은 홀수
이어야 하므로 $f(3)$, $f(5)$의 값은 짝수, $f(2)$, $f(4)$, $f(6)$의 값
은 홀수이어야 한다.
(i) 집합 $\{3, 5\}$에서 집합 $\{2, 4, 6\}$으로 대응하는 함수의 개수는
  $$_3\Pi_2=3^2=9$$
(ii) 집합 $\{2, 4, 6\}$에서 집합 $\{3, 5\}$로 대응하는 함수의 개수는
  $$_2\Pi_3=2^3=8$$
(i), (ii)에서 구하는 함수 f의 개수는
$$9 \times 8=72$$

025 답 ④

$f(1)$, $f(2)$의 값을 정하는 경우는 다음과 같다.
(i) $f(1)=1$인 경우
  $f(2)$는 3, 5, 7 중 하나를 택하여 대응하면 되므로 이때의 경
  우의 수는 3
(ii) $f(1)=2$인 경우
  $f(2)$는 4, 6 중 하나를 택하여 대응하면 되므로 이때의 경우의
  수는 2
(iii) $f(1)=3$인 경우
  $f(2)$는 5, 7 중 하나를 택하여 대응하면 되므로 이때의 경우의
  수는 2
(iv) $f(1)=4$인 경우
  $f(2)=6$이어야 하므로 이때의 경우의 수는 1
(v) $f(1)=5$인 경우
  $f(2)=7$이어야 하므로 이때의 경우의 수는 1
(i)~(v)에서 $f(1)$, $f(2)$의 값을 정하는 경우의 수는
$$3+2+2+1+1=9$$
한편, $f(3)$, $f(4)$의 값은 각각 집합 Y의 원소 중에서 임의로 택
하면 되므로 $f(3)$, $f(4)$의 값을 정하는 경우의 수는
$$_7\Pi_2=7^2=49$$
따라서 구하는 함수 f의 개수는
$$9 \times 49=441$$

026 답 ⑤

주어진 7장의 카드를 일렬로 나열할 때, 이웃하는 두 카드에 적힌
수의 곱이 모두 1 이하가 되도록 나열하려면 1이 적힌 카드와 2가
적힌 카드는 서로 이웃하지 않아야 하고 2가 적힌 카드끼리도 서로
이웃하지 않아야 한다.
1이 적힌 카드끼리는 서로 이웃해도 되므로 1이 적힌 카드가 서로
이웃하는 경우와 서로 이웃하지 않는 경우로 나누어 생각해 보자.

(i) 1이 적힌 카드가 서로 이웃하는 경우

2장의 1이 적힌 카드를 하나의 카드로 생각하여 0, 0, 0이 적힌 카드의 양 끝과 사이사이의 4곳 중에서 1곳을 선택하여 놓은 후, 남은 3곳에 2가 적힌 카드 2장을 나열하는 경우와 같다.

즉, 이 경우의 수는

$_4C_1 \times _3C_2 = 12$

(ii) 1이 적힌 카드가 서로 이웃하지 않는 경우

1, 1, 2, 2가 적힌 카드가 모두 서로 이웃하지 않아야 하므로 0, 0, 0이 적힌 카드의 양 끝과 사이사이의 4곳에 1, 1, 2, 2가 적힌 카드를 하나씩 나열하는 경우와 같다.

즉, 이 경우의 수는

$1 \times \dfrac{4!}{2!2!} = 6$

(i), (ii)에서 구하는 경우의 수는

$12 + 6 = 18$

027 답 ②

2, 4, 6이 적혀 있는 카드를 짝수 번째의 자리 3곳에 나열하는 경우의 수는

$3! = 6$

$$V \boxed{짝} V \boxed{짝} V \boxed{짝} V$$

위의 그림과 같이 짝수가 적혀 있는 카드의 양 끝과 사이사이의 4곳에 1, 1, 3, 5가 적혀 있는 카드를 나열하는 경우의 수는

$\dfrac{4!}{2!} = 12$

따라서 구하는 경우의 수는

$6 \times 12 = 72$

028 답 ②

전체 경우의 수에서 양 끝에 있는 공의 색이 같은 경우의 수를 빼면 된다.

8개의 공을 일렬로 나열하는 경우의 수는

$\dfrac{8!}{5!2!} = 168$

이때 양 끝에 있는 공의 색이 같은 경우는 다음과 같다.

(i) 흰 공 2개가 양 끝에 있는 경우

흰 공 3개와 빨간 공 2개, 검은 공 1개를 일렬로 나열하는 경우와 같으므로 이 경우의 수는

$\dfrac{6!}{3!2!} = 60$

(ii) 빨간 공 2개가 양 끝에 있는 경우

흰 공 5개와 검은 공 1개를 일렬로 나열하는 경우와 같으므로 이 경우의 수는

$\dfrac{6!}{5!} = 6$

(i), (ii)에서 양 끝에 있는 공의 색이 같은 경우의 수는

$60 + 6 = 66$

따라서 구하는 경우의 수는

$168 - 66 = 102$

029 답 ④

1학년 학생 4명을 일렬로 세우는 경우의 수는

$4! = 24$

2학년 학생끼리는 서로 이웃하지 않아야 하므로 다음 그림과 같이 1학년 학생 4명의 양 끝과 사이사이의 5곳에 2학년 학생을 세우면 된다.

$$V①V①V①V①V$$

이때 2학년 학생 5명 중 세 학생 A, B, C의 순서는 정해져 있으므로 세 학생 A, B, C를 모두 X라 하면 X, X, X를 포함한 2학년 학생 5명을 세우는 경우의 수는

$\dfrac{5!}{3!} = 20$

따라서 구하는 경우의 수는

$24 \times 20 = 480$

030 답 ③

A, a를 같은 문자 x, x라 하고, B, b를 같은 문자 y, y라 하고, C와 c는 한 문자로 생각하여 z라 하자.

x, x, y, y, z, D, d를 나열하는 경우의 수는

$\dfrac{7!}{2!2!} = 1260$

주어진 조건을 만족시키려면 x 자리에 차례로 A, a를, y 자리에 차례로 b, B를 나열하면 되고, z자리에서 C와 c가 서로 자리를 바꾸는 경우는 2가지이므로 구하는 경우의 수는

$1260 \times 2 = 2520$

031 답 ②

4초 동안 울리는 신호의 횟수를 x, 6초 동안 울리는 신호의 횟수를 y라 하면 신호 사이의 간격 2초의 횟수는 $(x+y-1)$이므로

$4x + 6y + 2(x+y-1) = 30$

$\therefore 3x + 4y = 16$

이때 x, y는 음이 아닌 정수이므로

$x=0$, $y=4$ 또는 $x=4$, $y=1$

6초 동안 울리는 신호만 4회 울리는 경우의 메시지의 개수는

$\dfrac{4!}{4!} = 1$

4초 동안 울리는 신호가 4회, 6초 동안 울리는 신호가 1회 울리는 경우의 메시지의 개수는

$\dfrac{5!}{4!} = 5$

따라서 보낼 수 있는 메시지의 개수는

$1 + 5 = 6$

032 답 ④

(i) 각 자리의 수가 서로 다른 네 자리의 자연수의 개수

　서로 다른 5개에서 4개를 선택하는 순열의 수와 같으므로

　$_5P_4=120$

(ii) 각 자리의 수 중 같은 수가 한 쌍인 네 자리의 자연수의 개수

　ⓐ 2를 두 번 선택하는 경우

　　선택할 수 있는 나머지 2개의 수는

　　$(1, 3), (1, 4), (1, 5), (3, 4), (3, 5), (4, 5)$

　　의 6가지

　ⓑ 4를 두 번 선택하는 경우

　　같은 방법으로 6가지

　ⓐ, ⓑ에서 같은 수가 한 쌍일 때 만들 수 있는 네 자리의 자연수의 개수는

　　$(6+6)\times\dfrac{4!}{2!}=144$

(iii) 각 자리의 수 중 같은 수가 두 쌍인 네 자리의 자연수의 개수

　2, 2, 4, 4로 만들 수 있는 네 자리의 자연수의 개수는

　　$\dfrac{4!}{2!2!}=6$

(i), (ii), (iii)에서 구하는 네 자리의 자연수의 개수는

　$120+144+6=270$

033 답 ⑤

1개씩 옮기는 횟수를 a, 2개씩 옮기는 횟수를 b, 3개씩 옮기는 횟수를 c라 하면

$a+2b+3c=6$

즉, $a+2b+3c=6$을 만족시키는 음이 아닌 정수 a, b, c의 순서쌍 (a, b, c)는

$(6, 0, 0), (4, 1, 0), (3, 0, 1), (2, 2, 0), (1, 1, 1),$
$(0, 3, 0), (0, 0, 2)$의 7가지이고, 각각의 경우를 일렬로 나열하는 경우의 수는 다음과 같다.

$(6, 0, 0)$일 때, 경우의 수는 1

$(4, 1, 0)$일 때, 경우의 수는 $\dfrac{5!}{4!}=5$

$(3, 0, 1)$일 때, 경우의 수는 $\dfrac{4!}{3!}=4$

$(2, 2, 0)$일 때, 경우의 수는 $\dfrac{4!}{2!2!}=6$

$(1, 1, 1)$일 때, 경우의 수는 $3!=6$

$(0, 3, 0)$일 때, 경우의 수는 1

$(0, 0, 2)$일 때, 경우의 수는 1

따라서 구하는 경우의 수는

　$1+5+4+6+6+1+1=24$

034 답 ③

A지점에서 P지점까지 최단 거리로 가는 경우의 수는

　$\dfrac{4!}{3!1!}=4$

P지점에서 B지점까지 최단 거리로 가는 경우의 수는

　$\dfrac{2!}{1!1!}=2$

구하는 경우의 수는

　$4\times2=8$

035 답 ①

오른쪽 그림과 같이 세 지점 P, Q, R를 정하자.

세 지점 P, Q, R를 포함한 도로망에서 A지점에서 B지점까지 최단 거리로 가는 경우의 수는

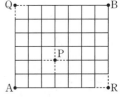

　$\dfrac{13!}{7!6!}=1716$

(i) A → P → B로 이동하는 경우의 수는

　$\dfrac{5!}{3!2!}\times\dfrac{8!}{4!4!}=10\times70=700$

(ii) A → Q → B 또는 A → R → B로 이동하는 경우의 수는

　$1+1=2$

따라서 구하는 경우의 수는 세 지점 P, Q, R를 포함한 도로망에서 A지점에서 B지점까지 최단 거리로 가는 경우의 수에서 A지점에서 세 지점 P, Q, R를 각각 거쳐 B지점까지 최단 거리로 가는 경우의 수를 뺀 것과 같으므로

　$1716-(700+2)=1014$

036 답 ①

A지점에서 B지점까지 최단 거리로 가려면 오른쪽 그림과 같이 P지점 또는 Q지점 또는 R지점을 지나야 한다.

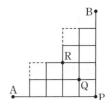

(i) A → P → B로 이동하는 경우의 수는

　$1\times1=1$

(ii) A → Q → B로 이동하는 경우의 수는

　$\dfrac{4!}{3!}\times\dfrac{4!}{3!}=16$

(iii) A → R → B로 이동하는 경우의 수는

　$\left(\dfrac{4!}{2!2!}-1\right)\times\left(\dfrac{4!}{2!2!}-1\right)=5\times5=25$

(i), (ii), (iii)에서 구하는 경우의 수는

　$1+16+25=42$

037 답 ①

갑, 을의 속력이 같고 동시에 출발하므로 두 사람이 최단 거리로 가면서 도중에 만날 수 있는 지점은 오른쪽 그림의 네 지점 P, Q, R, S이다.

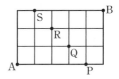

(i) 갑과 을이 P지점에서 만나는 경우의 수는

　$\left(1\times\dfrac{4!}{3!}\right)\times\left(\dfrac{4!}{3!}\times1\right)=16$

(ii) 갑과 을이 Q지점에서 만나는 경우의 수는
$$\left(\frac{4!}{3!} \times \frac{4!}{2!2!}\right) \times \left(\frac{4!}{2!2!} \times \frac{4!}{3!}\right) = 576$$
(iii) 갑과 을이 R지점에서 만나는 경우의 수는
$$\left(\frac{4!}{2!2!} \times \frac{4!}{3!}\right) \times \left(\frac{4!}{3!} \times \frac{4!}{2!2!}\right) = 576$$
(iv) 갑과 을이 S지점에서 만나는 경우의 수는
$$\left(\frac{4!}{3!} \times 1\right) \times \left(1 \times \frac{4!}{3!}\right) = 16$$
(i)~(iv)에서 구하는 경우의 수는
$16 + 576 + 576 + 16 = 1184$

038 답 ⑤

→, ↑, ↗의 세 방향으로 적어도 한 번씩은 이동해야 하므로 그 경우는
↗, →, →, →, ↑, ↑, ↑ 또는 ↗, ↗, →, →, ↑, ↑ 또는
↗, ↗, ↗, →, ↑
의 3가지가 있다.

(i) ↗방향으로 1번, →방향으로 3번, ↑방향으로 3번 이동하는 경우의 수는
$$\frac{7!}{3!3!} = 140$$

(ii) ↗방향으로 2번, →방향으로 2번, ↑방향으로 2번 이동하는 경우의 수는
$$\frac{6!}{2!2!2!} = 90$$

(iii) ↗방향으로 3번, →방향으로 1번, ↑방향으로 1번 이동하는 경우의 수는
$$\frac{5!}{3!} = 20$$

(i), (ii), (iii)에서 구하는 경우의 수는
$140 + 90 + 20 = 250$

039 답 ③

구하는 경우의 수는 먼저 한 명의 학생에게 3가지 색의 카드를 각각 한 장씩 나누어 주고 남은 빨간색 카드 3장, 파란색 카드 1장을 세 명의 학생에게 남김없이 나누어 주는 경우의 수와 같다.

3가지 색의 카드를 각각 한 장 이상 받는 한 명의 학생을 정하는 경우의 수는
$_3C_1 = 3$

빨간색 카드 3장을 세 명의 학생에게 나누어 주는 경우의 수는
$_3H_3 = {}_{3+3-1}C_3 = {}_5C_3 = {}_5C_2 = \frac{5 \times 4}{2 \times 1} = 10$

파란색 카드 1장을 세 명의 학생에게 나누어 주는 경우의 수는
3

따라서 구하는 경우의 수는
$3 \times 10 \times 3 = 90$

참고
노란색 카드가 1장 있으므로 3가지 색의 카드를 각각 한 장 이상 받는 학생은 1명이다.

040 답 ②

세 종류의 과일이 적어도 한 개씩 들어가려면 사과, 배, 감을 1개씩 넣고 종류에 관계없이 나머지 7개를 더 넣으면 된다.
나머지 7개 중에 사과, 배, 감의 개수를 각각 x, y, z라 하면
$x + y + z = 7$ (x, y, z는 음이 아닌 정수)
즉, 방정식 $x + y + z = 7$을 만족시키는 음이 아닌 정수 x, y, z의 순서쌍 (x, y, z)의 개수는
$_3H_7 = {}_{3+7-1}C_7 = {}_9C_7 = {}_9C_2 = \frac{9 \times 8}{2 \times 1} = 36$
따라서 구하는 경우의 수는 36이다.

041 답 ③

같은 종류의 공 5개를 서로 다른 3개의 상자에 나누어 넣는 경우의 수는
$_3H_5 = {}_{3+5-1}C_5 = {}_7C_5 = {}_7C_2 = \frac{7 \times 6}{2 \times 1} = 21$

(i) 2개의 상자에 5개의 공을 1개, 4개로 나누어 넣는 경우의 수는
$_3P_2 = 3 \times 2 = 6$

(ii) 1개의 상자에 5개의 공을 모두 넣는 경우의 수는
$_3C_1 = 3$

따라서 구하는 경우의 수는
$21 - (6 + 3) = 12$

다른 풀이

(i) 3개의 상자에 각각 공을 3개, 2개, 0개 넣는 경우
3, 2, 0을 일렬로 나열하는 경우의 수와 같으므로
$3! = 6$

(ii) 3개의 상자에 각각 공을 3개, 1개, 1개 넣는 경우
3, 1, 1을 일렬로 나열하는 경우의 수와 같으므로
$\frac{3!}{2!} = 3$

(iii) 3개의 상자에 각각 공을 2개, 2개, 1개 넣는 경우
2, 2, 1을 일렬로 나열하는 경우의 수와 같으므로
$\frac{3!}{2!} = 3$

(i), (ii), (iii)에서 구하는 경우의 수는
$6 + 3 + 3 = 12$

042 답 ⑤

세 학생 A, B, C에게 연필을 남김없이 나누어 주는 경우의 수는
$_3H_4 = {}_{3+4-1}C_4 = {}_6C_4 = {}_6C_2 = \frac{6 \times 5}{2 \times 1} = 15$

세 학생 A, B, C에게 공책을 남김없이 나누어 주는 경우의 수는
$_3H_5 = {}_{3+5-1}C_5 = {}_7C_5 = {}_7C_2 = \frac{7 \times 6}{2 \times 1} = 21$

즉, 세 학생 A, B, C에게 연필과 공책을 남김없이 나누어 주는 경우의 수는
$15 \times 21 = 315$

(i) 2명에게만 연필과 공책을 남김없이 나누어 주는 경우

2명의 학생을 선택하는 경우의 수는

$_3C_2={}_3C_1=3$

선택한 2명에게 연필과 공책을 남김없이 나누어 주는 경우의 수는

$_2H_4 \times {}_2H_5 = {}_{2+4-1}C_4 \times {}_{2+5-1}C_5$
$\qquad = {}_5C_4 \times {}_6C_5 = {}_5C_1 \times {}_6C_1$
$\qquad = 5 \times 6 = 30$

이때 선택한 2명 중 1명만 연필과 공책을 모두 받는 경우의 수는

$_2C_1=2$

즉, 2명에게만 연필과 공책을 남김없이 나누어 주는 경우의 수는

$3 \times (30-2) = 84$

(ii) 1명에게만 연필과 공책을 남김없이 나누어 주는 경우

세 학생 중에서 1명의 학생을 선택하는 경우의 수와 같으므로

$_3C_1=3$

따라서 구하는 경우의 수는

$315-(84+3)=228$

043 답 ①

조건 (나)에서 $a^2-b^2=5$ 또는 $a^2-b^2=-5$

즉, $(a+b)(a-b)=5$ 또는 $(b+a)(b-a)=5$

이때 a, b는 자연수이므로

$a+b=5$, $a-b=1$ 또는 $b+a=5$, $b-a=1$

$\therefore a=3$, $b=2$ 또는 $a=2$, $b=3$

또한, 조건 (가)에서 $a+b+c+d+e=12$이므로

$c+d+e=7$

c, d, e는 자연수이므로 음이 아닌 정수 c', d', e'에 대하여

$c=c'+1$, $d=d'+1$, $e=e'+1$이라 하면

$(c'+1)+(d'+1)+(e'+1)=7$

$\therefore c'+d'+e'=4$

즉, $c'+d'+e'=4$를 만족시키는 음이 아닌 정수 c', d', e'의 순서쌍 (c', d', e')의 개수는

$_3H_4={}_{3+4-1}C_4={}_6C_4={}_6C_2=\dfrac{6 \times 5}{2 \times 1}=15$

따라서 구하는 순서쌍의 개수는

$2 \times 15 = 30$

044 답 ③

a, b를 정하는 경우의 수는 2, 3, 4, 5의 4개의 자연수 중에서 중복을 허락하여 2개를 택하는 중복조합의 수와 같으므로

$_4H_2={}_{4+2-1}C_2={}_5C_2=\dfrac{5 \times 4}{2 \times 1}=10$

c, d를 정하는 경우의 수는 7, 8, 9, 10의 4개의 자연수 중에서 중복을 허락하여 2개를 택하는 중복조합의 수와 같으므로

$_4H_2={}_{4+2-1}C_2={}_5C_2=\dfrac{5 \times 4}{2 \times 1}=10$

따라서 구하는 순서쌍의 개수는

$10 \times 10 = 100$

045 답 ①

x, y, z 중에서 3 이상의 자연수가 될 정수를 2개 택하는 경우의 수는

$_3C_2={}_3C_1=3$

이때 x, y, z 중 y, z가 3 이상의 자연수가 될 정수라 하면 음이 아닌 정수 a, b, c에 대하여 $x=a$, $y=b+3$, $z=c+3$이라 할 수 있으므로

$a+(b+3)+(c+3)=8$ $\qquad \therefore a+b+c=2$

즉, $a+b+c=2$를 만족시키는 음이 아닌 정수 a, b, c의 순서쌍 (a, b, c)의 개수는

$_3H_2={}_{3+2-1}C_2={}_4C_2=\dfrac{4 \times 3}{2 \times 1}=6$

따라서 구하는 순서쌍의 개수는

$3 \times 6 = 18$

046 답 ①

1부터 20까지의 20개의 자연수 중에서 중복을 허락하여 3개를 택하는 중복조합의 수는

$_{20}H_3={}_{20+3-1}C_3={}_{22}C_3=\dfrac{22 \times 21 \times 20}{3 \times 2 \times 1}=1540$

$a \times b \times c$가 홀수인 경우의 수는 1, 3, 5, $\cdots$, 19의 10개의 홀수 중에서 중복을 허락하여 3개를 택하는 중복조합의 수와 같으므로

$_{10}H_3={}_{10+3-1}C_3={}_{12}C_3=\dfrac{12 \times 11 \times 10}{3 \times 2 \times 1}=220$

따라서 구하는 순서쌍의 개수는

$1540-220=1320$

047 답 ④

조건 (나)에서 $abc \neq 0$이므로

$a \neq 0$, $b \neq 0$, $c \neq 0$

조건 (가)에서 음이 아닌 정수 A, B, C에 대하여

$|a|=A+1$, $|b|=B+1$, $|c|=C+1$이라 하면

$(A+1)+(B+1)+(C+1)=8$

$\therefore A+B+C=5$

즉, $A+B+C=5$를 만족시키는 음이 아닌 정수 A, B, C의 순서쌍 (A, B, C)의 개수는

$_3H_5={}_{3+5-1}C_5={}_7C_5={}_7C_2=\dfrac{7 \times 6}{2 \times 1}=21$

이때 음이 아닌 정수 A, B, C에 따라 세 정수 a, b, c는 각각 절댓값이 같고 부호가 다른 두 개의 값을 가질 수 있으므로 구하는 순서쌍 (a, b, c)의 개수는

$21 \times 2 \times 2 \times 2 = 168$

048 답 ⑤

$f(1)$의 값은 집합 X의 어떤 원소이어도 되므로 $f(1)$의 값을 정하는 경우의 수는

$_4C_1=4$

$f(2) \leq f(3) \leq f(4)$를 만족시키는 경우의 수는 집합 X의 원소 1, 2, 3, 4 중에서 중복을 허락하여 3개를 택하는 중복조합의 수와 같으므로

$$_4H_3 = {}_{4+3-1}C_3 = {}_6C_3 = \frac{6 \times 5 \times 4}{3 \times 2 \times 1} = 20$$

따라서 구하는 함수 f의 개수는

$4 \times 20 = 80$

049 답 ②

두 조건 (가), (나)에서 $f(1)$, $f(2)$, $f(3)$의 값이 될 수 있는 것은 1, 2, 3, 4, 5이고, $f(1) \leq f(2) \leq f(3)$을 만족시키는 경우의 수는 1, 2, 3, 4, 5 중에서 중복을 허락하여 3개를 택하는 중복조합의 수와 같으므로

$$_5H_3 = {}_{5+3-1}C_3 = {}_7C_3 = \frac{7 \times 6 \times 5}{3 \times 2 \times 1} = 35$$

또한, $f(5)$의 값이 될 수 있는 것은 5, 6, 7이므로 $f(5)$의 값을 정하는 경우의 수는

$_3C_1 = 3$

따라서 구하는 함수 f의 개수는

$35 \times 3 = 105$

💡 플러스 특강

두 집합 $A = \{1, 2, 3, \cdots, r\}$, $B = \{1, 2, 3, \cdots, n\}$에 대하여 함수 $f : A \longrightarrow B$를 정의할 때

(1) $x_1 < x_2$이면 $f(x_1) < f(x_2)$를 만족시키는 함수의 개수

함숫값 r개는 서로 달라야 하며 그 크기에 의해 집합 A의 원소에 대응되는 경우가 1가지로 고정되므로

$_nC_r$

(2) $x_1 < x_2$이면 $f(x_1) \leq f(x_2)$를 만족시키는 함수의 개수

함숫값 r개는 서로 같아도 되고 그 크기에 의해 집합 A의 원소에 대응되는 경우가 1가지로 고정되므로

$_nH_r$

050 답 ④

조건 (가)에서 $f(2)$의 값이 될 수 있는 것은 5 또는 7이다.

(ⅰ) $f(2) = 5$일 때

$f(1) = 5$이고, $f(3)$, $f(4)$의 값이 될 수 있는 것은 5, 6, 7, 8이므로 함수 f의 개수는

$$1 \times {}_4H_2 = 1 \times {}_{4+2-1}C_2 = {}_5C_2 = \frac{5 \times 4}{2 \times 1} = 10$$

(ⅱ) $f(2) = 7$일 때

$f(1)$의 값이 될 수 있는 것은 5, 6, 7이고, $f(3)$, $f(4)$의 값이 될 수 있는 것은 7, 8이므로 함수 f의 개수는

$$_3C_1 \times {}_2H_2 = 3 \times {}_{2+2-1}C_2 = 3 \times {}_3C_2$$
$$= 3 \times {}_3C_1 = 3 \times 3 = 9$$

(ⅰ), (ⅱ)에서 구하는 함수 f의 개수는

$10 + 9 = 19$

051 답 ②

$f(1) \leq f(2) \leq f(3) \leq f(4)$를 만족시키는 함수의 개수는 1부터 10까지의 10개의 자연수 중에서 중복을 허락하여 4개를 택하는 중복조합의 수와 같으므로

$$_{10}H_4 = {}_{10+4-1}C_4 = {}_{13}C_4 = \frac{13 \times 12 \times 11 \times 10}{4 \times 3 \times 2 \times 1} = 715$$

또한, $f(1) \leq f(2) = f(3) \leq f(4)$를 만족시키는 함수의 개수는 1부터 10까지의 10개의 자연수 중에서 중복을 허락하여 3개를 택하는 중복조합의 수와 같으므로

$$_{10}H_3 = {}_{10+3-1}C_3 = {}_{12}C_3 = \frac{12 \times 11 \times 10}{3 \times 2 \times 1} = 220$$

따라서 구하는 함수 f의 개수는

$715 - 220 = 495$

052 답 ①

두 조건 (가), (나)에서 $f(2)$, $f(3)$, $f(4)$, $f(5)$, $f(6)$의 값이 될 수 있는 것은 8, 9, 10이고, $7 < f(2) \leq f(3) \leq f(4) \leq f(5) \leq f(6)$을 만족시키는 경우의 수는 8, 9, 10 중에서 중복을 허락하여 5개를 택하는 중복조합의 수와 같으므로

$$_3H_5 = {}_{3+5-1}C_5 = {}_7C_5 = {}_7C_2 = \frac{7 \times 6}{2 \times 1} = 21$$

또한, 조건 (다)에서 함수 f의 치역과 공역이 같으므로 8, 9, 10은 모두 치역의 원소이다.

$f(2)$, $f(3)$, $f(4)$, $f(5)$, $f(6)$의 값이 모두 8, 9, 10 중 하나인 경우의 수는

$_3C_1 = 3$

$f(2)$, $f(3)$, $f(4)$, $f(5)$, $f(6)$의 값이 8, 9, 10 중 2개인 경우의 수는 3개 중 2개의 수를 택한 후, 택한 2개의 수 중에서 중복을 허락하여 반드시 2개를 택하는 경우의 수와 같으므로

$$_3C_2 \times ({}_2H_5 - 2) = {}_3C_1 \times ({}_{2+5-1}C_5 - 2)$$
$$= 3 \times ({}_6C_5 - 2)$$
$$= 3 \times ({}_6C_1 - 2)$$
$$= 3 \times (6 - 2) = 12$$

따라서 구하는 함수 f의 개수는

$21 - (3 + 12) = 6$

053 답 ②

$\left(x^2 + \dfrac{a}{x}\right)^5$의 전개식의 일반항은

$$_5C_r(x^2)^{5-r}\left(\frac{a}{x}\right)^r = {}_5C_r a^r x^{10-3r} \text{ (단, } r = 0, 1, 2, 3, 4, 5)$$

$\dfrac{1}{x^2}$항은 $10 - 3r = -2$, 즉 $r = 4$일 때이므로 $\dfrac{1}{x^2}$의 계수는

$_5C_4 \times a^4 = 5a^4$

x항은 $10 - 3r = 1$, 즉 $r = 3$일 때이므로 x의 계수는

$$_5C_3 \times a^3 = {}_5C_2 \times a^3 = \frac{5 \times 4}{2 \times 1} \times a^3 = 10a^3$$

따라서 $5a^4 = 10a^3$에서 $a > 0$이므로

$a = 2$

054 답 ⑤

$\left(x+\dfrac{2}{x^2}\right)^8$의 전개식의 일반항은

$_8\mathrm{C}_r x^{8-r}\left(\dfrac{2}{x^2}\right)^r=\,_8\mathrm{C}_r 2^r x^{8-3r}$ (단, $r=0,\,1,\,2,\,\cdots,\,8$)

x^2항은 $8-3r=2$, 즉 $r=2$일 때이므로 x^2의 계수는

$_8\mathrm{C}_2\times 2^2=\dfrac{8\times 7}{2\times 1}\times 4=112$

x^5항은 $8-3r=5$, 즉 $r=1$일 때이므로 x^5의 계수는

$_8\mathrm{C}_1\times 2^1=8\times 2=16$

따라서 x^2의 계수와 x^5의 계수의 합은

$112+16=128$

055 답 ①

다항식 $(2x+a)^5$의 전개식의 일반항은

$_5\mathrm{C}_r (2x)^{5-r} a^r=\,_5\mathrm{C}_r 2^{5-r} a^r x^{5-r}$ (단, $r=0,\,1,\,2,\,3,\,4,\,5$)

x^3항은 $5-r=3$, 즉 $r=2$일 때이므로 x^3의 계수는

$_5\mathrm{C}_2\times 2^3\times a^2=\dfrac{5\times 4}{2\times 1}\times 2^3\times a^2=80a^2$

이때 x^3의 계수가 320이므로

$80a^2=320$ $\therefore a^2=4$

따라서 x항은 $5-r=1$, 즉 $r=4$일 때이므로 x의 계수는

$_5\mathrm{C}_4\times 2\times a^4=\,_5\mathrm{C}_1\times 2\times (a^2)^2=5\times 2\times 4^2=160$

056 답 35

$(1+x)^5$의 전개식의 일반항은

$_5\mathrm{C}_r 1^{n-r} x^r=\,_5\mathrm{C}_r x^r$ (단, $r=0,\,1,\,2,\,3,\,4,\,5$) ······ ㉠

다항식 $(1+3x)(1+x)^5$의 전개식에서 x^4항이 나오는 경우는 다음과 같다.

(i) $(1+3x)$에서 상수항과 $(1+x)^5$의 전개식에서 x^4항을 곱하는 경우

㉠에서 x^4항은 $r=4$일 때이므로 x^4의 계수는

$1\times\,_5\mathrm{C}_4=1\times\,_5\mathrm{C}_1=1\times 5=5$

(ii) $(1+3x)$에서 x항과 $(1+x)^5$의 전개식에서 x^3항을 곱하는 경우

㉠에서 x^3항은 $r=3$일 때이므로 x^4의 계수는

$3\times\,_5\mathrm{C}_3=3\times\,_5\mathrm{C}_2=3\times\dfrac{5\times 4}{2\times 1}=30$

(i), (ii)에서 x^4의 계수는

$5+30=35$

057 답 ②

$\left(x-\dfrac{1}{x}\right)\left(x+\dfrac{1}{x}\right)^2\left(x+\dfrac{1}{x}\right)^3\left(x-\dfrac{1}{x}\right)^4=\left(x^2-\dfrac{1}{x^2}\right)^5$

이므로 $\left(x^2-\dfrac{1}{x^2}\right)^5$의 일반항은

$_5\mathrm{C}_r (x^2)^{5-r}\left(-\dfrac{1}{x^2}\right)^r=\,_5\mathrm{C}_r (-1)^r x^{10-4r}$ (단, $r=0,\,1,\,2,\,\cdots,\,5$)

x^2항은 $10-4r=2$, 즉 $r=2$일 때이므로 x^2의 계수는

$_5\mathrm{C}_2\times(-1)^2=\dfrac{5\times 4}{2\times 1}=10$

058 답 ②

$f(k)=\,_k\mathrm{C}_1+\,_k\mathrm{C}_3+\,_k\mathrm{C}_5+\cdots+\,_k\mathrm{C}_k=2^{k-1}$이므로

$f(1)+f(3)+f(5)+f(7)+f(9)=1+2^2+2^4+2^6+2^8$

$=341$

059 답 ③

다항식 $(1+x)^n$의 전개식의 일반항은

$_n\mathrm{C}_r 1^{n-r} x^r=\,_n\mathrm{C}_r x^r$ (단, $r=0,\,1,\,2,\,\cdots,\,n$)

즉, 다항식 $(1+x)+(1+x)^2+(1+x)^3+\cdots+(1+x)^n$의 전개식에서 x^2의 계수를 a_n이라 하면

$a_n=\,_2\mathrm{C}_2+\,_3\mathrm{C}_2+\,_4\mathrm{C}_2+\cdots+\,_n\mathrm{C}_2$

$=\,_3\mathrm{C}_3+\,_3\mathrm{C}_2+\,_4\mathrm{C}_2+\cdots+\,_n\mathrm{C}_2$ ($\because\,_2\mathrm{C}_2=\,_3\mathrm{C}_3=1$)

$=\,_4\mathrm{C}_3+\,_4\mathrm{C}_2+\,_5\mathrm{C}_2+\cdots+\,_n\mathrm{C}_2$ ($\because\,_3\mathrm{C}_3+\,_3\mathrm{C}_2=\,_4\mathrm{C}_3$)

$=\,_5\mathrm{C}_3+\,_5\mathrm{C}_2+\cdots+\,_n\mathrm{C}_2$ ($\because\,_4\mathrm{C}_3+\,_4\mathrm{C}_2=\,_5\mathrm{C}_3$)

$\vdots$

$=\,_n\mathrm{C}_3+\,_n\mathrm{C}_2$

$=\,_{n+1}\mathrm{C}_3$

$=\dfrac{(n+1)\times n\times(n-1)}{3\times 2\times 1}=56$

$n(n+1)(n-1)=56\times 6=7\times 8\times 6$

$\therefore n=7$

060 답 ③

다항식 $(1+x)^n$의 전개식의 일반항은

$_n\mathrm{C}_r 1^{n-r} x^r=\,_n\mathrm{C}_r x^r$ (단, $r=0,\,1,\,2,\,\cdots,\,n$)

x^r의 계수는 $_n\mathrm{C}_r$이므로

다항식 $(1+x)^n(1+x)^n$의 전개식에서 x^n의 계수는

$_n\mathrm{C}_0\times\,_n\mathrm{C}_n+\,_n\mathrm{C}_1\times\,_n\mathrm{C}_{n-1}+\,_n\mathrm{C}_2\times\,_n\mathrm{C}_{n-2}+\cdots+\,_n\mathrm{C}_n\times\,_n\mathrm{C}_0$

$=\,_n\mathrm{C}_0\times\,_n\mathrm{C}_0+\,_n\mathrm{C}_1\times\,_n\mathrm{C}_1+\,_n\mathrm{C}_2\times\,_n\mathrm{C}_2+\cdots+\,_n\mathrm{C}_n\times\,_n\mathrm{C}_n$

$=(_n\mathrm{C}_0)^2+(_n\mathrm{C}_1)^2+(_n\mathrm{C}_2)^2+\cdots+(_n\mathrm{C}_n)^2$ ······ ㉠

한편, 다항식 $(1+x)^{2n}$의 전개식의 일반항은

$_{2n}\mathrm{C}_s 1^{2n-s} x^s=\,_{2n}\mathrm{C}_s x^s$ (단, $s=0,\,1,\,2,\,\cdots,\,2n$)

x^n의 계수는 $_{2n}\mathrm{C}_n$이므로 조건 (가)와 ㉠에 의하여

$(_n\mathrm{C}_0)^2+(_n\mathrm{C}_1)^2+(_n\mathrm{C}_2)^2+\cdots+(_n\mathrm{C}_n)^2=\,_{2n}\mathrm{C}_n$

$\therefore (_8\mathrm{C}_0)^2+(_8\mathrm{C}_1)^2+(_8\mathrm{C}_2)^2+\cdots+(_8\mathrm{C}_8)^2=\,_{16}\mathrm{C}_8$

등급 업 도전하기   본문 026~030쪽

061 답 ③

장미 30송이와 다른 종류의 꽃 0송이를 이용하여 만드는 경우의 수는 $_{30}\mathrm{C}_0$

장미 29송이와 다른 종류의 꽃 1송이를 이용하여 만드는 경우의 수는 $_{30}\mathrm{C}_1$

장미 28송이와 다른 종류의 꽃 2송이를 이용하여 만드는 경우의
수는 $_{30}C_2$

$\vdots$

장미 0송이와 다른 종류의 꽃 30송이를 이용하여 만드는 경우의
수는 $_{30}C_{30}$

따라서 만들 수 있는 서로 다른 꽃다발의 개수는

$_{30}C_0+_{30}C_1+_{30}C_2+\cdots+_{30}C_{30}=2^{30}$

062 답 ②

$B=\{(1,\,1),\,(1,\,2),\,(1,\,3),\,\cdots,\,(1,\,k),$
$\qquad(2,\,2),\,(2,\,3),\,\cdots,\,(2,\,k),\,\cdots,\,(k,\,k)\}$

즉, 집합 B의 원소의 개수는 서로 다른 k개의 자연수 중에서 중복
을 허락하여 2개를 택하는 중복조합의 수와 같으므로

$n(B)=_kH_2=_{k+1}C_2=\dfrac{k(k+1)}{2\times1}=78$

$k^2+k-156=0,\ (k+13)(k-12)=0$

$\therefore k=12\ (\because k\text{는 자연수})$

063 답 435

조건 (가)에서 세 상자 A, B, C에 각각 적어도 하나의 공을 넣어
야 하므로 세 상자 A, B, C에 넣는 공의 개수를 각각 $a+1$, $b+1$,
$c+1$ (a, b, c는 음이 아닌 정수)라 하면 조건 (나)에 의하여
$7\le(a+1)+(b+1)+(c+1)\le15$, 즉 $4\le a+b+c\le12$가 성립
해야 한다.

이때 $a+b+c=k$ (k는 $4\le k\le12$인 정수)라 하면 각각의 k에 대하
여 방정식을 만족시키는 음이 아닌 정수 a, b, c의 순서쌍 $(a,\,b,\,c)$
의 개수는 $_3H_k=_{k+2}C_k$

따라서 구하는 방법의 수는

$_6C_4+_7C_5+_8C_6+\cdots+_{14}C_{12}$
$=_6C_2+_7C_2+_8C_2+\cdots+_{14}C_2$
$=(_2C_2+_3C_2+_4C_2+\cdots+_{14}C_2)-(_2C_2+_3C_2+_4C_2+_5C_2)$
$=(_3C_3+_3C_2+_4C_2+\cdots+_{14}C_2)-(_3C_3+_3C_2+_4C_2+_5C_2)$
$=(_4C_3+_4C_2+\cdots+_{14}C_2)-(_4C_3+_4C_2+_5C_2)$
$\vdots$
$=_{15}C_3-_6C_3=\dfrac{15\times14\times13}{3\times2\times1}-\dfrac{6\times5\times4}{3\times2\times1}$
$=455-20=435$

💡 플러스 특강

파스칼의 삼각형의 성질
$_{n-1}C_{r-1}+_{n-1}C_r=_nC_r\ (1\le r<n)$이므로 파스칼의 삼각형의 각 단계에서
이웃하는 두 수의 합은 아래쪽 중앙에 있는 수와 같다.

064 답 429

가운데 빗금친 4개의 작은 정사각형에 칠할 색을 정하는 경우의 수
는 $_{13}C_1=13$

바깥쪽에 있는 12개의 작은 정사각형에 나머지 서로 다른 12가지
의 색을 하나씩 원형으로 칠하는 경우의 수는

$(12-1)!=11!$

이때 12개의 색을 원형으로 칠하는 한 가지
경우에 대하여 기준이 되는 색을 오른쪽 그림
과 같이 A 또는 B 또는 C에 칠하는 각 경우
는 서로 다른 경우이므로 그 경우의 수는 3

따라서 구하는 경우의 수는

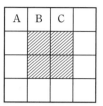

$13\times11!\times3=(13\times11\times3)\times10!=429\times10!$

$\therefore k=429$

065 답 ⑤

두 조건 (가), (나)에 의하여 4 이하의 자연수 중에서 중복을 허락
하여 3개의 자연수를 택해 그 수의 합이 7이 되는 경우는

1, 2, 4 또는 1, 3, 3 또는 2, 2, 3

이므로 다음과 같이 경우를 나누어 생각할 수 있다.

(i) $f(1)$, $f(3)$, $f(5)$의 값이 1, 2, 4인 경우

$f(1)$, $f(3)$, $f(5)$를 1, 2, 4에 하나씩 대응시키는 경우의 수는

$3!=6$

$f(2)$, $f(4)$의 값은 1, 2, 3, 4 중 하나이어야 하므로 그 경우
의 수는

$_4\Pi_2=4^2=16$

즉, 이 경우의 함수 f의 개수는

$6\times16=96$

(ii) $f(1)$, $f(3)$, $f(5)$의 값이 1, 3, 3인 경우

$f(1)$, $f(3)$, $f(5)$를 1, 3, 3에 하나씩 대응시키는 경우의 수는

$\dfrac{3!}{2!}=3$

$f(2)$, $f(4)$의 값은 1, 2, 3, 4 중 하나이고 적어도 하나는 4이
어야 하므로 그 경우의 수는

$_4\Pi_2-_3\Pi_2=4^2-3^2=16-9=7$

즉, 이 경우의 함수 f의 개수는

$3\times7=21$

(iii) $f(1)$, $f(3)$, $f(5)$의 값이 2, 2, 3인 경우

(ii)와 같은 방법으로 함수 f의 개수는 21

(i), (ii), (iii)에서 구하는 함수 f의 개수는

$96+21+21=138$

066 답 41

주어진 그림의 각각의 영역에 다음 그림과 같이 번호를 붙여 보자.

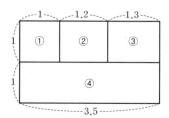

(i) ④의 직사각형에 파란색을 칠하고 ①, ②, ③의 직사각형에 빨간색 또는 노란색을 칠하는 경우의 수는

$$2 \times 2 \times 2 = 8$$

(ii) ①, ②, ③, ④ 중 두 개의 직사각형에 파란색을 칠하고 나머지 직사각형에 빨간색 또는 노란색을 칠하는 경우의 수는

$$_4C_2 \times 2 \times 2 = \frac{4 \times 3}{2 \times 1} \times 4 = 6 \times 4 = 24$$

(iii) ①, ②, ③, ④ 중 세 개의 직사각형에 파란색을 칠하고 나머지 한 개의 직사각형에 빨간색 또는 노란색을 칠하는 경우의 수는

$$_4C_3 \times 2 = 4 \times 2 = 8$$

(iv) ①, ②, ③, ④ 모든 직사각형에 파란색을 칠하는 경우의 수는

$$1$$

(i)~(iv)에서 구하는 경우의 수는

$$8 + 24 + 8 + 1 = 41$$

067 답 ⑤

3의 배수인 자연수가 되려면 각 자리의 숫자의 합이 3의 배수이어야 한다.

(i) 각 자리의 숫자의 합이 6인 경우

1, 1, 2, 2일 때이므로 네 개의 숫자 1, 1, 2, 2로 만들 수 있는 네 자리의 자연수의 개수는

$$\frac{4!}{2!2!} = 6$$

(ii) 각 자리의 숫자의 합이 9인 경우

2, 2, 2, 3 또는 1, 2, 3, 3일 때이므로
네 개의 숫자 2, 2, 2, 3으로 만들 수 있는 네 자리의 자연수의 개수는

$$\frac{4!}{3!} = 4$$

네 개의 숫자 1, 2, 3, 3으로 만들 수 있는 네 자리의 자연수의 개수는

$$\frac{4!}{2!} = 12$$

(iii) 각 자리의 숫자의 합이 12인 경우

3, 3, 3, 3일 때이므로 네 개의 숫자 3, 3, 3, 3으로 만들 수 있는 네 자리의 자연수의 개수는

$$1$$

(i), (ii), (iii)에서 구하는 자연수의 개수는

$$6 + 4 + 12 + 1 = 23$$

068 답 ⑤

홀수인 1, 1, 3, 3, 3, 5가 적혀 있는 6장의 카드를 일렬로 나열하는 경우의 수는

$$\frac{6!}{2!3!} = 60$$

①홀 ②홀 ③홀 ④홀 ⑤홀 ⑥홀 ⑦

위의 그림과 같이 홀수가 적혀 있는 카드의 양 끝과 사이사이의 7곳에 번호를 붙이고, 짝수가 적혀 있는 카드 사이에 짝수 개의 카드가 놓이도록 두 자리를 선택하는 경우를 순서쌍으로 나타내면

(①, ③), (①, ⑤), (①, ⑦), (②, ④), (②, ⑥),
(③, ⑤), (③, ⑦), (④, ⑥), (⑤, ⑦)
의 9가지이다.
이때 2, 4가 적혀 있는 카드끼리 자리를 바꾸는 경우의 수는
2
따라서 구하는 경우의 수는

$$60 \times 9 \times 2 = 1080$$

069 답 ④

똑같은 필통이 3개이므로 빨간색 볼펜 5자루, 파란색 볼펜 4자루, 검은색 볼펜 3자루를 주어진 조건을 만족시키면서 A, B, C 세 명에게 직접 나누어 주는 경우와 같다.

(i) 각각의 볼펜을 A, B, C 세 명에게 나누어 줄 때
빨간색 볼펜 5자루를 나누어 주는 경우의 수는

$$_3H_5 = {}_7C_5 = {}_7C_2 = \frac{7 \times 6}{2 \times 1} = 21$$

파란색 볼펜 4자루를 나누어 주는 경우의 수는

$$_3H_4 = {}_6C_4 = {}_6C_2 = \frac{6 \times 5}{2 \times 1} = 15$$

검은색 볼펜 3자루를 나누어 주는 경우의 수는

$$_3H_3 = {}_5C_3 = {}_5C_2 = \frac{5 \times 4}{2 \times 1} = 10$$

즉, 이 경우의 수는

$$21 \times 15 \times 10 = 3150$$

(ii) 각각의 볼펜을 A, B, C 중 어느 두 명에게만 나누어 줄 때
볼펜을 받을 두 명을 선택하는 경우의 수는

$$_3C_2 = {}_3C_1 = 3$$

선택한 두 명에게
빨간색 볼펜 5자루를 나누어 주는 경우의 수는

$$_2H_5 = {}_6C_5 = {}_6C_1 = 6$$

파란색 볼펜 4자루를 나누어 주는 경우의 수는

$$_2H_4 = {}_5C_4 = {}_5C_1 = 5$$

검은색 볼펜 3자루를 나누어 주는 경우의 수는

$$_2H_3 = {}_4C_3 = {}_4C_1 = 4$$

이때 선택한 두 명 중 한 명만 볼펜을 모두 받는 경우의 수는

$$_2C_1 = 2$$

즉, 이 경우의 수는

$$3 \times (6 \times 5 \times 4 - 2) = 354$$

(iii) 각각의 볼펜을 A, B, C 중 어느 한 명에게만 나누어 줄 때
A, B, C 중 한 명을 택하는 경우의 수는

$$_3C_1 = 3$$

(i), (ii), (iii)에서 구하는 경우의 수는

$$3150 - (354 + 3) = 2793$$

070 답 ③

임의로 선택한 두 수 a, b를 순서쌍 (a, b)로 나타내면 모든 순서쌍 (a, b)의 개수는

$4 \times 4 = 16$

$a \times b > 31$을 만족시키는 순서쌍 (a, b)의 개수는

$(5, 8)$, $(7, 6)$, $(7, 8)$

의 3

따라서 구하는 확률은

$\dfrac{3}{16}$

071 답 ②

한 개의 주사위를 세 번 던질 때 나오는 모든 경우의 수는

$6^3 = 216$

주사위를 세 번 던져서 나오는 눈의 수의 곱이 4가 되는 경우는

$1, 1, 4$ 또는 $1, 2, 2$

(ⅰ) 1, 1, 4인 경우

　순서쌍 (a, b, c)는

　$(1, 1, 4)$, $(1, 4, 1)$, $(4, 1, 1)$

　의 3가지이다.

(ⅱ) 1, 2, 2인 경우

　순서쌍 (a, b, c)는

　$(1, 2, 2)$, $(2, 1, 2)$, $(2, 2, 1)$

　의 3가지이다.

(ⅰ), (ⅱ)에서 주사위를 세 번 던져서 나오는 눈의 수의 곱이 4가 되는 경우의 수는

$3 + 3 = 6$

따라서 구하는 확률은

$\dfrac{6}{216} = \dfrac{1}{36}$

072 답 ④

$\mathrm{P}(B) = 1 - \mathrm{P}(B^c) = 1 - \dfrac{7}{18} = \dfrac{11}{18}$

$\therefore \ \mathrm{P}(A \cup B) = \mathrm{P}(A \cap B^c) + \mathrm{P}(B) = \dfrac{1}{9} + \dfrac{11}{18} = \dfrac{13}{18}$

073 답 ③

흰색 손수건 4장, 검은색 손수건 5장이 들어 있는 상자에서 임의로 4장의 손수건을 동시에 꺼내는 경우의 수는

$_9\mathrm{C}_4 = 126$

9장의 손수건이 들어 있는 상자에서 임의로 4장의 손수건을 동시에 꺼낼 때, 꺼낸 손수건 중 흰색 손수건이 2장 이상인 사건을 A라 하면 A^c은 흰색 손수건이 2장 미만인 사건이다.

(ⅰ) 꺼낸 손수건 중 흰색 손수건이 없는 경우의 수

　$_5\mathrm{C}_4 = 5$

(ⅱ) 꺼낸 손수건 중 흰색 손수건이 1장인 경우의 수

　검은색 손수건 3장과 흰색 손수건 1장을 꺼내는 경우이므로

　$_5\mathrm{C}_3 \times {}_4\mathrm{C}_1 = 10 \times 4 = 40$

(ⅰ), (ⅱ)에서

$\mathrm{P}(A^c) = \dfrac{5 + 40}{126} = \dfrac{5}{14}$

따라서 구하는 확률은

$\mathrm{P}(A) = 1 - \mathrm{P}(A^c) = 1 - \dfrac{5}{14} = \dfrac{9}{14}$

074 답 ②

이 동아리 학생 중에서 임의로 선택한 1명이 진로활동 B를 선택한 학생인 사건을 X, 1학년 학생인 사건을 Y라 하면

$\mathrm{P}(X) = \dfrac{9}{20}$, $\mathrm{P}(X \cap Y) = \dfrac{5}{20} = \dfrac{1}{4}$

따라서 구하는 확률은

$\mathrm{P}(Y \mid X) = \dfrac{\mathrm{P}(X \cap Y)}{\mathrm{P}(X)} = \dfrac{\dfrac{1}{4}}{\dfrac{9}{20}} = \dfrac{5}{9}$

다른 풀이

$\mathrm{P}(Y \mid X) = \dfrac{n(X \cap Y)}{n(X)} = \dfrac{5}{9}$

075 답 ②

두 사건 A와 B가 서로 독립이므로

$\mathrm{P}(A \mid B) = \mathrm{P}(A)$

주어진 조건에서 $\mathrm{P}(A \mid B) = \mathrm{P}(B)$이므로

$\mathrm{P}(A) = \mathrm{P}(B)$

즉, $\mathrm{P}(A \cap B) = \mathrm{P}(A)\mathrm{P}(B) = \{\mathrm{P}(A)\}^2$

따라서 $\mathrm{P}(A \cap B) = \{\mathrm{P}(A)\}^2 = \dfrac{1}{9}$에서

$\mathrm{P}(A) = \dfrac{1}{3} \ (\because \ \mathrm{P}(A) > 0)$

076 답 ①

주사위 2개를 동시에 던져 나오는 눈의 수를 순서쌍 (a, b)로 나타내면 모든 순서쌍 (a, b)의 개수는

$6 \times 6 = 36$

동전 4개를 동시에 던질 때

(ⅰ) 앞면이 나오는 동전의 개수가 1인 경우의 확률

　주사위의 눈의 수가 $(1, 1)$이어야 하므로

　$\dfrac{1}{36} \times {}_4\mathrm{C}_1 \left(\dfrac{1}{2}\right)^1 \left(\dfrac{1}{2}\right)^3 = \dfrac{1}{36} \times 4 \times \dfrac{1}{16} = \dfrac{1}{144}$

(ii) 앞면이 나오는 동전의 개수가 2인 경우의 확률

주사위의 눈의 수가 $(1, 2)$, $(2, 1)$이어야 하므로

$$\frac{2}{36} \times {}_4C_2 \left(\frac{1}{2}\right)^2 \left(\frac{1}{2}\right)^2 = \frac{2}{36} \times 6 \times \frac{1}{16} = \frac{1}{48}$$

(iii) 앞면이 나오는 동전의 개수가 3인 경우의 확률

주사위의 눈의 수가 $(1, 3)$, $(3, 1)$이어야 하므로

$$\frac{2}{36} \times {}_4C_3 \left(\frac{1}{2}\right)^3 \left(\frac{1}{2}\right)^1 = \frac{2}{36} \times 4 \times \frac{1}{16} = \frac{1}{72}$$

(iv) 앞면이 나오는 동전의 개수가 4인 경우의 확률

주사위의 눈의 수가 $(1, 4)$, $(2, 2)$, $(4, 1)$이어야 하므로

$$\frac{3}{36} \times {}_4C_4 \left(\frac{1}{2}\right)^4 \left(\frac{1}{2}\right)^0 = \frac{3}{36} \times 1 \times \frac{1}{16} = \frac{1}{192}$$

(i)~(iv)에서 구하는 확률은

$$\frac{1}{144} + \frac{1}{48} + \frac{1}{72} + \frac{1}{192} = \frac{3}{64}$$

다른 풀이

주사위 2개와 동전 4개를 동시에 던질 때 나오는 모든 경우의 수는

$6^2 \times 2^4$

주사위 2개를 동시에 던져 나오는 눈의 수를 순서쌍 (a, b)로 나타내자.

동전 4개를 동시에 던질 때

(i) 앞면이 나오는 동전의 개수가 1인 경우의 수

주사위의 두 눈의 수의 곱이 1인 경우의 수는

$(1, 1)$의 1

앞면이 나오는 동전의 개수가 1인 경우의 수는

${}_4C_1 = 4$

즉, 이 경우의 수는

$1 \times 4 = 4$

(ii) 앞면이 나오는 동전의 개수가 2인 경우의 수

주사위의 두 눈의 수의 곱이 2인 경우의 수는

$(1, 2)$, $(2, 1)$의 2

앞면이 나오는 동전의 개수가 2인 경우의 수는

${}_4C_2 = 6$

즉, 이 경우의 수는

$2 \times 6 = 12$

(iii) 앞면이 나오는 동전의 개수가 3인 경우의 수

주사위의 두 눈의 수의 곱이 3인 경우의 수는

$(1, 3)$, $(3, 1)$의 2

앞면이 나오는 동전의 개수가 3인 경우의 수는

${}_4C_3 = 4$

즉, 이 경우의 수는

$2 \times 4 = 8$

(iv) 앞면이 나오는 동전의 개수가 4인 경우의 수

주사위의 두 눈의 수의 곱이 4인 경우의 수는

$(1, 4)$, $(2, 2)$, $(4, 1)$의 3

앞면이 나오는 동전의 개수가 4인 경우의 수는

${}_4C_4 = 1$

즉, 이 경우의 수는

$3 \times 1 = 3$

(i)~(iv)에서 주사위의 눈의 수의 곱과 앞면이 나오는 동전의 개수가 같은 경우의 수는

$4 + 12 + 8 + 3 = 27$

따라서 구하는 확률은

$$\frac{27}{6^2 \times 2^4} = \frac{3}{64}$$

유형별 문제로 **수능 대비하기**　　본문 034~049쪽

077 답 ①

두 주머니 A, B에서 각각 카드를 임의로 한 장씩 꺼내는 경우의 수는

$3 \times 5 = 15$

두 주머니 A, B에서 꺼낸 카드에 적혀 있는 수를 각각 a, b라 하고, 순서쌍 (a, b)로 나타내면 꺼낸 두 장의 카드에 적힌 수의 차가 1인 경우의 수는

$(1, 2)$, $(2, 1)$, $(2, 3)$, $(3, 2)$, $(3, 4)$

의 5

따라서 구하는 확률은

$$\frac{5}{15} = \frac{1}{3}$$

078 답 ④

상자에서 임의로 꺼낸 딱지의 한쪽 면이 바닥에 닿도록 놓을 때 가능한 모든 경우는 각 딱지의 앞면과 뒷면이므로 그 경우의 수는

$2 \times 3 = 6$

이 중에서 보이는 면이 파란색인 경우는 모두 3가지이므로 구하는 확률은

$$\frac{3}{6} = \frac{1}{2}$$

다른 풀이

파란색인 면과 노란색인 면의 개수가 같으므로

구하는 확률은 $\frac{1}{2}$이다.

079 답 ①

10개의 제비 중에서 4개의 제비를 뽑는 모든 경우의 수는

${}_{10}C_4 = 210$

당첨 제비가 아닌 6개의 제비 중에서 4개의 제비를 뽑는 경우의 수는

${}_6C_4 = 15$

따라서 구하는 확률은

$$\frac{15}{210} = \frac{1}{14}$$

080 답 ③

서로 다른 두 개의 주사위를 동시에 던질 때 나오는 모든 경우의 수는

$6^2 = 36$

한 주사위의 눈의 수가 다른 주사위의 눈의 수의 배수이므로 두 눈의 수는 서로 약수와 배수인 관계이고 그 경우는

$(1, 1), (1, 2), (1, 3), (1, 4), (1, 5), (1, 6),$
$(2, 1), (2, 2), (2, 4), (2, 6), (3, 1), (3, 3), (3, 6),$
$(4, 1), (4, 2), (4, 4), (5, 1), (5, 5),$
$(6, 1), (6, 2), (6, 3), (6, 6)$

의 22가지이다.

따라서 구하는 확률은

$\dfrac{22}{36} = \dfrac{11}{18}$

081 답 ②

한 개의 주사위를 두 번 던질 때 나오는 모든 경우의 수는

$6^2 = 36$

$y = x^2 - 2ax + 4b = (x-a)^2 - a^2 + 4b$

이므로 이차함수 $y = x^2 - 2ax + 4b$의 그래프의 꼭짓점의 좌표는 $(a, -a^2 + 4b)$이다.

즉, $a + (-a^2 + 4b) = a - a^2 + 4b$이므로

$a - a^2 + 4b < 0$에서 $4b < a(a-1)$

이 부등식을 만족시키는 순서쌍 (a, b)는

$(3, 1), (4, 1), (4, 2), (5, 1), (5, 2), (5, 3), (5, 4),$
$(6, 1), (6, 2), (6, 3), (6, 4), (6, 5), (6, 6)$

의 13가지이다.

따라서 구하는 확률은 $\dfrac{13}{36}$이다.

082 답 ①

함수 $f : X \longrightarrow Y$의 개수는 $_5\Pi_4 = 5^4 = 625$

$f(1), f(2)$의 값을 정하는 경우의 수는 2, 3, 4 중에서 2개를 택하는 중복조합의 수와 같으므로

$_3H_2 = {}_4C_2 = 6$

$f(4)$의 값이 될 수 있는 것은 4, 5, 6이므로 그 경우의 수는 3

즉, 두 조건 (가), (나)를 만족시키는 함수의 개수는

$6 \times 3 = 18$

따라서 구하는 확률은 $\dfrac{18}{625}$이다.

083 답 ④

네 명의 학생이 가위, 바위, 보를 내는 모든 경우의 수는

$_3\Pi_4 = 3^4 = 81$

가위, 바위, 보 중에서 두 가지만 나오는 경우의 수는

$_3C_2 = 3$

이때 바위와 가위를 내서 게임이 끝나는 경우는 다음과 같다.

(i) 한 명이 바위, 3명이 가위를 내는 경우의 수는 $_4C_1 = 4$

(ii) 2명이 바위, 2명이 가위를 내는 경우의 수는 $_4C_2 = 6$

(iii) 3명이 바위, 한 명이 가위를 내는 경우의 수는 $_4C_3 = 4$

(i), (ii), (iii)에서 바위와 가위를 내서 게임이 끝나는 경우의 수는

$4 + 6 + 4 = 14$

각각의 경우에 대하여 1회의 시행에서 게임이 끝나는 경우의 수는

$3 \times 14 = 42$

따라서 구하는 확률은

$\dfrac{42}{81} = \dfrac{14}{27}$

084 답 ④

11개의 직선 중에서 네 개를 택해 직사각형을 만들 수 있는 모든 경우의 수는

$_6C_2 \times {}_5C_2 = 15 \times 10 = 150$

(i) 한 변의 길이가 2인 정사각형인 경우의 수는

$3 \times 4 = 12$

(ii) 가로의 길이가 4, 세로의 길이가 1인 직사각형인 경우의 수는

$1 \times 5 = 5$

(iii) 가로의 길이가 1, 세로의 길이가 4인 직사각형인 경우의 수는

$4 \times 2 = 8$

(i), (ii), (iii)에서 직사각형의 넓이가 4인 경우의 수는

$12 + 5 + 8 = 25$

따라서 구하는 확률은

$\dfrac{25}{150} = \dfrac{1}{6}$

085 답 ②

함수 $f : X \longrightarrow Y$의 개수는 $_5\Pi_4 = 5^4 = 625$

(i) 치역이 $\{2, 5\}$인 경우

함수 f의 개수는 X에서 $\{2, 5\}$로의 함수의 개수에서 치역이 $\{2\}, \{5\}$인 함수의 개수를 빼면 되므로

$_2\Pi_4 - 2 = 2^4 - 2 = 14$

(ii) 치역이 $\{3, 4\}$인 경우

함수 f의 개수는 (i)과 같은 방법으로 14

(iii) 치역이 $\{1, 2, 4\}$인 경우

함수 f의 개수는 X에서 $\{1, 2, 4\}$로의 함수의 개수에서 치역이 $\{1, 2\}, \{1, 4\}, \{2, 4\}, \{1\}, \{2\}, \{4\}$인 함수의 개수를 빼면 되므로

$_3\Pi_4 - 3 \times (_2\Pi_4 - 2) - 3 = 3^4 - 3 \times (2^4 - 2) - 3 = 36$

(i), (ii), (iii)에서 조건을 만족시키는 함수 f의 개수는

$14 + 14 + 36 = 64$

따라서 구하는 확률은

$\dfrac{64}{625}$

086 답 ③

A는 흰 공이 2개, 검은 공이 4개 들어 있는 주머니에서 꺼낸 3개의 공 중에서 흰 공이 1개이고 검은 공이 2개인 사건이므로

$P(A) = \dfrac{_2C_1 \times {}_4C_2}{_6C_3} = \dfrac{2 \times 6}{20} = \dfrac{3}{5}$

B는 1이 적혀 있는 공이 2개, 2가 적혀 있는 공이 4개 들어 있는 주머니에서 꺼낸 3개의 공에 적혀 있는 수가 모두 2인 사건이므로

$$P(B)=\frac{_4C_3}{_6C_3}=\frac{4}{20}=\frac{1}{5}$$

$A \cap B$는 주머니에서 꺼낸 3개의 공 중에서 2가 적혀 있는 흰 공이 1개이고 2가 적혀 있는 검은 공이 2개인 사건이므로

$$P(A \cap B)=\frac{_1C_1 \times _3C_2}{_6C_3}=\frac{1 \times 3}{20}=\frac{3}{20}$$

$$\therefore P(A \cup B)=P(A)+P(B)-P(A \cap B)$$
$$=\frac{3}{5}+\frac{1}{5}-\frac{3}{20}=\frac{13}{20}$$

087 답 ①

200장의 카드 중에서 한 장을 뽑는 모든 경우의 수는
$$_{200}C_1=200$$

(i) 2의 배수가 적혀 있는 카드를 뽑을 확률

1부터 200까지의 수 중에서 2의 배수는 100개이므로 2의 배수가 적혀 있는 카드를 뽑을 확률은

$$\frac{100}{200}=\frac{1}{2}$$

(ii) 3의 배수가 적혀 있는 카드를 뽑을 확률

1부터 200까지의 수 중에서 3의 배수는 66개이므로 3의 배수가 적혀 있는 카드를 뽑을 확률은

$$\frac{66}{200}=\frac{33}{100}$$

(iii) 2와 3의 최소공배수인 6의 배수가 적혀 있는 카드를 뽑을 확률

1부터 200까지의 수 중에서 6의 배수는 33개이므로 6의 배수가 적혀 있는 카드를 뽑을 확률은

$$\frac{33}{200}$$

(i), (ii), (iii)에서 구하는 확률은

$$\frac{1}{2}+\frac{33}{100}-\frac{33}{200}=\frac{133}{200}$$

088 답 ④

$P(A \cap B^c)=P(A)-P(A \cap B)=\frac{1}{6}$에서

$$P(A)=P(A \cap B)+\frac{1}{6}$$

$P(A^c \cap B)=P(B)-P(A \cap B)=\frac{1}{6}$에서

$$P(B)=P(A \cap B)+\frac{1}{6}$$

이때 $P(A \cup B)=\frac{2}{3}$이므로

$$P(A \cap B)=P(A)+P(B)-P(A \cup B)$$
$$=2\left\{P(A \cap B)+\frac{1}{6}\right\}-\frac{2}{3}$$
$$=2P(A \cap B)-\frac{1}{3}$$

$$\therefore P(A \cap B)=\frac{1}{3}$$

089 답 ②

한 개의 주사위를 두 번 던질 때 나오는 모든 경우의 수는
$$6^2=36$$

$(x-y)(x-3y)=0$에서 $x-y=0$ 또는 $x-3y=0$

$$\therefore x=y \text{ 또는 } x=3y$$

(i) $x=y$일 확률

$x=y$를 만족시키는 x, y의 순서쌍 (x, y)는

$(1, 1)$, $(2, 2)$, $(3, 3)$, $(4, 4)$, $(5, 5)$, $(6, 6)$의 6가지이다.

즉, 이 경우의 확률은

$$\frac{6}{36}=\frac{1}{6}$$

(ii) $x=3y$일 확률

$x=3y$를 만족시키는 x, y의 순서쌍 (x, y)는

$(3, 1)$, $(6, 2)$의 2가지이다.

즉, 이 경우의 확률은

$$\frac{2}{36}=\frac{1}{18}$$

(i), (ii)에서 구하는 확률은

$$\frac{1}{6}+\frac{1}{18}=\frac{2}{9}$$

090 답 ③

8명 중에서 봉사활동에 갈 4명을 뽑는 모든 경우의 수는
$$_8C_4=70$$

(i) 여학생 2명이 모두 봉사활동을 갈 확률

남학생 2명, 여학생 2명을 뽑는 경우의 수는

$$_6C_2 \times _2C_2=15 \times 1=15$$

즉, 이 경우의 확률은

$$\frac{15}{70}=\frac{3}{14}$$

(ii) 여학생이 1명도 봉사활동을 가지 않을 확률

남학생만 4명을 뽑는 경우의 수는

$$_6C_4=15$$

즉, 이 경우의 확률은

$$\frac{15}{70}=\frac{3}{14}$$

(i), (ii)에서 구하는 확률은

$$\frac{3}{14}+\frac{3}{14}=\frac{3}{7}$$

091 답 ④

ㄱ. $P(B)=1$이면 B는 반드시 일어나는 사건이고, $A \neq B$이므로 $P(A) \neq 1$ (참)

ㄴ. [반례] 한 개의 주사위를 던지는 시행에서 소수의 눈이 나오는 사건을 A, 홀수의 눈이 나오는 사건을 B라 하면

$$P(A)=\frac{1}{2}, P(B)=\frac{1}{2}$$

즉, $P(A)+P(B)=1$이지만 $A \cap B=\{3, 5\} \neq \varnothing$이므로 A와 B는 배반사건이 아니다. (거짓)

ㄷ. $0 \le \mathrm{P}(A) \le 1$, $0 \le \mathrm{P}(B) \le 1$이므로

$0 \le \mathrm{P}(A) + \mathrm{P}(B) \le 2$

그런데 $A \ne B$이므로 $\mathrm{P}(A)$와 $\mathrm{P}(B)$는 동시에 0 또는 1이 될 수 없다.

$\therefore 0 < \mathrm{P}(A) + \mathrm{P}(B) < 2$ (참)

따라서 옳은 것은 ㄱ, ㄷ이다.

092 답 29

한 개의 주사위를 두 번 던질 때 나오는 모든 경우의 수는

$6^2 = 36$

(i) 두 번 모두 같은 수의 눈이 나올 확률

$\dfrac{6}{36} = \dfrac{1}{6}$

(ii) 동전의 앞면이 앞에 놓인 카드 번호와 동전의 뒷면이 앞에 놓인 카드 번호가 각각 한 번씩 나올 확률

$\dfrac{2! \times {}_2\mathrm{C}_1 \times {}_4\mathrm{C}_1}{36} = \dfrac{2 \times 2 \times 4}{36} = \dfrac{4}{9}$

(i), (ii)에서 주어진 조건을 만족시키는 확률은

$\dfrac{1}{6} + \dfrac{4}{9} = \dfrac{11}{18}$

따라서 $p = 18$, $q = 11$이므로

$p + q = 18 + 11 = 29$

093 답 ④

7명의 학생이 원 모양의 탁자에 둘러앉는 모든 경우의 수는

$(7-1)! = 6! = 720$

(i) 남학생 A의 양 옆에 모두 남학생이 앉을 확률

남학생 A와 A의 양 옆에 앉는 남학생 2명을 1명으로 생각하여 5명의 학생이 원 모양의 탁자에 둘러앉는 경우의 수는

$2! \times (5-1)! = 48$

즉, 이 경우의 확률은

$\dfrac{48}{720} = \dfrac{1}{15}$

(ii) 여학생 B의 양 옆에 모두 여학생이 앉을 확률

여학생 B와 B의 양 옆에 앉는 여학생 2명을 1명으로 생각하여 5명의 학생이 원 모양의 탁자에 둘러앉는 경우의 수는

${}_3\mathrm{P}_2 \times (5-1)! = 144$

즉, 이 경우의 확률은

$\dfrac{144}{720} = \dfrac{1}{5}$

(iii) 남학생 A의 양 옆에 모두 남학생이 앉고 여학생 B의 양 옆에 모두 여학생이 앉는 경우

남학생 A와 A의 양 옆에 앉는 남학생 2명을 1명으로 생각하고 여학생 B와 B의 양 옆에 앉는 여학생 2명을 1명으로 생각하여 3명의 학생이 원 모양의 탁자에 둘러앉는 경우의 수는

$2! \times {}_3\mathrm{P}_2 \times (3-1)! = 24$

즉, 이 경우의 확률은

$\dfrac{24}{720} = \dfrac{1}{30}$

(i), (ii), (iii)에서 구하는 확률은

$\dfrac{1}{15} + \dfrac{1}{5} - \dfrac{1}{30} = \dfrac{7}{30}$

094 답 ⑤

6장의 카드를 모두 한 번씩 사용하여 일렬로 임의로 나열하는 모든 경우의 수는

$6! = 720$

6장의 카드를 모두 한 번씩 사용하여 일렬로 임의로 나열할 때, 양 끝에 놓인 카드에 적힌 두 수의 합이 10 이하인 사건을 A라 하면 A^c은 양 끝에 놓인 카드에 적힌 두 수의 합이 11 이상인 사건이다.

양 끝에 놓인 카드에 적힌 두 수를 왼쪽부터 차례대로 a, b라 하고, 순서쌍 (a, b)로 나타내면 두 수의 합이 11 이상인 경우의 수는

$(5, 6), (6, 5)$의 2

양 끝의 두 자리를 제외한 나머지 네 자리에 1, 2, 3, 4가 적힌 카드를 놓는 경우의 수는

$4! = 24$

즉, 양 끝에 놓인 카드에 적힌 두 수의 합이 11 이상이 되도록 나열하는 경우의 수는

$2 \times 24 = 48$

$\therefore \mathrm{P}(A^c) = \dfrac{48}{720} = \dfrac{1}{15}$

따라서 구하는 확률은

$\mathrm{P}(A) = 1 - \mathrm{P}(A^c) = 1 - \dfrac{1}{15} = \dfrac{14}{15}$

095 답 ④

10개의 제품 중에서 임의로 2개를 동시에 택하는 모든 경우의 수는

${}_{10}\mathrm{C}_2 = 45$

10개의 제품 중에서 임의로 2개를 동시에 택할 때, 불량품이 1개 이상 나오는 사건을 A라 하면 A^c은 불량품인 제품을 0개 택하는 사건이다. 10개의 제품 중에서 불량품인 제품을 0개, 즉 불량품이 아닌 제품 2개를 택하는 경우의 수는

${}_8\mathrm{C}_2 = 28$

$\therefore \mathrm{P}(A^c) = \dfrac{28}{45}$

따라서 구하는 확률은

$\mathrm{P}(A) = 1 - \mathrm{P}(A^c) = 1 - \dfrac{28}{45} = \dfrac{17}{45}$

다른 풀이

(i) 불량품이 1개 나올 확률

10개의 제품 중에서 불량품 1개, 불량품이 아닌 제품 1개를 택하는 경우의 수는

${}_2\mathrm{C}_1 \times {}_8\mathrm{C}_1 = 2 \times 8 = 16$

즉, 이 경우의 확률은 $\dfrac{16}{45}$이다.

(ii) 불량품이 2개 나올 확률

10개의 제품 중에서 불량품 2개를 택하는 경우의 수는 ${}_2\mathrm{C}_2 = 1$

즉, 이 경우의 확률은 $\dfrac{1}{45}$이다.

(i), (ii)에서 구하는 확률은

$\dfrac{16}{45}+\dfrac{1}{45}=\dfrac{17}{45}$

096 답 ⑤

연구팀의 연구원 9명 중에 3명을 뽑는 모든 경우의 수는

$_9C_3=84$

연구팀의 연구원 9명 중에서 3명을 동시에 뽑을 때, 연구 조직 A
와 연구 조직 B에서 각각 적어도 1명을 뽑는 사건을 A라 하면 A^C
은 연구 조직 A, B 중 한 조직에서만 3명을 모두 뽑는 사건이다.

연구 조직 A에서 3명을 뽑는 경우의 수는

$_5C_3=10$

연구 조직 B에서 3명을 뽑는 경우의 수는

$_4C_3=4$

$\therefore \mathrm{P}(A^C)=\dfrac{10+4}{84}=\dfrac{14}{84}=\dfrac{1}{6}$

따라서 구하는 확률은

$\mathrm{P}(A)=1-\mathrm{P}(A^C)=1-\dfrac{1}{6}=\dfrac{5}{6}$

다른 풀이

두 연구 조직 A, B에서 각각 적어도 한 명씩 포함하여 3명을 뽑는
경우는 연구 조직 A에서 1명, 연구 조직 B에서 2명을 뽑거나 연
구 조직 A에서 2명, 연구 조직 B에서 1명을 뽑는 경우이다.

(i) 연구 조직 A에서 1명, 연구 조직 B에서 2명을 뽑는 경우의 수는

$_5C_1\times_4C_2=5\times6=30$

(ii) 연구 조직 A에서 2명, 연구 조직 B에서 1명을 뽑는 경우의 수는

$_5C_2\times_4C_1=10\times4=40$

(i), (ii)에서 주어진 조건을 만족시키는 경우의 수는

$30+40=70$

따라서 구하는 확률은

$\dfrac{70}{84}=\dfrac{5}{6}$

097 답 ⑤

10개의 공이 들어 있는 주머니에서 임의로 3개의 공을 꺼내는 모
든 경우의 수는

$_{10}C_3=120$

주머니에서 3개의 공을 꺼낼 때 두 가지 색의 공이 나오는 사건을 A
라 하면 A^C은 한 가지 색 또는 세 가지 색의 공이 나오는 사건이다.

(i) 한 가지 색의 공이 나오는 경우

파란 공이 3개이거나 검은 공이 3개일 때이므로 이 경우의 수는

$_3C_3+_4C_3=1+4=5$

(ii) 세 가지 색의 공이 나오는 경우

(흰, 빨, 파), (흰, 빨, 검), (흰, 파, 검), (빨, 파, 검)

일 때이므로 이 경우의 수는

$_1C_1\times_2C_1\times_3C_1+_1C_1\times_2C_1\times_4C_1+_1C_1\times_3C_1\times_4C_1$
$\qquad\qquad\qquad\qquad\qquad\qquad\qquad +_2C_1\times_3C_1\times_4C_1$
$=1\times2\times3+1\times2\times4+1\times3\times4+2\times3\times4$
$=6+8+12+24=50$

(i), (ii)에서 한 가지 색 또는 세 가지 색의 공이 나오는 경우의 수는

$5+50=55$

$\therefore \mathrm{P}(A^C)=\dfrac{55}{120}=\dfrac{11}{24}$

따라서 구하는 확률은

$\mathrm{P}(A)=1-\mathrm{P}(A^C)=1-\dfrac{11}{24}=\dfrac{13}{24}$

098 답 ⑤

집합 $X=\{1, 2, 3\}$에서 집합 $Y=\{1, 3, 9, 27, 81\}$로의 모든 함
수 f의 개수는

$_5\Pi_3=5^3=125$

임의로 택한 함수 f가 $f(1)\times f(2)\neq f(3)$을 만족시키는 사건을 A
라 하면 A^C은 임의로 택한 함수 f가 $f(1)\times f(2)=f(3)$을 만족시
키는 사건이다.

여사건 A^C은 $f(3)$의 값에 따라 다음과 같이 경우를 나누어 생각할
수 있다.

$f(3)$의 값	순서쌍 $(f(1), f(2))$
1	(1, 1)
3	(1, 3), (3, 1)
9	(1, 9), (3, 3), (9, 1)
27	(1, 27), (3, 9), (9, 3), (27, 1)
81	(1, 81), (3, 27), (9, 9), (27, 3), (81, 1)

$\therefore \mathrm{P}(A^C)=\dfrac{1+2+3+4+5}{125}=\dfrac{15}{125}=\dfrac{3}{25}$

따라서 구하는 확률은

$\mathrm{P}(A)=1-\mathrm{P}(A^C)=1-\dfrac{3}{25}=\dfrac{22}{25}$

099 답 ②

한 개의 주사위를 두 번 던져서 나온 눈의 수가 차례로 a, b일 때
$a\times b$가 4의 배수인 사건을 A, $a+b\leq7$인 사건을 B라 하면 구하
는 확률은 $\mathrm{P}(B|A)$이다.

한 개의 주사위를 두 번 던질 때 나오는 모든 경우의 수는

$6^2=36$

$a\times b$가 4의 배수인 경우를 순서쌍 (a, b)로 나타내면

(1, 4), (2, 2), (2, 4), (2, 6), (3, 4),
(4, 1), (4, 2), (4, 3), (4, 4), (4, 5), (4, 6)
(5, 4), (6, 2), (6, 4), (6, 6)

의 15가지이므로

$\mathrm{P}(A)=\dfrac{15}{36}$

두 사건 A, B를 동시에 만족시키는 경우를 순서쌍 (a, b)로 나타
내면

$(1, 4)$, $(2, 2)$, $(2, 4)$, $(3, 4)$, $(4, 1)$, $(4, 2)$, $(4, 3)$
의 7가지이므로
$$P(A \cap B) = \frac{7}{36}$$
따라서 구하는 확률은
$$P(B \mid A) = \frac{P(A \cap B)}{P(A)} = \frac{\frac{7}{36}}{\frac{15}{36}} = \frac{7}{15}$$

100 답 ④

$P(A) = \frac{1}{4}$, $P(A \cap B) = \frac{1}{9}$이므로
$$P(A \cap B^C) = P(A) - P(A \cap B)$$
$$= \frac{1}{4} - \frac{1}{9} = \frac{5}{36}$$
$$\therefore P(B^C \mid A) = \frac{P(A \cap B^C)}{P(A)} = \frac{\frac{5}{36}}{\frac{1}{4}} = \frac{5}{9}$$

101 답 ⑤

$P(A) = \frac{3}{7}$, $P(B) = \frac{1}{2}$, $P(A \cap B) = \frac{1}{4}$이므로
$$P(A \cup B) = P(A) + P(B) - P(A \cap B)$$
$$= \frac{3}{7} + \frac{1}{2} - \frac{1}{4} = \frac{19}{28}$$
$P(A) = \frac{3}{7}$이므로
$$P(A^C) = 1 - P(A) = 1 - \frac{3}{7} = \frac{4}{7}$$
$P(A \cup B) = \frac{19}{28}$이므로
$$P(A^C \cap B^C) = P((A \cup B)^C)$$
$$= 1 - P(A \cup B)$$
$$= 1 - \frac{19}{28} = \frac{9}{28}$$
$$\therefore P(B^C \mid A^C) = \frac{P(A^C \cap B^C)}{P(A^C)} = \frac{\frac{9}{28}}{\frac{4}{7}} = \frac{9}{16}$$

102 답 36

이 조사에 참여한 관객 100명 중에서 임의로 선택한 한 명이 X팀을 응원하는 관객인 사건을 A, 여자 관객인 사건을 B라 하면
$$P(A) = \frac{24 + a}{100}, \quad P(A \cap B) = \frac{a}{100}$$
이때 $P(B \mid A) = \frac{3}{5}$이므로
$$\frac{\frac{a}{100}}{\frac{24 + a}{100}} = \frac{3}{5}, \quad \frac{a}{24 + a} = \frac{3}{5}$$
$$5a = 72 + 3a$$
$$\therefore a = 36$$

103 답 ①

이 여행 동호회의 회원 중 임의로 택한 한 명이 패키지 여행 경험이 있는 회원인 사건을 A, 여자 회원인 사건을 B라 하면 구하는 확률은 $P(A^C \mid B)$이다.
이 여행 동호회의 남자 회원의 수를 $5a$, 여자 회원의 수를 $3a$라 하면 이 동호회의 전체 회원의 수는 $8a$이다.
이 동호회 회원 중 패키지 여행 경험이 있는 회원의 비율은 40 %이므로 그 수는
$$8a \times \frac{40}{100} = 3.2a$$
또한, 패키지 여행 경험이 있는 회원 중 80 %가 남자 회원이므로 패키지 여행 경험이 있는 여자 회원의 수는
$$3.2a \times \frac{20}{100} = 0.64a$$
따라서 패키지 여행 경험이 없는 여자 회원의 수는
$$3a - 0.64a = 2.36a$$
$$\therefore P(A^C \mid B) = \frac{n(A^C \cap B)}{n(B)} = \frac{2.36a}{3a} = \frac{59}{75}$$

104 답 ①

프로그램 B를 선택한 남학생 수를 a라 하고, 주어진 조건을 표로 나타내면 다음과 같다.

(단위: 명)

	남학생	여학생	합계
프로그램 A	100	60	160
프로그램 B	a	$240 - a$	240
합계	$100 + a$	$300 - a$	400

이때 이 학교의 학생 중 임의로 뽑은 1명의 학생이 프로그램 B를 선택한 학생일 때, 이 학생이 여학생일 확률은 $\frac{2}{3}$이므로
$$\frac{240 - a}{240} = \frac{2}{3}, \quad 720 - 3a = 480$$
$$\therefore a = 80$$
따라서 이 학교의 남학생의 수는
$$100 + 80 = 180$$

105 답 ④

주머니 A에서 임의로 꺼낸 1개의 공이 흰 공인 사건을 A, 주머니 B에서 임의로 꺼낸 3개의 공 중에서 적어도 한 개가 흰 공인 사건을 B라 하면 구하는 확률은 $P(B)$이다.
(i) 주머니 A에서 임의로 꺼낸 공이 흰 공인 경우
$$P(A \cap B) = P(A)P(B \mid A) = \frac{1}{3} \times \left(1 - \frac{{}_3C_3}{{}_7C_3}\right)$$
$$= \frac{1}{3} \times \frac{34}{35} = \frac{34}{105}$$
(ii) 주머니 A에서 임의로 꺼낸 공이 검은 공인 경우
$$P(A^C \cap B) = P(A^C)P(B \mid A^C) = \frac{2}{3} \times \left(1 - \frac{{}_4C_3}{{}_7C_3}\right)$$
$$= \frac{2}{3} \times \frac{31}{35} = \frac{62}{105}$$

$$\therefore \mathrm{P}(B)=\mathrm{P}(A\cap B)+\mathrm{P}(A^c\cap B)$$
$$=\frac{34}{105}+\frac{62}{105}=\frac{32}{35}$$

106　답 ④

두 번째 시행에서 멈추려면 첫 번째, 두 번째 시행에서 모두 주황색 탁구공이 나와야 하므로

$$a=\frac{{}_2\mathrm{C}_1}{{}_{10}\mathrm{C}_1}\times\frac{1}{{}_9\mathrm{C}_1}=\frac{2}{10}\times\frac{1}{9}=\frac{1}{45}$$

다섯 번째 시행에서 멈추려면 네 번째 시행까지 주황색 탁구공 1개가 나오고 다섯 번째 시행에서 주황색 탁구공 1개가 나와야 하므로

$$b=\left(\frac{{}_2\mathrm{C}_1}{{}_{10}\mathrm{C}_1}\times\frac{{}_8\mathrm{C}_1}{{}_9\mathrm{C}_1}\times\frac{{}_7\mathrm{C}_1}{{}_8\mathrm{C}_1}\times\frac{{}_6\mathrm{C}_1}{{}_7\mathrm{C}_1}+\frac{{}_8\mathrm{C}_1}{{}_{10}\mathrm{C}_1}\times\frac{{}_2\mathrm{C}_1}{{}_9\mathrm{C}_1}\times\frac{{}_7\mathrm{C}_1}{{}_8\mathrm{C}_1}\times\frac{{}_6\mathrm{C}_1}{{}_7\mathrm{C}_1}\right.$$
$$\left.+\frac{{}_8\mathrm{C}_1}{{}_{10}\mathrm{C}_1}\times\frac{{}_7\mathrm{C}_1}{{}_9\mathrm{C}_1}\times\frac{{}_2\mathrm{C}_1}{{}_8\mathrm{C}_1}\times\frac{{}_6\mathrm{C}_1}{{}_7\mathrm{C}_1}+\frac{{}_8\mathrm{C}_1}{{}_{10}\mathrm{C}_1}\times\frac{{}_7\mathrm{C}_1}{{}_9\mathrm{C}_1}\times\frac{{}_6\mathrm{C}_1}{{}_8\mathrm{C}_1}\times\frac{{}_2\mathrm{C}_1}{{}_7\mathrm{C}_1}\right)\times\frac{1}{{}_6\mathrm{C}_1}$$
$$=\frac{8}{15}\times\frac{1}{6}=\frac{4}{45}$$

$$\therefore a+b=\frac{1}{45}+\frac{4}{45}=\frac{1}{9}$$

107　답 ①

첫 번째 시행에서 같은 색의 카드를 2장 꺼낼 확률은
$${}_3\mathrm{C}_1\times\frac{{}_4\mathrm{C}_2}{{}_{12}\mathrm{C}_2}=3\times\frac{6}{66}=\frac{3}{11}$$

두 번째 시행에서 같은 색의 카드를 2장 꺼낼 확률은

(i) 첫 번째 시행과 같은 색의 카드를 2장 꺼내는 경우
$$\frac{{}_2\mathrm{C}_2}{{}_{10}\mathrm{C}_2}=\frac{1}{45}$$

(ii) 첫 번째 시행과 다른 색의 카드를 2장 꺼내는 경우
$${}_2\mathrm{C}_1\times\frac{{}_4\mathrm{C}_2}{{}_{10}\mathrm{C}_2}=2\times\frac{6}{45}=\frac{4}{15}$$

(i), (ii)에서 $\frac{1}{45}+\frac{4}{15}=\frac{13}{45}$

따라서 구하는 확률은
$$\frac{3}{11}\times\frac{13}{45}=\frac{13}{165}$$

108　답 7

첫 번째 꺼낸 사탕이 딸기 맛 사탕인 사건을 A, 두 번째 꺼낸 사탕이 레몬 맛 사탕인 사건을 B라 하면
$$\mathrm{P}(A)=\frac{n}{n+3},\ \mathrm{P}(B|A)=\frac{3}{n+2}$$
$$\therefore \mathrm{P}(A\cap B)=\mathrm{P}(A)\mathrm{P}(B|A)=\frac{n}{n+3}\times\frac{3}{n+2}$$

즉, $\frac{n}{n+3}\times\frac{3}{n+2}=\frac{1}{4}$이므로

$n^2-7n+6=0$, $(n-1)(n-6)=0$

$\therefore n=1$ 또는 $n=6$

따라서 구하는 모든 n의 값의 합은
$1+6=7$

109　답 ③

각 게임에서 승훈이가 이기는 경우를 ○, 지는 경우를 ×로 나타내면 4번째 게임에서 승리하는 상황은 다음과 같다.

1회	2회	3회	4회	1회	2회	3회	4회
○	○	○	○	×	○	○	○
○	○	×	○	×	○	×	○
○	×	○	○	×	×	○	○
○	×	×	○	×	×	×	○

이때 승리한 다음에 패할 확률은 $\frac{1}{5}$이고, 패한 다음에 승리할 확률은 $\frac{3}{5}$이므로 4번째 게임에서 승리할 확률은

$$\frac{1}{3}\left\{\left(\frac{4}{5}\right)^3+\frac{4}{5}\times\frac{1}{5}\times\frac{3}{5}+\frac{1}{5}\times\frac{3}{5}\times\frac{4}{5}+\frac{1}{5}\times\frac{2}{5}\times\frac{3}{5}\right\}$$
$$+\frac{2}{3}\left\{\frac{3}{5}\times\left(\frac{4}{5}\right)^2+\left(\frac{3}{5}\right)^2\times\frac{1}{5}+\frac{2}{5}\times\frac{3}{5}\times\frac{4}{5}+\left(\frac{2}{5}\right)^2\times\frac{3}{5}\right\}$$
$$=\frac{1}{3}\times\frac{94}{5^3}+\frac{2}{3}\times\frac{93}{5^3}=\frac{56}{75}$$

110　답 ①

주사위를 한 번 던져서 5 이상의 눈이 나오는 사건을 A, 주머니에서 꺼낸 2개의 공이 모두 흰색인 사건을 B라 하면
$$\mathrm{P}(A\cap B)=\mathrm{P}(A)\mathrm{P}(B|A)$$
$$=\frac{2}{6}\times\frac{{}_2\mathrm{C}_2}{{}_6\mathrm{C}_2}=\frac{1}{3}\times\frac{1}{15}=\frac{1}{45}$$
$$\mathrm{P}(A^c\cap B)=\mathrm{P}(A^c)\mathrm{P}(B|A^c)$$
$$=\frac{4}{6}\times\frac{{}_3\mathrm{C}_2}{{}_6\mathrm{C}_2}=\frac{2}{3}\times\frac{3}{15}=\frac{2}{15}$$
$$\therefore \mathrm{P}(B)=\mathrm{P}(A\cap B)+\mathrm{P}(A^c\cap B)$$
$$=\frac{1}{45}+\frac{2}{15}=\frac{7}{45}$$

따라서 구하는 확률은
$$\mathrm{P}(A|B)=\frac{\mathrm{P}(A\cap B)}{\mathrm{P}(B)}=\frac{\frac{1}{45}}{\frac{7}{45}}=\frac{1}{7}$$

111　답 ③

첫 번째로 활을 쏜 선수가 A, B인 사건을 각각 A, B, 첫 번째로 활을 쏜 선수만 10점을 얻는 사건을 E라 하면
$$\mathrm{P}(A\cap E)=\mathrm{P}(A)\mathrm{P}(E|A)=\frac{1}{2}\times\left(\frac{3}{4}\times\frac{1}{3}\right)=\frac{1}{8}$$
$$\mathrm{P}(B\cap E)=\mathrm{P}(B)\mathrm{P}(E|B)=\frac{1}{2}\times\left(\frac{2}{3}\times\frac{1}{4}\right)=\frac{1}{12}$$
$$\therefore \mathrm{P}(E)=\mathrm{P}(A\cap E)+\mathrm{P}(B\cap E)$$
$$=\frac{1}{8}+\frac{1}{12}=\frac{5}{24}$$

따라서 구하는 확률은
$$\mathrm{P}(A|E)=\frac{\mathrm{P}(A\cap E)}{\mathrm{P}(E)}=\frac{\frac{1}{8}}{\frac{5}{24}}=\frac{3}{5}$$

112 답 ④

주머니 A를 택하는 사건을 A, 주머니 B를 택하는 사건을 B, 주머니에서 흰 공 1개, 검은 공 1개를 꺼내는 사건을 E라 하면

$$\mathrm{P}(A \cap E) = \mathrm{P}(A)\mathrm{P}(E \mid A) = \frac{1}{2} \times \frac{{}_4\mathrm{C}_1 \times {}_3\mathrm{C}_1}{{}_7\mathrm{C}_2}$$

$$= \frac{1}{2} \times \frac{4 \times 3}{21} = \frac{2}{7}$$

$$\mathrm{P}(B \cap E) = \mathrm{P}(B)\mathrm{P}(E \mid B) = \frac{1}{2} \times \frac{{}_2\mathrm{C}_1 \times {}_3\mathrm{C}_1}{{}_5\mathrm{C}_2}$$

$$= \frac{1}{2} \times \frac{2 \times 3}{10} = \frac{3}{10}$$

$$\therefore \mathrm{P}(E) = \mathrm{P}(A \cap E) + \mathrm{P}(B \cap E)$$

$$= \frac{2}{7} + \frac{3}{10} = \frac{41}{70}$$

따라서 구하는 확률은

$$\mathrm{P}(B \mid E) = \frac{\mathrm{P}(B \cap E)}{\mathrm{P}(E)} = \frac{\dfrac{3}{10}}{\dfrac{41}{70}} = \frac{21}{41}$$

113 답 ⑤

상자 A에서 꺼낸 카드에 적혀 있는 수가 짝수인 사건을 A, 2장의 카드에 적혀 있는 두 수의 합이 홀수인 사건을 B라 하면

$$\mathrm{P}(A \cap B) = \mathrm{P}(A)\mathrm{P}(B \mid A)$$

$$= \frac{1}{2} \times \frac{3}{5} = \frac{3}{10}$$

$$\mathrm{P}(A^c \cap B) = \mathrm{P}(A^c)\mathrm{P}(B \mid A^c)$$

$$= \frac{1}{2} \times \frac{2}{5} = \frac{1}{5}$$

$$\therefore \mathrm{P}(B) = \mathrm{P}(A \cap B) + \mathrm{P}(A^c \cap B)$$

$$= \frac{3}{10} + \frac{1}{5} = \frac{1}{2}$$

따라서 구하는 확률은

$$\mathrm{P}(A \mid B) = \frac{\mathrm{P}(A \cap B)}{\mathrm{P}(B)} = \frac{\dfrac{3}{10}}{\dfrac{1}{2}} = \frac{3}{5}$$

114 답 113

임의로 알약 1정을 검사했을 때 모조품으로 판정되는 사건을 A, 실제로 알약이 모조품인 사건을 B라 하면

$$\mathrm{P}(A \cap B) = \mathrm{P}(B)\mathrm{P}(A \mid B)$$

$$= 0.001 \times 0.9 = 0.0009$$

$$\mathrm{P}(A \cap B^c) = \mathrm{P}(B^c)\mathrm{P}(A \mid B^c)$$

$$= 0.999 \times 0.1 = 0.0999$$

$$\therefore \mathrm{P}(A) = \mathrm{P}(A \cap B) + \mathrm{P}(A \cap B^c)$$

$$= 0.0009 + 0.0999 = 0.1008$$

따라서 구하는 확률은

$$\mathrm{P}(B \mid A) = \frac{\mathrm{P}(A \cap B)}{\mathrm{P}(A)} = \frac{0.0009}{0.1008} = \frac{1}{112}$$

이므로 $p = 112$, $q = 1$

$$\therefore p + q = 112 + 1 = 113$$

115 답 ③

임의로 택한 한 개의 제품이 생산 라인 A, B에서 만들어진 제품인 사건을 각각 A, B, 불량품인 사건을 E라 하면

$$\mathrm{P}(A \cap E) = \mathrm{P}(A)\mathrm{P}(E \mid A)$$

$$= 0.4 \times 0.05 = 0.02$$

$$\mathrm{P}(B \cap E) = \mathrm{P}(B)\mathrm{P}(E \mid B)$$

$$= 0.6 \times 0.03 = 0.018$$

$$\therefore \mathrm{P}(E) = \mathrm{P}(A \cap E) + \mathrm{P}(B \cap E)$$

$$= 0.02 + 0.018$$

$$= 0.038$$

따라서 구하는 확률은

$$\mathrm{P}(A \mid E) = \frac{\mathrm{P}(A \cap E)}{\mathrm{P}(E)} = \frac{0.02}{0.038} = \frac{10}{19}$$

116 답 ⑤

각 주머니에서 공을 한 개씩 꺼냈을 때, 흰 공이 두 개 나올 확률은 다음과 같다.

(ⅰ) 주머니 A에서 흰 공, 주머니 B에서 흰 공, 주머니 C에서 검은 공을 꺼낼 확률은

$$\frac{2}{6} \times \frac{3}{6} \times \frac{5}{6} = \frac{5}{36}$$

(ⅱ) 주머니 A에서 흰 공, 주머니 B에서 검은 공, 주머니 C에서 흰 공을 꺼낼 확률은

$$\frac{2}{6} \times \frac{3}{6} \times \frac{1}{6} = \frac{1}{36}$$

(ⅲ) 주머니 A에서 검은 공, 주머니 B에서 흰 공, 주머니 C에서 흰 공을 꺼낼 확률은

$$\frac{4}{6} \times \frac{3}{6} \times \frac{1}{6} = \frac{1}{18}$$

즉, 꺼낸 세 개의 공 중에서 두 개가 흰 공인 사건을 A, 주머니 A에서 꺼낸 공이 흰 공인 사건을 B라 하면

$$\mathrm{P}(A) = \frac{5}{36} + \frac{1}{36} + \frac{1}{18} = \frac{2}{9}$$

$$\mathrm{P}(A \cap B) = \frac{5}{36} + \frac{1}{36} = \frac{1}{6}$$

따라서 구하는 확률은

$$\mathrm{P}(B \mid A) = \frac{\mathrm{P}(A \cap B)}{\mathrm{P}(A)} = \frac{\dfrac{1}{6}}{\dfrac{2}{9}} = \frac{3}{4}$$

117 답 ④

$\mathrm{P}(A^c) = 1 - \mathrm{P}(A)$이므로

$\mathrm{P}(A^c) = 2\mathrm{P}(A)$에서 $1 - \mathrm{P}(A) = 2\mathrm{P}(A)$

$$3\mathrm{P}(A) = 1 \qquad \therefore \mathrm{P}(A) = \frac{1}{3}$$

두 사건 A, B는 서로 독립이므로

$\mathrm{P}(A \cap B) = \mathrm{P}(A)\mathrm{P}(B)$에서

$$\frac{1}{4} = \frac{1}{3} \times \mathrm{P}(B) \qquad \therefore \mathrm{P}(B) = \frac{3}{4}$$

118 답 ④

두 사건 A, B가 서로 독립이면 두 사건 A, B^C도 서로 독립이므로

$$P(A \cap B^C) = P(A)P(B^C)$$
$$= P(A)\{1 - P(B)\}$$
$$= \frac{1}{3} \times \left(1 - \frac{2}{5}\right) = \frac{1}{5}$$

다른 풀이

$$P(A \cap B^C) = P(A) - P(A \cap B)$$
$$= P(A) - P(A)P(B)$$
$$= \frac{1}{3} - \frac{1}{3} \times \frac{2}{5} = \frac{1}{5}$$

119 답 ④

$P(B^C) = \frac{2}{5}$에서

$$P(B) = 1 - P(B^C) = 1 - \frac{2}{5} = \frac{3}{5}$$

$P(A^C \cup B) = P((A \cap B^C)^C) = \frac{7}{10}$에서

$$P(A \cap B^C) = 1 - P((A \cap B^C)^C) = 1 - \frac{7}{10} = \frac{3}{10}$$

두 사건 A, B가 서로 독립이면 두 사건 A, B^C도 서로 독립이므로

$$P(A \cap B^C) = P(A)P(B^C)$$

$$\frac{3}{10} = P(A) \times \frac{2}{5}$$

$$\therefore P(A) = \frac{3}{4}$$

따라서 두 사건 A, B가 서로 독립이므로

$$P(A \cap B) = P(A)P(B) = \frac{3}{4} \times \frac{3}{5} = \frac{9}{20}$$

다른 풀이

$P(A \cap B) = x$라 하면

$$P(A) = P(A \cap B^C) + P(A \cap B) = \frac{3}{10} + x$$

두 사건 A, B가 서로 독립이므로

$$P(A \cap B) = P(A)P(B)$$에서

$$x = \left(\frac{3}{10} + x\right) \times \frac{3}{5}, \ \frac{2}{5}x = \frac{9}{50}$$

$$\therefore x = \frac{9}{20}$$

120 답 ①

보충학습을 신청하는 사건을 A, 급식을 신청하는 사건을 B라 하면

$$P(B|A) = \frac{2}{5}$$

두 사건 A, B가 서로 독립이므로

$$P(B) = P(B|A) = \frac{2}{5}$$

따라서 이 학급의 학생 40명 중에서 급식을 신청한 학생의 수는

$$40 \times \frac{2}{5} = 16$$

121 답 ②

사건 [1, 2, 3, 4]를 A라 하면 $P(A) = \frac{2}{3}$

ㄱ. 사건 [4, 6]을 B라 하면 $A \cap B = [4]$이므로

$$P(A \cap B) = \frac{1}{6}$$

이때 $P(B) = \frac{1}{3}$이므로

$$P(A)P(B) = \frac{2}{3} \times \frac{1}{3} = \frac{2}{9}$$

즉, $P(A \cap B) \neq P(A)P(B)$이므로
두 사건 A, B는 서로 독립이 아니다.

ㄴ. 사건 [3, 4, 5]를 C라 하면 $A \cap C = [3, 4]$이므로

$$P(A \cap C) = \frac{1}{3}$$

이때 $P(C) = \frac{1}{2}$이므로

$$P(A)P(C) = \frac{2}{3} \times \frac{1}{2} = \frac{1}{3}$$

즉, $P(A \cap C) = P(A)P(C)$이므로
두 사건 A, C는 서로 독립이다.

ㄷ. 사건 [3, 4, 5, 6]을 D라 하면 $A \cap D = [3, 4]$이므로

$$P(A \cap D) = \frac{1}{3}$$

이때 $P(D) = \frac{2}{3}$이므로

$$P(A)P(D) = \frac{2}{3} \times \frac{2}{3} = \frac{4}{9}$$

즉, $P(A \cap D) \neq P(A)P(D)$이므로
두 사건 A, D는 서로 독립이 아니다.

따라서 사건 [1, 2, 3, 4]와 서로 독립인 사건은 ㄴ이다.

122 답 ④

주사위를 한 번 던져 나온 눈의 수가 6의 약수인 경우의 수는
1, 2, 3, 6의 4이므로 그 확률은

$$\frac{4}{6} = \frac{2}{3}$$

6의 약수가 아닐 확률은

$$1 - \frac{2}{3} = \frac{1}{3}$$

주어진 시행을 4번 반복할 때, 4번째 시행 후 점 P의 좌표가 2 이상인 사건을 A라 하면 A^C은 점 P의 좌표가 2 미만인 사건이다.

(i) 점 P의 좌표가 0일 확률

4번의 시행에서 나온 주사위의 눈의 수가 모두 6의 약수가 아닌 경우이므로 이 경우의 확률은

$$_4C_0 \left(\frac{2}{3}\right)^0 \left(\frac{1}{3}\right)^4 = \frac{1}{81}$$

(ii) 점 P의 좌표가 1일 확률

4번의 시행에서 나온 주사위의 눈의 수가 6의 약수가 1번, 6의 약수가 아닌 수가 3번 나오는 경우이므로 이 경우의 확률은

$$_4C_1 \left(\frac{2}{3}\right)^1 \left(\frac{1}{3}\right)^3 = 4 \times \frac{2}{3} \times \frac{1}{27} = \frac{8}{81}$$

(i), (ii)에서 점 P의 좌표가 2 미만일 확률은

$$P(A^C) = \frac{1}{81} + \frac{8}{81} = \frac{1}{9}$$

따라서 구하는 확률은

$$P(A) = 1 - P(A^C) = 1 - \frac{1}{9} = \frac{8}{9}$$

123 답 ⑤

한 개의 동전을 5번 던질 때, 앞면이 적어도 2번 나오는 사건을 A라 하면 A^C은 앞면이 1번 이하로 나오는 사건이다.

한 개의 동전을 한 번 던질 때 앞면이 나올 확률은 $\frac{1}{2}$이므로

(ⅰ) 앞면이 0번 나올 확률은

$$_5C_0 \left(\frac{1}{2}\right)^5 = \frac{1}{32}$$

(ⅱ) 앞면이 1번 나올 확률은

$$_5C_1 \left(\frac{1}{2}\right)^4 \left(\frac{1}{2}\right)^1 = \frac{5}{32}$$

(ⅰ), (ⅱ)에서

$$P(A^C) = \frac{1}{32} + \frac{5}{32} = \frac{3}{16}$$

따라서 구하는 확률은

$$P(A) = 1 - P(A^C) = 1 - \frac{3}{16} = \frac{13}{16}$$

124 답 67

1번의 시합에서 A가 이길 확률을 a라 하면 2번의 시합에서 A가 모두 이길 확률은

$$_2C_2 a^2 (1-a)^0 = a^2 = \frac{1}{16}$$

$$\therefore a = \frac{1}{4} \ (\because 0 < a < 1)$$

4번의 시합 중 3번의 시합에서 A가 이길 확률은

$$_4C_3 \left(\frac{1}{4}\right)^3 \left(\frac{3}{4}\right)^1 = 4 \times \frac{1}{64} \times \frac{3}{4} = \frac{3}{64}$$

이므로 $p = 64$, $q = 3$

$$\therefore p + q = 64 + 3 = 67$$

125 답 ⑤

(ⅰ) 상자에서 흰 공을 꺼낸 경우

동전을 3번 던지고 3번 모두 앞면이 나올 확률은

$$\frac{3}{8} \times {}_3C_3 \left(\frac{1}{2}\right)^3 = \frac{3}{8} \times 1 \times \frac{1}{8} = \frac{3}{64}$$

(ⅱ) 상자에서 검은 공을 꺼낸 경우

동전을 4번 던지고 그중 앞면이 3번 나올 확률은

$$\frac{5}{8} \times {}_4C_3 \left(\frac{1}{2}\right)^3 \left(\frac{1}{2}\right)^1 = \frac{5}{8} \times 4 \times \frac{1}{16} = \frac{5}{32}$$

(ⅰ), (ⅱ)에서 구하는 확률은

$$\frac{3}{64} + \frac{5}{32} = \frac{13}{64}$$

126 답 ②

주사위를 던져 짝수의 눈이 나오는 횟수를 x, 홀수의 눈이 나오는 횟수를 y라 하면 점 A를 출발한 점 P가 한 바퀴를 돌아 다시 점 A에 위치하려면

$$2x + y = 6$$

이 방정식을 만족시키는 음이 아닌 정수 x, y의 순서쌍 (x, y)는

$$(0, 6), (1, 4), (2, 2), (3, 0)$$

이때 주사위를 한 번 던져 짝수의 눈이 나올 확률은 $\frac{1}{2}$이므로 구하는 확률은

$$_6C_0 \left(\frac{1}{2}\right)^6 + {}_5C_1 \left(\frac{1}{2}\right)^1 \left(\frac{1}{2}\right)^4 + {}_4C_2 \left(\frac{1}{2}\right)^2 \left(\frac{1}{2}\right)^2 + {}_3C_3 \left(\frac{1}{2}\right)^3$$

$$= \frac{1}{64} + \frac{5}{32} + \frac{6}{16} + \frac{1}{8}$$

$$= \frac{43}{64}$$

127 답 ④

주사위를 던져 6의 약수의 눈이 나오는 횟수를 x, 6의 약수가 아닌 눈이 나오는 횟수를 y라 하자.

한 개의 주사위를 5번 던지므로

$$x + y = 5 \quad \cdots\cdots \ \text{㉠}$$

얻은 점수의 합이 7점이므로

$$2x + y = 7 \quad \cdots\cdots \ \text{㉡}$$

㉠, ㉡을 연립하여 풀면

$$x = 2, y = 3$$

주사위를 한 번 던져 6의 약수의 눈이 나오는 경우는 1, 2, 3, 6의 4가지이므로 이 경우의 확률은

$$\frac{4}{6} = \frac{2}{3}$$

따라서 구하는 확률은

$$_5C_2 \left(\frac{2}{3}\right)^2 \left(\frac{1}{3}\right)^3 = 10 \times \frac{4}{243} = \frac{40}{243}$$

등급 업 도전하기   본문 050~054쪽

128 답 ④

스위치 C가 열려 있는 사건을 A, P에서 Q로 전류가 흐르는 사건을 B라 하자.

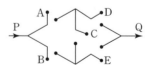

위의 그림에서 P에서 Q로 전류가 흐르는 경우는 다음과 같이 나눌 수 있다.

(ⅰ) C가 닫혀 있는 경우

A 또는 B가 닫혀 있고, D 또는 E가 닫혀 있어야 한다.

A 또는 B가 닫혀 있을 확률은

$$\frac{2}{3} \times \frac{1}{3} + \frac{1}{3} \times \frac{2}{3} + \frac{2}{3} \times \frac{2}{3} = \frac{8}{9}$$

D 또는 E가 닫혀 있을 확률은

$$\frac{2}{3} \times \frac{1}{3} + \frac{1}{3} \times \frac{2}{3} + \frac{2}{3} \times \frac{2}{3} = \frac{8}{9}$$

$$\therefore \mathrm{P}(A^c \cap B) = \mathrm{P}(A^c)\mathrm{P}(B \mid A^c)$$

$$= \frac{2}{3} \times \left(\frac{8}{9} \times \frac{8}{9}\right) = \frac{128}{243}$$

(ii) C가 열려 있는 경우

A와 D가 모두 닫혀 있거나 B와 E가 모두 닫혀 있어야 하므로 그 확률은

$$\frac{2}{3} \times \frac{2}{3} + \frac{2}{3} \times \frac{2}{3} - \frac{2}{3} \times \frac{2}{3} \times \frac{2}{3} \times \frac{2}{3} = \frac{56}{81}$$

$$\therefore \mathrm{P}(A \cap B) = \mathrm{P}(A)\mathrm{P}(B \mid A) = \frac{1}{3} \times \frac{56}{81} = \frac{56}{243}$$

(i), (ii)에서 P에서 Q로 전류가 흐를 확률은

$$\mathrm{P}(B) = \mathrm{P}(A^c \cap B) + \mathrm{P}(A \cap B) = \frac{128}{243} + \frac{56}{243} = \frac{184}{243}$$

따라서 구하는 확률은

$$\mathrm{P}(A \mid B) = \frac{\mathrm{P}(A \cap B)}{\mathrm{P}(B)} = \frac{\dfrac{56}{243}}{\dfrac{184}{243}} = \frac{56}{184} = \frac{7}{23}$$

다른 풀이

닫혀 있는 것을 ○, 열려 있는 것을 ×로 하여 P에서 Q로 전류가 흐르는 경우를 나타내면 다음과 같다.

(i) C가 닫혀 있는 경우

A	B	D	E
○	○	○	○
○	○	○	×
○	○	×	○
○	×	○	○
○	×	○	×
○	×	×	○
×	○	○	○
×	○	○	×
×	○	×	○

즉, C가 닫혀 있을 때 P에서 Q로 전류가 흐를 확률은

$$\frac{2}{3}\left\{\left(\frac{2}{3}\right)^4 + \left(\frac{2}{3}\right)^3\left(\frac{1}{3}\right)^1 \times 4 + \left(\frac{2}{3}\right)^2\left(\frac{1}{3}\right)^2 \times 4\right\} = \frac{128}{243}$$

(ii) C가 열려 있는 경우

A	B	D	E
○	○	○	○
○	○	○	×
○	○	×	○
○	×	○	○
○	×	○	×
×	○	○	○
×	○	×	○

즉, C가 열려 있을 때 P에서 Q로 전류가 흐를 확률은

$$\frac{1}{3}\left\{\left(\frac{2}{3}\right)^4 + \left(\frac{2}{3}\right)^3\left(\frac{1}{3}\right)^1 \times 4 + \left(\frac{2}{3}\right)^2\left(\frac{1}{3}\right)^2 \times 2\right\} = \frac{56}{243}$$

(i), (ii)에서 P에서 Q로 전류가 흐를 확률은

$$\frac{128}{243} + \frac{56}{243} = \frac{184}{243}$$

따라서 P에서 Q로 전류가 흐를 때, 스위치 C가 열려 있을 확률은

$$\frac{\dfrac{56}{243}}{\dfrac{184}{243}} = \frac{56}{184} = \frac{7}{23}$$

129　답 ②

이 고등학교 학생 중 임의로 한 명을 택할 때 그 학생이 1학년인 사건을 A, 2학년인 사건을 B, 3학년인 사건을 C, 걸어서 등교하는 학생인 사건을 E라 하면

$$\mathrm{P}(A \cap E) = \frac{2}{5} \times 0.3 = 0.12, \quad \mathrm{P}(B \cap E) = \frac{2}{5} \times 0.15 = 0.06,$$

$$\mathrm{P}(C \cap E) = \frac{1}{5} \times 0.1 = 0.02$$

$$\therefore \mathrm{P}(E) = \mathrm{P}(A \cap E) + \mathrm{P}(B \cap E) + \mathrm{P}(C \cap E)$$

$$= 0.12 + 0.06 + 0.02 = 0.2$$

따라서 구하는 확률은

$$\mathrm{P}((A \cup B) \mid E) = \frac{\mathrm{P}((A \cup B) \cap E)}{\mathrm{P}(E)}$$

$$= \frac{\mathrm{P}((A \cap E) \cup (B \cap E))}{\mathrm{P}(E)}$$

$$= \frac{\mathrm{P}(A \cap E) + \mathrm{P}(B \cap E)}{\mathrm{P}(E)} \quad (\because A \cap B = \varnothing)$$

$$= \frac{0.12 + 0.06}{0.2} = \frac{9}{10}$$

130　답 249

n개의 주머니에서 임의로 한 주머니를 택할 확률은 $\frac{1}{n}$이다.

각 주머니에서 3개의 공을 동시에 꺼낼 때, 모두 흰 공이 나올 확률은 다음과 같다.

[주머니 1]에서 3개의 공을 동시에 꺼낼 때, 모두 흰 공이 나올 확률은 0

[주머니 2]에서 3개의 공을 동시에 꺼낼 때, 모두 흰 공이 나올 확률은 0

[주머니 3]에서 3개의 공을 동시에 꺼낼 때, 모두 흰 공이 나올 확률은 $\dfrac{{}_3\mathrm{C}_3}{{}_{n+1}\mathrm{C}_3}$

[주머니 4]에서 3개의 공을 동시에 꺼낼 때, 모두 흰 공이 나올 확률은 $\dfrac{{}_4\mathrm{C}_3}{{}_{n+1}\mathrm{C}_3}$

⋮

[주머니 n]에서 3개의 공을 동시에 꺼낼 때, 모두 흰 공이 나올 확률은 $\dfrac{{}_n\mathrm{C}_3}{{}_{n+1}\mathrm{C}_3}$

$$\therefore P_n = \frac{1}{n} \times \frac{{}_3C_3 + {}_4C_3 + \cdots + {}_nC_3}{{}_{n+1}C_3}$$
$$= \frac{1}{n} \times \frac{{}_4C_4 + {}_4C_3 + \cdots + {}_nC_3}{{}_{n+1}C_3}$$
$$= \frac{1}{n} \times \frac{{}_5C_4 + {}_5C_3 + \cdots + {}_nC_3}{{}_{n+1}C_3}$$
$$\vdots$$
$$= \frac{1}{n} \times \frac{{}_{n+1}C_4}{{}_{n+1}C_3}$$
$$= \frac{1}{n} \times \frac{\dfrac{(n+1)n(n-1)(n-2)}{24}}{\dfrac{(n+1)n(n-1)}{6}}$$
$$= \frac{n-2}{4n}$$

따라서 $P_{100} = \dfrac{98}{400} = \dfrac{49}{200}$ 이므로

$p = 200,\ q = 49$

$\therefore p+q = 200 + 49 = 249$

131 답 198

조건을 만족시키는 좌표평면 위의 서로 다른 15개의 점 중에서 임의로 택한 서로 다른 세 점을 꼭짓점으로 하는 삼각형의 개수는 15개의 점 중에서 서로 다른 세 점을 택하는 경우의 수에서 한 직선 위에 있는 점 중에서 서로 다른 세 점을 택하는 경우의 수를 뺀 것과 같으므로

$${}_{15}C_3 - (13 \times {}_3C_3 + 3 \times {}_5C_3) = 412$$

택한 세 점을 꼭짓점으로 하는 삼각형의 세 변의 길이의 합이 4보다 큰 사건을 A라 하면 A^c은 택한 세 점을 꼭짓점으로 하는 삼각형의 세 변의 길이의 합이 4 이하인 사건이다.

한 변의 길이가 1인 정사각형에서 만들어지는 삼각형의 세 변의 길이의 합이 가장 작고, 이때의 세 변의 길이의 합은

$$1 + 1 + \sqrt{2} = 2 + \sqrt{2} < 4$$

한 변의 길이가 1인 정사각형의 개수는 8이고 각각의 정사각형에서 두 변과 대각선으로 이루어진 삼각형의 개수는 4이다.

즉, A^c이 일어나는 경우의 수는 $8 \times 4 = 32$이므로

$$P(A^c) = \frac{32}{412} = \frac{8}{103}$$

$$\therefore P(A) = 1 - P(A^c) = 1 - \frac{8}{103} = \frac{95}{103}$$

따라서 $p = 103,\ q = 95$이므로

$p+q = 103 + 95 = 198$

132 답 151

8개의 정사각형 모양의 빈칸에 검은색 또는 흰색을 칠하는 모든 경우의 수는

$$2^8 = 256$$

조건 (가)에 의하여 검은색이 칠해진 정사각형의 개수는 6개 이하이므로

(i) 6개의 정사각형에 검은색이 칠해진 경우

검은색이 칠해진 6개의 정사각형을 일렬로 나열한 후 각 정사각형 사이사이와 양 끝의 7곳 중에서 2곳을 택해 흰색이 칠해진 2개의 정사각형을 놓는 경우와 같으므로 이 경우의 수는

$${}_7C_2 = 21$$

(ii) 5개의 정사각형에 검은색이 칠해진 경우

검은색이 칠해진 5개의 정사각형을 일렬로 나열한 후 각 정사각형 사이사이와 양 끝의 6자리 중에서 3자리를 택해 흰색이 칠해진 3개의 정사각형을 놓는 경우와 같으므로 이 경우의 수는

$${}_6C_3 = 20$$

(iii) 4개의 정사각형에 검은색이 칠해진 경우

검은색이 칠해진 4개의 정사각형을 일렬로 나열한 후 각 정사각형 사이사이와 양 끝의 5자리 중에서 4자리를 택해 흰색이 칠해진 4개의 정사각형을 놓는 경우와 같으므로 이 경우의 수는

$${}_5C_4 = {}_5C_1 = 5$$

(iv) 3개 이하의 정사각형에 검은색이 칠해진 경우

검은색이 칠해진 정사각형을 일렬로 나열했을 때 그 사이사이와 양 끝의 자리수보다 흰색이 칠해진 정사각형의 개수가 더 많으므로 조건 (나)를 만족시키지 않는다.

(i)~(iv)에서 두 조건 (가), (나)를 만족시키는 경우의 수는

$$21 + 20 + 5 = 46$$

따라서 주어진 조건을 만족시키면서 모든 색을 칠할 확률은

$$\frac{46}{256} = \frac{23}{128}$$

이므로 $p = 128,\ q = 23$

$\therefore p+q = 128 + 23 = 151$

133 답 ②

흰 공을 ○, 검은 공을 ●이라 하자.

주머니 A에 흰 공 1개, 검은 공 1개가 들어 있을 때, 한 번의 시행 후 주머니 A에 들어 있는 공에 대한 확률은 다음과 같다.

(i) ○● ⟶ ○● : $\dfrac{1}{2} \times \dfrac{1}{3} + \dfrac{1}{2} \times 1 = \dfrac{2}{3}$

(ii) ○● ⟶ ●● : $\dfrac{1}{2} \times \dfrac{2}{3} = \dfrac{1}{3}$

주머니 A에 검은 공 2개가 들어 있을 때, 한 번의 시행 후 주머니 A에 들어 있는 공에 대한 확률은 다음과 같다.

(iii) ●● ⟶ ●● : $1 \times \dfrac{2}{3} = \dfrac{2}{3}$

(iv) ●● ⟶ ○● : $1 \times \dfrac{1}{3} = \dfrac{1}{3}$

시행을 3번 반복한 후 주머니 A에 흰 공이 들어 있는 경우를 나타내면 다음과 같다.

○●	○●	○●	○●	$\left(\dfrac{2}{3}\right)^3$
		●●	○●	$\left(\dfrac{1}{3}\right)^2\left(\dfrac{2}{3}\right)^1$
	●●	○●	○●	$\left(\dfrac{1}{3}\right)^2\left(\dfrac{2}{3}\right)^1$
		●●	○●	$\left(\dfrac{1}{3}\right)^2\left(\dfrac{2}{3}\right)^1$

따라서 구하는 확률은

$$\left(\frac{2}{3}\right)^3 + \left(\frac{1}{3}\right)^2 \left(\frac{2}{3}\right)^1 \times 3 = \frac{14}{27}$$

134 답 ③

한 개의 주사위를 던져서 1의 눈이 나오는 사건을 A, 짝수의 눈이 나오는 사건을 B, 3 또는 5의 눈이 나오는 사건을 C라 하면

$$\mathrm{P}(A) = \frac{1}{6}, \ \mathrm{P}(B) = \frac{1}{2}, \ \mathrm{P}(C) = \frac{1}{3}$$

한 개의 주사위를 다섯 번 던질 때, 주머니에 들어 있는 검은 공의 개수가 흰 공의 개수보다 큰 경우의 확률은 다음과 같다.

(i) 주머니에 들어 있는 검은 공이 4개, 흰 공이 3개일 확률

사건 A가 두 번, 사건 B가 세 번 일어날 확률은

$$_5\mathrm{C}_2 \left(\frac{1}{6}\right)^2 \left(\frac{1}{2}\right)^3 = 10 \times \frac{1}{36} \times \frac{1}{8} = \frac{5}{144}$$

(ii) 주머니에 들어 있는 검은 공이 5개, 흰 공이 3개일 확률

사건 A가 한 번, 사건 B가 네 번 일어날 확률은

$$_5\mathrm{C}_1 \left(\frac{1}{6}\right)^1 \left(\frac{1}{2}\right)^4 = 5 \times \frac{1}{6} \times \frac{1}{16} = \frac{5}{96}$$

(iii) 주머니에 들어 있는 검은 공이 5개, 흰 공이 4개일 확률

사건 B가 네 번, 사건 C가 한 번 일어날 확률은

$$_5\mathrm{C}_4 \left(\frac{1}{2}\right)^4 \left(\frac{1}{3}\right)^1 = 5 \times \frac{1}{16} \times \frac{1}{3} = \frac{5}{48}$$

(iv) 주머니에 들어 있는 검은 공이 6개, 흰 공이 3개일 확률

사건 B가 다섯 번 일어날 확률은

$$_5\mathrm{C}_5 \left(\frac{1}{2}\right)^5 = \frac{1}{32}$$

(i)~(iv)에서 주머니에 들어 있는 검은 공의 개수가 흰 공의 개수보다 클 확률은

$$\frac{5}{144} + \frac{5}{96} + \frac{5}{48} + \frac{1}{32} = \frac{64}{288} = \frac{2}{9}$$

따라서 구하는 확률은

$$1 - \frac{2}{9} = \frac{7}{9}$$

Ⅲ 통계

135 답 ⑤

$$\mathrm{E}(X) = 0 \times \frac{1}{10} + 1 \times \frac{1}{2} + a \times \frac{2}{5} = \frac{1}{2} + \frac{2}{5}a$$

$$\mathrm{E}(X^2) = 0^2 \times \frac{1}{10} + 1^2 \times \frac{1}{2} + a^2 \times \frac{2}{5} = \frac{1}{2} + \frac{2}{5}a^2$$

$\sigma(X) = \mathrm{E}(X)$이므로 $\mathrm{V}(X) = \sigma^2(X) = \{\mathrm{E}(X)\}^2$

이때 $\mathrm{V}(X) = \mathrm{E}(X^2) - \{\mathrm{E}(X)\}^2$이므로

$$\{\mathrm{E}(X)\}^2 = \mathrm{E}(X^2) - \{\mathrm{E}(X)\}^2$$

$$2\{\mathrm{E}(X)\}^2 = \mathrm{E}(X^2)$$

$$2\left(\frac{1}{2} + \frac{2}{5}a\right)^2 = \frac{1}{2} + \frac{2}{5}a^2$$

$$\frac{1}{2} + \frac{4}{5}a + \frac{8}{25}a^2 = \frac{1}{2} + \frac{2}{5}a^2$$

$$a(a-10) = 0$$

$$\therefore a = 10 \ (\because a > 1)$$

$$\therefore \mathrm{E}(X^2) + \mathrm{E}(X) = \left(\frac{1}{2} + 40\right) + \left(\frac{1}{2} + 4\right) = 45$$

136 답 ④

확률변수 X가 이항분포 $\mathrm{B}\left(n, \frac{1}{3}\right)$을 따르므로

$$\mathrm{V}(X) = n \times \frac{1}{3} \times \frac{2}{3} = \frac{2}{9}n$$

$\mathrm{V}(2X) = 2^2 \mathrm{V}(X) = 4\mathrm{V}(X) = 40$에서

$$\mathrm{V}(X) = 10$$

$$\frac{2}{9}n = 10 \qquad \therefore n = 45$$

137 답 ④

$0 \le x \le 2$에서 주어진 확률밀도함수의 그래프와 x축으로 둘러싸인 부분의 넓이는 1이므로

$$\frac{1}{2} \times \left\{\left(a - \frac{1}{3}\right) + 2\right\} \times \frac{3}{4} = 1$$

$$a + \frac{5}{3} = \frac{8}{3}$$

$$\therefore a = 1$$

$$\therefore \mathrm{P}\left(\frac{1}{3} \le X \le 1\right) = \left(1 - \frac{1}{3}\right) \times \frac{3}{4} = \frac{1}{2}$$

138 답 ②

수험생 한 명의 시험 점수를 확률변수 X라 하면 X는 정규분포 $\mathrm{N}(68, 10^2)$을 따르므로 $Z = \dfrac{X-68}{10}$이라 하면 확률변수 Z는 표준정규분포 $\mathrm{N}(0, 1)$을 따른다.

따라서 구하는 확률은

$$\begin{aligned}
\mathrm{P}(55 \leq X \leq 78) &= \mathrm{P}\left(\frac{55-68}{10} \leq Z \leq \frac{78-68}{10}\right) \\
&= \mathrm{P}(-1.3 \leq Z \leq 1) \\
&= \mathrm{P}(0 \leq Z \leq 1.3) + \mathrm{P}(0 \leq Z \leq 1) \\
&= 0.4032 + 0.3413 = 0.7445
\end{aligned}$$

139 답 ③

표본평균 $\overline{X}$는 정규분포 $\mathrm{N}(0, 4^2)$을 따르는 모집단에서 크기가 9인 표본을 임의추출하여 구한 것이므로 $\overline{X}$는 정규분포 $\mathrm{N}\left(0, \dfrac{4^2}{9}\right)$,

즉 $\mathrm{N}\left(0, \left(\dfrac{4}{3}\right)^2\right)$을 따른다.

표본평균 $\overline{Y}$는 정규분포 $\mathrm{N}(3, 2^2)$을 따르는 모집단에서 크기가 16인 표본을 임의추출하여 구한 것이므로 $\overline{Y}$는 정규분포 $\mathrm{N}\left(3, \dfrac{2^2}{16}\right)$,

즉 $\mathrm{N}\left(3, \left(\dfrac{1}{2}\right)^2\right)$을 따른다.

$Z_{\overline{X}} = \dfrac{\overline{X}-0}{\dfrac{4}{3}}$, $Z_{\overline{Y}} = \dfrac{\overline{Y}-3}{\dfrac{1}{2}}$이라 하면 두 확률변수 $Z_{\overline{X}}$, $Z_{\overline{Y}}$는 모두

표준정규분포 $\mathrm{N}(0, 1)$을 따르므로

$$\begin{aligned}
\mathrm{P}(\overline{X} \geq 1) &= \mathrm{P}\left(Z_{\overline{X}} \geq \frac{1-0}{\dfrac{4}{3}}\right) \\
&= \mathrm{P}\left(Z_{\overline{X}} \geq \frac{3}{4}\right) \\
\mathrm{P}(\overline{Y} \leq a) &= \mathrm{P}\left(Z_{\overline{Y}} \leq \frac{a-3}{\dfrac{1}{2}}\right) \\
&= \mathrm{P}(Z_{\overline{Y}} \leq 2a-6)
\end{aligned}$$

이때 $\mathrm{P}(\overline{X} \geq 1) = \mathrm{P}(\overline{Y} \leq a)$이므로

$$\mathrm{P}\left(Z_{\overline{X}} \geq \frac{3}{4}\right) = \mathrm{P}(Z_{\overline{Y}} \leq 2a-6)$$

따라서 $\dfrac{3}{4} = -(2a-6)$이므로

$$2a = \frac{21}{4} \qquad \therefore a = \frac{21}{8}$$

140 답 ②

샴푸 16개를 임의추출하여 얻은 샴푸 1개의 용량의 표본평균이 $\overline{x_1}$일 때, 모평균 m에 대한 신뢰도 95 %의 신뢰구간이 $746.1 \leq m \leq 755.9$이므로

$$\overline{x_1} - 1.96 \times \frac{\sigma}{\sqrt{16}} \leq m \leq \overline{x_1} + 1.96 \times \frac{\sigma}{\sqrt{16}}$$에서

$$\overline{x_1} - 1.96 \times \frac{\sigma}{4} \leq m \leq \overline{x_1} + 1.96 \times \frac{\sigma}{4}$$

$$\overline{x_1} - 0.49\sigma \leq m \leq \overline{x_1} + 0.49\sigma$$

$$\therefore \ 746.1 = \overline{x_1} - 0.49\sigma \quad \cdots\cdots \ \bigcirc$$
$$755.9 = \overline{x_1} + 0.49\sigma \quad \cdots\cdots \ \bigcirc$$

$\bigcirc - \bigcirc$을 하면

$$9.8 = 0.98\sigma \qquad \therefore \sigma = 10$$

샴푸 n개를 임의추출하여 얻은 샴푸 1개의 용량의 표본평균이 $\overline{x_2}$일 때, 모평균 m에 대한 신뢰도 99 %의 신뢰구간은

$$\overline{x_2} - 2.58 \times \frac{10}{\sqrt{n}} \leq m \leq \overline{x_2} + 2.58 \times \frac{10}{\sqrt{n}}$$

$$\therefore a = \overline{x_2} - 2.58 \times \frac{10}{\sqrt{n}}, \ b = \overline{x_2} + 2.58 \times \frac{10}{\sqrt{n}}$$

신뢰구간이 $a \leq m \leq b$이므로

$$b - a = 2 \times 2.58 \times \frac{10}{\sqrt{n}} = \frac{51.6}{\sqrt{n}}$$

이때 $b-a$의 값이 6 이하가 되어야 하므로

$$\frac{51.6}{\sqrt{n}} \leq 6$$에서 $51.6 \leq 6\sqrt{n}$

$$\sqrt{n} \geq 8.6$$

위의 식의 양변을 제곱하면

$$n \geq (8.6)^2 = 73.96$$

따라서 자연수 n의 최솟값은 74이다.

141 답 ②

확률변수 X가 가질 수 있는 값은 0, 1, 2, 3, 4이고, 그 확률을 각각 구하면 다음과 같다.

$$\mathrm{P}(X=0) = {}_4\mathrm{C}_0 \left(\frac{1}{2}\right)^0 \left(\frac{1}{2}\right)^4 = \frac{1}{16}$$

$$\mathrm{P}(X=1) = {}_4\mathrm{C}_1 \left(\frac{1}{2}\right)^1 \left(\frac{1}{2}\right)^3 = \frac{1}{4}$$

$$\mathrm{P}(X=2) = {}_4\mathrm{C}_2 \left(\frac{1}{2}\right)^2 \left(\frac{1}{2}\right)^2 = \frac{3}{8}$$

$$\mathrm{P}(X=3) = {}_4\mathrm{C}_3 \left(\frac{1}{2}\right)^3 \left(\frac{1}{2}\right)^1 = \frac{1}{4}$$

$$\mathrm{P}(X=4) = {}_4\mathrm{C}_4 \left(\frac{1}{2}\right)^4 \left(\frac{1}{2}\right)^0 = \frac{1}{16}$$

확률변수 Y가 가질 수 있는 값은 0, 1, 2이고, 그 확률은 각각

$$\mathrm{P}(Y=0) = \mathrm{P}(X=0) = \frac{1}{16}, \ \mathrm{P}(Y=1) = \mathrm{P}(X=1) = \frac{1}{4},$$

$$\begin{aligned}
\mathrm{P}(Y=2) &= \mathrm{P}(X=2) + \mathrm{P}(X=3) + \mathrm{P}(X=4) \\
&= \frac{3}{8} + \frac{1}{4} + \frac{1}{16} = \frac{11}{16}
\end{aligned}$$

이므로 확률변수 Y의 확률분포를 표로 나타내면 다음과 같다.

Y	0	1	2	합계
$\mathrm{P}(Y=y)$	$\dfrac{1}{16}$	$\dfrac{1}{4}$	$\dfrac{11}{16}$	1

$$\therefore \mathrm{E}(Y) = 0 \times \frac{1}{16} + 1 \times \frac{1}{4} + 2 \times \frac{11}{16} = \frac{13}{8}$$

참고

확률의 총합은 1이므로 확률변수 Y에 대하여

$$\mathrm{P}(Y=0) = \mathrm{P}(X=0) = \frac{1}{16}, \ \mathrm{P}(Y=1) = \mathrm{P}(X=1) = \frac{1}{4},$$

$$\mathrm{P}(Y=2) = 1 - \mathrm{P}(Y=0) - \mathrm{P}(Y=1) = 1 - \frac{1}{16} - \frac{1}{4} = \frac{11}{16}$$

과 같이 생각할 수도 있다.

142　답 ④

확률의 총합은 1이므로

$a+3a+5a=9a=1$　　$\therefore a=\dfrac{1}{9}$

즉, 확률변수 X의 확률분포를 표로 나타내면 다음과 같다.

X	-3	0	3	합계
$P(X=x)$	$\dfrac{1}{9}$	$\dfrac{1}{3}$	$\dfrac{5}{9}$	1

$X^2-9=0$에서 $(X+3)(X-3)=0$

$\therefore X=-3$ 또는 $X=3$

$\therefore P(X^2-9=0)=P(X=-3)+P(X=3)$

$$=\dfrac{1}{9}+\dfrac{5}{9}=\dfrac{2}{3}$$

143　답 ②

확률의 총합은 1이므로

$b+\dfrac{1}{6}+b=1$　　$\therefore b=\dfrac{5}{12}$

즉, 확률변수 X의 확률분포를 표로 나타내면 다음과 같다.

X	2	a	6	합계
$P(X=x)$	$\dfrac{5}{12}$	$\dfrac{1}{6}$	$\dfrac{5}{12}$	1

$E(X)=2\times\dfrac{5}{12}+a\times\dfrac{1}{6}+6\times\dfrac{5}{12}=4$이므로

$\dfrac{a}{6}+\dfrac{20}{6}=4$　　$\therefore a=4$

$\therefore E(bX+a)=E\left(\dfrac{5}{12}X+4\right)$

$$=\dfrac{5}{12}E(X)+4$$

$$=\dfrac{5}{12}\times4+4$$

$$=\dfrac{17}{3}$$

144　답 ④

확률변수 X에 대하여

$E(X)=0\times\dfrac{2}{5}+1\times\dfrac{3}{10}+2\times\dfrac{1}{5}+3\times\dfrac{1}{10}=1$

$E(X^2)=0^2\times\dfrac{2}{5}+1^2\times\dfrac{3}{10}+2^2\times\dfrac{1}{5}+3^2\times\dfrac{1}{10}=2$

$\therefore V(X)=E(X^2)-\{E(X)\}^2=2-1^2=1$

$Y=aX+b$이므로

$E(Y)=E(aX+b)=aE(X)+b$

$$=a+b=6 \quad\cdots\cdots\text{㉠}$$

$V(Y)=V(aX+b)=a^2V(X)$

$$=a^2=16$$

$\therefore a=4$ ($\because a>0$)

$a=4$를 ㉠에 대입하여 풀면

$b=2$

$\therefore ab=4\times2=8$

145　답 ④

확률의 총합은 1이므로

$k\times1+k\times2+k\times3+k\times4+k\times5+k\times6=21k=1$

$\therefore k=\dfrac{1}{21}$

$X^2-4X\leq0$에서 $X(X-4)\leq0$

$\therefore 0\leq X\leq4$

$\therefore P(X^2-4X\leq0)=P(0\leq X\leq4)$

$$=1-P(X=5)$$

$$=1-\dfrac{1}{21}\times6$$

$$=\dfrac{5}{7}$$

146　답 ③

확률의 총합은 1이므로

$k\times1^2+k\times2^2+k\times3^2+k\times4^2=30k=1$

$\therefore k=\dfrac{1}{30}$

$\therefore E(X)=1\times\dfrac{1}{30}+2\times\dfrac{4}{30}+3\times\dfrac{9}{30}+4\times\dfrac{16}{30}=\dfrac{10}{3}$

147　답 ⑤

$E(2X+3)=5$에서 $2E(X)+3=5$이므로

$E(X)=1$

$3X+2Y=10$에서 $Y=-\dfrac{3}{2}X+5$이므로

$E(Y)=E\left(-\dfrac{3}{2}X+5\right)=-\dfrac{3}{2}E(X)+5$

$$=-\dfrac{3}{2}\times1+5=\dfrac{7}{2}$$

$V(Y)=V\left(-\dfrac{3}{2}X+5\right)=\dfrac{9}{4}V(X)=18$

에서 $V(X)=8$

따라서 $E(X^2)=V(X)+\{E(X)\}^2=8+1^2=9$이므로

$E(Y)+E(X^2)=\dfrac{7}{2}+9=\dfrac{25}{2}$

148　답 ②

조건 (가)에서

$E(3X+1)=7$, $V(3X+1)=36$이므로

$E(3X+1)=3E(X)+1=7$에서

$E(X)=2$

$V(3X+1)=3^2V(X)=36$에서

$V(X)=4$

조건 (나)에서

$E(2Y-1)=5$, $V(3Y+2)=1$이므로

$E(2Y-1)=2E(Y)-1=5$에서

$E(Y)=3$

$V(3Y+2)=3^2V(Y)=1$에서

$V(Y)=\dfrac{1}{9}$

$Y=aX+b$이므로

$E(Y)=E(aX+b)=aE(X)+b$
$\qquad\quad =2a+b=3$ ...... ㉠

$V(Y)=V(aX+b)=a^2V(X)$
$\qquad\quad =4a^2=\dfrac{1}{9}$

$\therefore a=\dfrac{1}{6}\ (\because a>0)$

$a=\dfrac{1}{6}$을 ㉠에 대입하여 풀면

$b=\dfrac{8}{3}$

$\therefore a+b=\dfrac{1}{6}+\dfrac{8}{3}=\dfrac{17}{6}$

149 답 ④

확률변수 X가 가질 수 있는 값은 0, 1, 2이다.

$X=0$일 때, 검은 공을 2개 꺼내는 경우이므로

$P(X=0)=\dfrac{{}_5C_2}{{}_8C_2}=\dfrac{5}{14}$

$X=1$일 때, 흰 공을 1개, 검은 공을 1개 꺼내는 경우이므로

$P(X=1)=\dfrac{{}_3C_1\times{}_5C_1}{{}_8C_2}=\dfrac{15}{28}$

$X=2$일 때, 흰 공을 2개 꺼내는 경우이므로

$P(X=2)=\dfrac{{}_3C_2}{{}_8C_2}=\dfrac{3}{28}$

즉, 확률변수 X의 확률분포를 표로 나타내면 다음과 같다.

X	0	1	2	합계
$P(X=x)$	$\dfrac{5}{14}$	$\dfrac{15}{28}$	$\dfrac{3}{28}$	1

$E(X)=0\times\dfrac{5}{14}+1\times\dfrac{15}{28}+2\times\dfrac{3}{28}=\dfrac{21}{28}=\dfrac{3}{4}$

$\therefore E(4X+5)=4E(X)+5=4\times\dfrac{3}{4}+5=8$

150 답 ①

확률변수 X가 이항분포 $B\left(n,\ \dfrac{1}{2}\right)$을 따르므로

$E(X)=n\times\dfrac{1}{2}=\dfrac{n}{2}$

$E(X^2)=V(X)+25$에서

$V(X)=E(X^2)-\{E(X)\}^2$이므로

$E(X^2)=E(X^2)-\{E(X)\}^2+25$

$\{E(X)\}^2=25$

$\dfrac{n^2}{4}=25,\ n^2=100$

$\therefore n=10\ (\because n>0)$

151 답 ③

확률변수 X가 이항분포 $B(144,\ p)$를 따르므로

$V(X)=20$에서 $144p(1-p)=20$

$36p(1-p)=5,\ 36p^2-36p+5=0$

$(6p-1)(6p-5)=0$

$\therefore p=\dfrac{1}{6}\ \left(\because 0<p<\dfrac{1}{2}\right)$

$\therefore E(X)=144\times\dfrac{1}{6}=24$

152 답 ①

확률변수 X가 이항분포 $B(n,\ p)$를 따르고

$E(X)=16,\ V(X)=12$이므로

$E(X)=np=16$

$V(X)=np(1-p)=12$

$16(1-p)=12$에서

$1-p=\dfrac{3}{4}$

$\therefore p=\dfrac{1}{4},\ n=64$

$\therefore n+p=64+\dfrac{1}{4}=\dfrac{257}{4}$

153 답 ③

확률변수 X가 이항분포 $B\left(20,\ \dfrac{1}{2}\right)$을 따르므로

$P(X=3)={}_{20}C_3\left(\dfrac{1}{2}\right)^3\left(\dfrac{1}{2}\right)^{17}={}_{20}C_3\left(\dfrac{1}{2}\right)^{20}$

$P(X=1)={}_{20}C_1\left(\dfrac{1}{2}\right)^1\left(\dfrac{1}{2}\right)^{19}={}_{20}C_1\left(\dfrac{1}{2}\right)^{20}$

이때 $P(X=3)=a\times P(X=1)$이므로

${}_{20}C_3\left(\dfrac{1}{2}\right)^{20}=a\times{}_{20}C_1\left(\dfrac{1}{2}\right)^{20}$

${}_{20}C_3=a\times{}_{20}C_1$

$\dfrac{20\times19\times18}{3\times2\times1}=a\times20$

$\therefore a=57$

154 답 ④

$P(X=x)={}_{20}C_{20-x}\dfrac{2^x}{3^{20}}={}_{20}C_x\left(\dfrac{2}{3}\right)^x\left(\dfrac{1}{3}\right)^{20-x}$

이므로 확률변수 X는 이항분포 $B\left(20,\ \dfrac{2}{3}\right)$를 따른다.

따라서

$E(X)=20\times\dfrac{2}{3}=\dfrac{40}{3},\ V(X)=20\times\dfrac{2}{3}\times\dfrac{1}{3}=\dfrac{40}{9}$

이므로

$E(X)+V(X)=\dfrac{40}{3}+\dfrac{40}{9}=\dfrac{160}{9}$

155 답 ⑤

ㄱ. $p+q=1$이므로 $V(X)=npq$, $V(Y)=mqp$

　　이때 $V(X)=V(Y)$이면 $npq=mpq$

　　$\therefore n=m$ (참)

ㄴ. $E(X)=np$, $E(Y)=mq$이므로

　　$m=4n$이고 $E(X)>E(Y)$이면

　　$np>4n(1-p)$, $p>4-4p$

　　$\therefore p>\dfrac{4}{5}$ (참)

ㄷ. $n+m=400$이고 $V(X)>2V(Y)$이면

　　$npq>2mpq$, $n>2(400-n)$

　　$3n>800$　　$\therefore n>\dfrac{800}{3}=266.66\cdots$

　　이때 n은 자연수이므로 n의 최솟값은 267이다. (참)

따라서 옳은 것은 ㄱ, ㄴ, ㄷ이다.

156 답 ③

동전을 20번 던질 때 앞면이 나오는 횟수를 확률변수 Y라 하면

뒷면이 나오는 횟수는 $20-Y$이므로

$X=2Y-(20-Y)=3Y-20$

이때 Y는 이항분포 $B\left(20, \dfrac{1}{2}\right)$을 따르므로

$E(Y)=20\times\dfrac{1}{2}=10$

$\therefore E(X)=E(3Y-20)=3E(Y)-20$

$\qquad\qquad\quad =3\times 10-20=10$

157 답 ③

확률밀도함수 $y=f(x)$의 그래프가

직선 $x=4$에 대하여 대칭이므로

$P(2\leq X\leq 4)=P(4\leq X\leq 6)$,

$P(6\leq X\leq 8)=P(0\leq X\leq 2)$

이때 $3P(2\leq X\leq 4)=4P(6\leq X\leq 8)$에서

$3P(2\leq X\leq 4)=4P(0\leq X\leq 2)$

$P(2\leq X\leq 4)=a$, $P(0\leq X\leq 2)=b$라 하면

$3a=4b$　　$\cdots\cdots$ ㉠

확률의 총합은 1이므로

$P(0\leq X\leq 4)=\dfrac{1}{2}$

$\therefore a+b=\dfrac{1}{2}$　　$\cdots\cdots$ ㉡

㉠, ㉡을 연립하여 풀면

$a=\dfrac{2}{7}$, $b=\dfrac{3}{14}$

$\therefore P(2\leq X\leq 6)=P(2\leq X\leq 4)+P(4\leq X\leq 6)$

$\qquad\qquad\qquad =a+a$

$\qquad\qquad\qquad =\dfrac{4}{7}$

158 답 ③

확률밀도함수 $y=f(x)$의 그래프와 x축으로 둘러싸인 부분의 넓이는 1이므로

$\dfrac{1}{2}\times(1+4)\times k=1$

$\therefore k=\dfrac{2}{5}$

$0\leq x\leq 2$일 때, $f(x)=\dfrac{1}{5}x$이므로

$P(0\leq X\leq 1)=\dfrac{1}{2}\times 1\times\dfrac{1}{5}=\dfrac{1}{10}$

$3\leq x\leq 4$일 때, $f(x)=-\dfrac{2}{5}(x-4)$이므로

$P(3\leq X\leq 4)=\dfrac{1}{2}\times(4-3)\times\dfrac{2}{5}=\dfrac{1}{5}$

$\therefore P(1\leq X\leq 3)=1-P(0\leq X\leq 1)-P(3\leq X\leq 4)$

$\qquad\qquad\qquad =1-\dfrac{1}{10}-\dfrac{1}{5}=\dfrac{7}{10}$

$\therefore k\times P(1\leq X\leq 3)=\dfrac{2}{5}\times\dfrac{7}{10}=\dfrac{7}{25}$

159 답 77

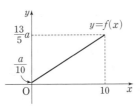

확률밀도함수 $y=f(x)$의 그래프는

오른쪽 그림과 같다. 함수 $y=f(x)$

의 그래프와 x축 및 두 직선 $x=0$,

$x=10$으로 둘러싸인 부분의 넓이는

1이므로

$\dfrac{1}{2}\times\left(\dfrac{a}{10}+\dfrac{13}{5}a\right)\times 10=\dfrac{27}{2}a=1$

$\therefore a=\dfrac{2}{27}$

즉, $f(x)=\dfrac{1}{54}x+\dfrac{1}{135}$ $(0\leq x\leq 10)$이므로

$P(3\leq X\leq 9)=\dfrac{1}{2}\times\{f(3)+f(9)\}\times(9-3)$

$\qquad\qquad\qquad =\dfrac{1}{2}\times\left(\dfrac{17}{270}+\dfrac{47}{270}\right)\times 6$

$\qquad\qquad\qquad =\dfrac{32}{45}$

따라서 $p=45$, $q=32$이므로

$p+q=45+32=77$

160 답 ③

확률밀도함수 $y=f(x)$의 그래프와 x축으로 둘러싸인 부분의 넓이가 1이므로

$\dfrac{1}{2}\times 8\times a=1$

$\therefore a=\dfrac{1}{4}$

$0\leq X\leq b$일 때,

$P(0\leq X\leq b)=\dfrac{1}{2}\times b\times\dfrac{1}{4}=\dfrac{b}{8}$

$f\left(\dfrac{b}{2}\right)=\dfrac{1}{2}a=\dfrac{1}{8}$ 이므로

$0\leq x\leq\dfrac{b}{2}$ 일 때

$\mathrm{P}\left(0\leq X\leq\dfrac{b}{2}\right)=\dfrac{1}{2}\times\dfrac{b}{2}\times\dfrac{1}{8}=\dfrac{b}{32}$

$\mathrm{P}\left(0\leq X\leq\dfrac{b}{2}\right)+\mathrm{P}(0\leq X\leq b)=\dfrac{15}{16}$ 이므로

$\dfrac{b}{32}+\dfrac{b}{8}=\dfrac{15}{16}$, $\dfrac{5}{32}b=\dfrac{15}{16}$ $\quad\therefore b=6$

즉, 확률밀도함수 $y=f(x)$의 그래프는 다음 그림과 같다.

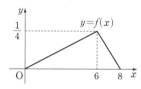

이때 $\mathrm{P}(4a\leq X\leq k)=\mathrm{P}(1\leq X\leq k)=\dfrac{1}{2}$ 이 되어야 한다.

$0\leq x\leq6$ 일 때, $f(x)=\dfrac{1}{24}x$ 이므로

$\mathrm{P}(0\leq X\leq1)=\dfrac{1}{2}\times1\times\dfrac{1}{24}=\dfrac{1}{48}$

$\mathrm{P}(1\leq X\leq6)=\mathrm{P}(0\leq X\leq6)-\mathrm{P}(0\leq X\leq1)$

$\qquad\qquad\quad=\dfrac{3}{4}-\dfrac{1}{48}$

$\qquad\qquad\quad=\dfrac{35}{48}>\dfrac{1}{2}$

즉, $1<k<6$ 이므로

$\mathrm{P}(1\leq X\leq k)=\mathrm{P}(0\leq X\leq k)-\mathrm{P}(0\leq X\leq1)$

$\qquad\qquad\quad=\dfrac{1}{2}\times k\times\dfrac{k}{24}-\dfrac{1}{48}$

$\qquad\qquad\quad=\dfrac{k^2-1}{48}=\dfrac{1}{2}$

$k^2-1=24$, $k^2=25$

$\therefore k=5\ (\because k>1)$

161 답 ①

$0\leq x\leq2$ 에서 $f(x)=-\dfrac{1}{4}x+\dfrac{1}{2}$

$2\leq x\leq4$ 에서 $f(x)=\dfrac{1}{4}x-\dfrac{1}{2}$

즉, 확률밀도함수 $y=f(x)$의 그래프는 오른쪽 그림과 같다.

$Y=40+2X$ 이므로

$\mathrm{P}(43\leq Y\leq48)$

$=\mathrm{P}(43\leq40+2X\leq48)$

$=\mathrm{P}\left(\dfrac{3}{2}\leq X\leq4\right)$

$=\mathrm{P}\left(\dfrac{3}{2}\leq X\leq2\right)+\mathrm{P}(2\leq X\leq4)$

$=\dfrac{1}{2}\times\left(2-\dfrac{3}{2}\right)\times\dfrac{1}{8}+\dfrac{1}{2}\times(4-2)\times\dfrac{1}{2}$

$=\dfrac{1}{32}+\dfrac{1}{2}=\dfrac{17}{32}$

162 답 ①

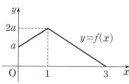

확률밀도함수 $y=f(x)$의 그래프는 오른쪽 그림과 같다. 함수 $y=f(x)$의 그래프와 x축 및 직선 $x=0$으로 둘러싸인 부분의 넓이는 1이므로

$\dfrac{1}{2}\times(a+2a)\times(1-0)+\dfrac{1}{2}\times2a\times(3-1)=\dfrac{7}{2}a=1$

$\therefore a=\dfrac{2}{7}$

$\therefore \mathrm{P}\left(\dfrac{1}{2}\leq X\leq3\right)=1-\mathrm{P}\left(0\leq X\leq\dfrac{1}{2}\right)$

$\qquad\qquad\qquad=1-\dfrac{1}{2}\times\left(\dfrac{2}{7}+\dfrac{3}{7}\right)\times\dfrac{1}{2}=\dfrac{23}{28}$

163 답 ③

조건 (가)에 의하여 $0\leq x\leq3$과 $9\leq x\leq12$에서의 확률밀도함수 $y=f(x)$의 그래프는 직선 $x=6$에 대하여 대칭이다.

또한, 두 조건 (가), (나)에 의하여

$\mathrm{P}(4\leq X\leq6)=\mathrm{P}(10\leq X\leq12)$ (∵ 조건 (나))

$\qquad\qquad\quad=\mathrm{P}(0\leq X\leq2)$ (∵ 조건 (가))

$\qquad\qquad\quad=\mathrm{P}(6\leq X\leq8)$ (∵ 조건 (나))

$\qquad\qquad\quad=\dfrac{1}{12}$

확률밀도함수 $y=f(x)$의 그래프와 x축 및 두 직선 $x=0$, $x=12$로 둘러싸인 부분의 넓이는 1이므로

$\mathrm{P}(2\leq X\leq4)+\mathrm{P}(8\leq X\leq10)$

$=1-\mathrm{P}(0\leq X\leq2)-\mathrm{P}(4\leq X\leq6)-\mathrm{P}(6\leq X\leq8)$

$\qquad\qquad\qquad\qquad\qquad\qquad\qquad-\mathrm{P}(10\leq X\leq12)$

$=1-4\times\dfrac{1}{12}=\dfrac{2}{3}$

이때 조건 (나)에서 $\mathrm{P}(2\leq X\leq4)=\mathrm{P}(8\leq X\leq10)$이므로

$\mathrm{P}(8\leq X\leq10)=\dfrac{1}{2}\times\dfrac{2}{3}=\dfrac{1}{3}$

164 답 ③

4 이하의 자연수 k에 대하여 $\mathrm{P}(k-1\leq X\leq k)=\dfrac{k}{a}$이고 확률의 총합은 1이므로

$\mathrm{P}(0\leq X\leq4)=\mathrm{P}(0\leq X\leq1)+\mathrm{P}(1\leq X\leq2)$

$\qquad\qquad\qquad+\mathrm{P}(2\leq X\leq3)+\mathrm{P}(3\leq X\leq4)$

$\qquad\qquad=\dfrac{1}{a}+\dfrac{2}{a}+\dfrac{3}{a}+\dfrac{4}{a}=\dfrac{10}{a}=1$

즉, $a=10$이므로 $\mathrm{P}(k-1\leq X\leq k)=\dfrac{k}{10}$

이때 $0\leq x\leq4$인 모든 실수 x에 대하여 $f(x)=g(x-6)$이므로

$Y=X-6$

$\therefore \mathrm{P}(-3\leq Y\leq-2)=\mathrm{P}(-3\leq X-6\leq-2)$

$\qquad\qquad\qquad=\mathrm{P}(3\leq X\leq4)$

$\qquad\qquad\qquad=\dfrac{4}{10}=\dfrac{2}{5}$

165 답 ④

두 제품 A, B의 1개의 중량을 각각 X, Y라 하면 두 확률변수 X, Y는 각각 정규분포 $N(9, 0.4^2)$, $N(20, 1^2)$을 따르므로

$Z_X=\dfrac{X-9}{0.4}$, $Z_Y=\dfrac{Y-20}{1}$이라 하면 두 확률변수 Z_X, Z_Y는 모두 표준정규분포 $N(0, 1)$을 따른다.

$P(8.9 \leq X \leq 9.4)=P(19 \leq Y \leq k)$이므로

$P\left(\dfrac{8.9-9}{0.4} \leq Z_X \leq \dfrac{9.4-9}{0.4}\right)=P\left(\dfrac{19-20}{1} \leq Z_Y \leq \dfrac{k-20}{1}\right)$

$P(-0.25 \leq Z_X \leq 1)=P(-1 \leq Z_Y \leq k-20)$

$\therefore P(-0.25 \leq Z_X \leq 1)=P(20-k \leq Z_Y \leq 1)$

즉, $-0.25=20-k$이므로

$k=20.25$

166 답 ②

확률변수 X가 정규분포 $N(m, \sigma^2)$을 따르므로 $Z=\dfrac{X-m}{\sigma}$이라 하면 확률변수 Z는 표준정규분포 $N(0, 1)$을 따른다.

$P(m \leq X \leq m+\sigma)=P\left(\dfrac{m-m}{\sigma} \leq Z \leq \dfrac{(m+\sigma)-m}{\sigma}\right)$

$\qquad\qquad\qquad\quad=P(0 \leq Z \leq 1)=0.3413$

$P(m \leq X \leq m+2\sigma)=P\left(\dfrac{m-m}{\sigma} \leq Z \leq \dfrac{(m+2\sigma)-m}{\sigma}\right)$

$\qquad\qquad\qquad\qquad=P(0 \leq Z \leq 2)=0.4772$

$\therefore P(m-\sigma \leq X \leq m+2\sigma)$

$=P\left(\dfrac{(m-\sigma)-m}{\sigma} \leq Z \leq \dfrac{(m+2\sigma)-m}{\sigma}\right)$

$=P(-1 \leq Z \leq 2)$

$=P(0 \leq Z \leq 1)+P(0 \leq Z \leq 2)$

$=0.3413+0.4772$

$=0.8185$

167 답 ③

$f(1)=P(X \geq 1)=0.8$이고 $f(5)=P(X \geq 5)=0.5$이므로

$P(1 \leq X \leq 5)=0.8-0.5=0.3$

$f(5)-f(9)=P(X \geq 5)-P(X \geq 9)$

$\qquad\qquad\;=P(5 \leq X \leq 9)$

이때 정규분포를 따르는 확률변수 X의 확률밀도함수의 그래프는 직선 $x=5$에 대하여 대칭이므로

$P(5 \leq X \leq 9)=P(1 \leq X \leq 5)$

$\therefore f(5)-f(9)=0.3$

168 답 ②

확률변수 X가 정규분포 $N(10, \sigma^2)$을 따르므로 $Z=\dfrac{X-10}{\sigma}$이라 하면 확률변수 Z는 표준정규분포 $N(0, 1)$을 따른다.

$P(6 \leq X \leq 12)=P\left(\dfrac{6-10}{\sigma} \leq Z \leq \dfrac{12-10}{\sigma}\right)$

$\qquad\qquad\qquad=P\left(-\dfrac{4}{\sigma} \leq Z \leq \dfrac{2}{\sigma}\right)$

$\qquad\qquad\qquad=P\left(0 \leq Z \leq \dfrac{4}{\sigma}\right)+P\left(0 \leq Z \leq \dfrac{2}{\sigma}\right)$

$\qquad\qquad\qquad=0.7 \qquad \cdots\cdots ㉠$

$P(6 \leq X \leq 14)=P\left(\dfrac{6-10}{\sigma} \leq Z \leq \dfrac{14-10}{\sigma}\right)$

$\qquad\qquad\qquad=P\left(-\dfrac{4}{\sigma} \leq Z \leq \dfrac{4}{\sigma}\right)$

$\qquad\qquad\qquad=2P\left(0 \leq Z \leq \dfrac{4}{\sigma}\right)$

$\qquad\qquad\qquad=0.86$

$\therefore P\left(0 \leq Z \leq \dfrac{4}{\sigma}\right)=0.43 \qquad \cdots\cdots ㉡$

㉡을 ㉠에 대입하면

$P\left(0 \leq Z \leq \dfrac{2}{\sigma}\right)=0.27$

$\therefore P(10 \leq X \leq 12)=P\left(\dfrac{10-10}{\sigma} \leq Z \leq \dfrac{12-10}{\sigma}\right)$

$\qquad\qquad\qquad\quad=P\left(0 \leq Z \leq \dfrac{2}{\sigma}\right)$

$\qquad\qquad\qquad\quad=0.27$

다른 풀이

확률변수 X가 정규분포 $N(10, \sigma^2)$을 따르므로 확률변수 X의 확률밀도함수를 $f(x)$라 하면 함수 $y=f(x)$의 그래프는 직선 $x=10$에 대하여 대칭이다.

$P(6 \leq X \leq 14)=P(6 \leq X \leq 10)+P(10 \leq X \leq 14)$

$\qquad\qquad\qquad=2P(10 \leq X \leq 14)$

$\qquad\qquad\qquad=0.86$

$\therefore P(10 \leq X \leq 14)=0.43$

$P(12 \leq X \leq 14)=P(6 \leq X \leq 14)-P(6 \leq X \leq 12)$

$\qquad\qquad\qquad=0.86-0.7=0.16$

$\therefore P(10 \leq X \leq 12)=P(10 \leq X \leq 14)-P(12 \leq X \leq 14)$

$\qquad\qquad\qquad\quad=0.43-0.16=0.27$

169 답 10

확률변수 X가 정규분포 $N(6, 4^2)$을 따르므로 $Z_X=\dfrac{X-6}{4}$이라 하면 확률변수 Z_X는 표준정규분포 $N(0, 1)$을 따른다.

$P(2 \leq X \leq 10)=P\left(\dfrac{2-6}{4} \leq Z_X \leq \dfrac{10-6}{4}\right)$

$\qquad\qquad\qquad=P(-1 \leq Z_X \leq 1)$

$\qquad\qquad\qquad=2P(0 \leq Z_X \leq 1)$

확률변수 Y가 정규분포 $N(m, 5^2)$을 따르므로 $Z_Y=\dfrac{Y-m}{5}$이라 하면 확률변수 Z_Y도 표준정규분포 $N(0, 1)$을 따른다.

$P(Y \geq 15)=P\left(Z_Y \geq \dfrac{15-m}{5}\right)$

$\qquad\qquad=0.5-P\left(0 \leq Z_Y \leq \dfrac{15-m}{5}\right)\;(\because m<15)$

이때 $1-\mathrm{P}(2\leq X\leq 10)=2\mathrm{P}(Y\geq 15)$에서

$$1-2\mathrm{P}(0\leq Z_X\leq 1)=2\left\{0.5-\mathrm{P}\left(0\leq Z_Y\leq\frac{15-m}{5}\right)\right\}$$

$$1-2\mathrm{P}(0\leq Z_X\leq 1)=1-2\mathrm{P}\left(0\leq Z_Y\leq\frac{15-m}{5}\right)$$

$$\mathrm{P}(0\leq Z_X\leq 1)=\mathrm{P}\left(0\leq Z_Y\leq\frac{15-m}{5}\right)$$

따라서 $1=\dfrac{15-m}{5}$이므로

$m=10$

170 답 ①

이 고등학교 학생 1명의 키를 확률변수 X라 하면 확률변수 X는 정규분포 $\mathrm{N}(168, 4^2)$을 따르므로 $Z=\dfrac{X-168}{4}$이라 하면 확률변수 Z는 표준정규분포 $\mathrm{N}(0, 1)$을 따른다.

$$\begin{aligned}\mathrm{P}(164\leq X\leq 174)&=\mathrm{P}\left(\frac{164-168}{4}\leq Z\leq\frac{174-168}{4}\right)\\&=\mathrm{P}(-1\leq Z\leq 1.5)\\&=\mathrm{P}(0\leq Z\leq 1)+\mathrm{P}(0\leq Z\leq 1.5)\\&=0.3413+0.4332=0.7745\end{aligned}$$

따라서 임의로 선택한 학생의 키가 164 cm 이상 174 cm 이하일 확률은 0.7745이다.

171 답 ④

모든 실수 t에 대하여 $f(12)\geq f(t)$이므로 함수 $f(t)$는 $t=12$에서 최댓값을 갖는다.

즉, $f(12)=\mathrm{P}(12\leq X\leq 14)$가 최대이고, 정규분포의 확률밀도함수의 그래프가 직선 $x=m$에 대하여 대칭이고 종 모양이므로

$$m=\frac{12+14}{2}=13$$

$$\begin{aligned}\therefore\ f(13)&+f(15)+f(17)\\&=\mathrm{P}(13\leq X\leq 15)+\mathrm{P}(15\leq X\leq 17)+\mathrm{P}(17\leq X\leq 19)\\&=\mathrm{P}(13\leq X\leq 19)\end{aligned}$$

따라서 확률변수 X가 정규분포 $\mathrm{N}(13, 3^2)$을 따르므로 $Z=\dfrac{X-13}{3}$이라 하면 확률변수 Z는 표준정규분포 $\mathrm{N}(0, 1)$을 따른다.

$$\begin{aligned}\therefore\ \mathrm{P}(13\leq X\leq 19)&=\mathrm{P}\left(\frac{13-13}{3}\leq Z\leq\frac{19-13}{3}\right)\\&=\mathrm{P}(0\leq X\leq 2)\\&=0.4772\end{aligned}$$

172 답 33

확률변수 X가 정규분포 $\mathrm{N}(m, \sigma^2)$을 따르고
$\mathrm{P}(16\leq X\leq 42)=\mathrm{P}(18\leq X\leq 44)$이므로

$$m=\frac{42+18}{2}=\frac{16+44}{2}=30$$

즉, 확률변수 X는 정규분포 $\mathrm{N}(30, \sigma^2)$을 따르므로 $Z=\dfrac{X-30}{\sigma}$이라 하면 확률변수 Z는 표준정규분포 $\mathrm{N}(0, 1)$을 따른다.

$$\begin{aligned}\mathrm{P}(X\leq 33)&=\mathrm{P}\left(Z\leq\frac{33-30}{\sigma}\right)\\&=\mathrm{P}\left(Z\leq\frac{3}{\sigma}\right)\\&=0.5+\mathrm{P}\left(0\leq Z\leq\frac{3}{\sigma}\right)\end{aligned}$$

$\mathrm{P}(Z\geq -1)=\mathrm{P}(Z\leq 1)=0.5+\mathrm{P}(0\leq Z\leq 1)$이므로

$\mathrm{P}(X\leq 33)=\mathrm{P}(Z\geq -1)$에서

$$0.5+\mathrm{P}\left(0\leq Z\leq\frac{3}{\sigma}\right)=0.5+\mathrm{P}(0\leq Z\leq 1)$$

즉, $\mathrm{P}\left(0\leq Z\leq\dfrac{3}{\sigma}\right)=\mathrm{P}(0\leq Z\leq 1)$이므로

$$\frac{3}{\sigma}=1\qquad\therefore\ \sigma=3$$

$$\therefore\ m+\sigma=30+3=33$$

173 답 ③

확률변수 X는 정규분포 $\mathrm{N}(6, 2^2)$을 따르므로 $Z_X=\dfrac{X-6}{2}$이라 하면 확률변수 Z_X는 표준정규분포 $\mathrm{N}(0, 1)$을 따른다.

$$\begin{aligned}a&=\mathrm{P}(2\leq X\leq 5)=\mathrm{P}\left(\frac{2-6}{2}\leq Z_X\leq\frac{5-6}{2}\right)\\&=\mathrm{P}\left(-2\leq Z_X\leq -\frac{1}{2}\right)=\mathrm{P}\left(\frac{1}{2}\leq Z_X\leq 2\right)\end{aligned}$$

$$b=\mathrm{P}(8\leq X\leq 11)=\mathrm{P}\left(\frac{8-6}{2}\leq Z_X\leq\frac{11-6}{2}\right)=\mathrm{P}\left(1\leq Z_X\leq\frac{5}{2}\right)$$

확률변수 Y는 정규분포 $\mathrm{N}(8, 4^2)$을 따르므로 $Z_Y=\dfrac{Y-8}{4}$이라 하면 확률변수 Z_Y도 표준정규분포 $\mathrm{N}(0, 1)$을 따른다.

$$\begin{aligned}c&=\mathrm{P}(1\leq Y\leq 7)=\mathrm{P}\left(\frac{1-8}{4}\leq Z_Y\leq\frac{7-8}{4}\right)\\&=\mathrm{P}\left(-\frac{7}{4}\leq Z_Y\leq -\frac{1}{4}\right)=\mathrm{P}\left(\frac{1}{4}\leq Z_Y\leq\frac{7}{4}\right)\end{aligned}$$

이때 $2-\dfrac{1}{2}=\dfrac{5}{2}-1=\dfrac{7}{4}-\dfrac{1}{4}=\dfrac{3}{2}$으로 확률을 구하는 구간의 길이가 모두 같다.

즉, 구하는 확률의 범위가 0에 가까울수록 그 값이 크다.

따라서 $b<a<c$이다.

참고

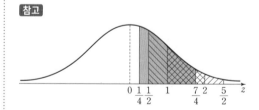

174 답 ②

정규분포곡선은 직선 $x=m$에 대하여 대칭이고,
주어진 조건에서 $\mathrm{P}(X\leq 6-k)=\mathrm{P}(X\geq 10+k)$이므로

$$m=\frac{(6-k)+(10+k)}{2}=8$$

즉, 확률변수 X는 정규분포 $N(8, 2^2)$을 따르므로 $Z=\dfrac{X-8}{2}$이라 하면 확률변수 Z는 표준정규분포 $N(0, 1)$을 따른다.

이때 $Y=2X+3$이므로

$$\begin{aligned}
P(Y\geq 25) &=P(2X+3\geq 25)\\
&=P(X\geq 11)\\
&=P\left(\dfrac{X-8}{2}\geq \dfrac{11-8}{2}\right)\\
&=P(Z\geq 1.5)\\
&=P(Z\geq 0)-P(0\leq Z\leq 1.5)\\
&=0.5-0.4332\\
&=0.0668
\end{aligned}$$

175 답 ⑤

두 조건 (가), (나)에 의하여 두 확률변수 X, Y의 표준편차를 각각 σ, $\dfrac{3}{2}\sigma$ $(\sigma>0)$이라 하면 X는 정규분포 $N(220, \sigma^2)$을 따르고, Y는 정규분포 $N\left(240, \left(\dfrac{3}{2}\sigma\right)^2\right)$을 따른다.

지역 A에서 임의추출한 크기가 n인 표본의 표본평균 $\overline{X}$는 정규분포 $N\left(220, \dfrac{\sigma^2}{n}\right)$, 즉 $N\left(220, \left(\dfrac{\sigma}{\sqrt{n}}\right)^2\right)$을 따르므로 $Z_{\overline{X}}=\dfrac{\overline{X}-220}{\dfrac{\sigma}{\sqrt{n}}}$ 이라 하면 확률변수 $Z_{\overline{X}}$는 표준정규분포 $N(0, 1)$을 따른다.

또한, 지역 B에서 임의추출한 크기가 $9n$인 표본의 표본평균 $\overline{Y}$는 정규분포 $N\left(240, \dfrac{\left(\dfrac{3}{2}\sigma\right)^2}{9n}\right)$, 즉 $N\left(240, \left(\dfrac{\sigma}{2\sqrt{n}}\right)^2\right)$을 따르므로 $Z_{\overline{Y}}=\dfrac{\overline{Y}-240}{\dfrac{\sigma}{2\sqrt{n}}}$이라 하면 확률변수 $Z_{\overline{Y}}$도 표준정규분포 $N(0, 1)$을 따른다.

$$\begin{aligned}
P(\overline{X}\leq 215) &=P\left(Z_{\overline{X}}\leq \dfrac{215-220}{\dfrac{\sigma}{\sqrt{n}}}\right)\\
&=P\left(Z_{\overline{X}}\leq -\dfrac{5\sqrt{n}}{\sigma}\right)=P\left(Z_{\overline{X}}\geq \dfrac{5\sqrt{n}}{\sigma}\right)\\
&=0.5-P\left(0\leq Z_{\overline{X}}\leq \dfrac{5\sqrt{n}}{\sigma}\right)\\
&=0.1587
\end{aligned}$$

$\therefore P\left(0\leq Z_{\overline{X}}\leq \dfrac{5\sqrt{n}}{\sigma}\right)=0.3413$

이때 $P(0\leq Z\leq 1)=0.3413$이므로

$\dfrac{5\sqrt{n}}{\sigma}=1$ ······ ㉠

$$\begin{aligned}
\therefore P(\overline{Y}\geq 235) &=P\left(Z_{\overline{Y}}\geq \dfrac{235-240}{\dfrac{\sigma}{2\sqrt{n}}}\right)=P\left(Z_{\overline{Y}}\geq -\dfrac{10\sqrt{n}}{\sigma}\right)\\
&=P(Z_{\overline{Y}}\geq -2) \;(\because ㉠)\\
&=P(Z_{\overline{Y}}\leq 2)\\
&=0.5+P(0\leq Z_{\overline{Y}}\leq 2)\\
&=0.5+0.4772\\
&=0.9772
\end{aligned}$$

176 답 ③

표본평균 $\overline{X}$는 정규분포 $N(40, 8^2)$을 따르는 모집단에서 크기가 16인 표본을 임의추출하여 구한 것이므로

$E(\overline{X})=40$

$V(\overline{X})=\dfrac{8^2}{16}=4$

$\sigma(\overline{X})=\sqrt{4}=2$

$\therefore E(\overline{X})+\sigma(\overline{X})=40+2=42$

177 답 43

확률변수 X의 확률질량함수가

$$P(X=r)=\,_{160}C_r\left(\dfrac{1}{4}\right)^r\left(\dfrac{3}{4}\right)^{160-r} \;(r=0, 1, 2, \cdots, 160)$$

이므로 확률변수 X는 이항분포 $B\left(160, \dfrac{1}{4}\right)$을 따른다.

$\therefore E(X)=160\times \dfrac{1}{4}=40,$

$\quad V(X)=160\times \dfrac{1}{4}\times\left(1-\dfrac{1}{4}\right)=30$

이때 표본의 크기가 10이므로

$E(\overline{X})=E(X)=40$

$V(\overline{X})=\dfrac{V(X)}{10}=\dfrac{30}{10}=3$

$\therefore E(\overline{X})+V(\overline{X})=40+3=43$

178 답 ④

표본평균 $\overline{X}$는 정규분포 $N\left(m, \dfrac{\sigma^2}{n_1}\right)$, 즉 $N\left(m, \left(\dfrac{\sigma}{\sqrt{n_1}}\right)^2\right)$을 따르고, 표본평균 $\overline{Y}$는 정규분포 $N\left(m, \dfrac{\sigma^2}{n_2}\right)$, 즉 $N\left(m, \left(\dfrac{\sigma}{\sqrt{n_2}}\right)^2\right)$을 따른다.

ㄱ. $E(\overline{X})=E(\overline{Y})=m$ (거짓)

ㄴ. $n_1=n_2$이면 $\dfrac{\sigma}{\sqrt{n_1}}=\dfrac{\sigma}{\sqrt{n_2}}$이므로

　$\sigma(\overline{X})=\sigma(\overline{Y})$ (참)

ㄷ. $V(\overline{X})=\dfrac{\sigma^2}{n_1}$, $V(\overline{Y})=\dfrac{\sigma^2}{n_2}$이므로

　$n_1<4n_2$이면 $\dfrac{\sigma^2}{n_1}>\dfrac{\sigma^2}{4n_2}$

　즉, $V(\overline{X})>\dfrac{1}{4}V(\overline{Y})$이므로 $4V(\overline{X})>V(\overline{Y})$

　이때 $V(2\overline{X})=4V(\overline{X})$이므로 $V(2\overline{X})>V(\overline{Y})$ (참)

따라서 옳은 것은 ㄴ, ㄷ이다.

179 답 11

표본평균 $\overline{X}$는 정규분포 $N\left(13, \dfrac{6^2}{9}\right)$, 즉 $N(13, 2^2)$을 따르므로 $Z_{\overline{X}}=\dfrac{\overline{X}-13}{2}$이라 하면 확률변수 $Z_{\overline{X}}$는 표준정규분포 $N(0, 1)$을 따른다.

$$P(a \leq \overline{X} \leq 13) = P\left(\frac{a-13}{2} \leq Z_{\overline{X}} \leq \frac{13-13}{2}\right)$$
$$= P\left(\frac{a-13}{2} \leq Z_{\overline{X}} \leq 0\right)$$
$$= P\left(0 \leq Z_{\overline{X}} \leq -\frac{a-13}{2}\right)$$

이때 $P(a \leq \overline{X} \leq 13) = P(0 \leq Z \leq 1)$이므로

$$P\left(0 \leq Z_{\overline{X}} \leq -\frac{a-13}{2}\right) = P(0 \leq Z \leq 1)$$

따라서 $-\dfrac{a-13}{2} = 1$이므로

$a = 11$

180 답 ②

표본평균 $\overline{X}$는 정규분포 $N\left(24, \dfrac{8^2}{16}\right)$, 즉 $N(24, 2^2)$을 따르므로 $Z = \dfrac{\overline{X}-24}{2}$라 하면 확률변수 Z는 표준정규분포 $N(0, 1)$을 따른다.

$$\therefore P(20 \leq \overline{X} \leq 26) = P\left(\frac{20-24}{2} \leq Z \leq \frac{26-24}{2}\right)$$
$$= P(-2 \leq Z \leq 1)$$
$$= P(0 \leq Z \leq 1) + P(0 \leq Z \leq 2)$$
$$= 0.3413 + 0.4772$$
$$= 0.8185$$

181 답 44

공에 적힌 숫자를 확률변수 X라 하면
$$E(X) = \frac{1+2+3+\cdots+10}{10} = \frac{55}{10} = \frac{11}{2}$$
$$E(X^2) = \frac{1^2+2^2+3^2+\cdots+10^2}{10} = \frac{77}{2}$$
$$V(X) = \frac{77}{2} - \left(\frac{11}{2}\right)^2 = \frac{33}{4}$$

이때 표본의 크기가 3이므로 표본평균 $\overline{X}$의 분산은
$$V(\overline{X}) = \frac{V(X)}{3} = \frac{\frac{33}{4}}{3} = \frac{11}{4}$$
$$\therefore V(4\overline{X}-5) = 4^2 V(\overline{X}) = 16 \times \frac{11}{4} = 44$$

182 답 309

표본평균 $\overline{X}$는 정규분포 $N\left(35, \dfrac{8^2}{16}\right)$, 즉 $N(35, 2^2)$을 따르므로 $Z = \dfrac{\overline{X}-35}{2}$라 하면 확률변수 Z는 표준정규분포 $N(0, 1)$을 따른다.

$$P(\overline{X} \leq c) = P\left(Z \leq \frac{c-35}{2}\right) = P\left(Z \geq -\frac{c-35}{2}\right)$$
$$= 0.5 - P\left(0 \leq Z \leq -\frac{c-35}{2}\right)$$
$$= 0.02$$
$$\therefore P\left(0 \leq Z \leq -\frac{c-35}{2}\right) = 0.48$$

이때 $P(0 \leq Z \leq 2.05) = 0.48$이므로
$$-\frac{c-35}{2} = 2.05 \qquad \therefore c = 30.9$$
$$\therefore 10c = 10 \times 30.9 = 309$$

183 답 ②

표본의 크기는 49, 표본평균은 $\overline{x}$, 모표준편차는 5이므로 모평균 m에 대한 신뢰도 95 %의 신뢰구간은
$$\overline{x} - 1.96 \times \frac{5}{\sqrt{49}} \leq m \leq \overline{x} + 1.96 \times \frac{5}{\sqrt{49}}$$
$$\overline{x} - 1.4 \leq m \leq \overline{x} + 1.4$$
$a = \overline{x} - 1.4$, $\dfrac{6}{5}a = \overline{x} + 1.4$에서
$$\frac{6}{5} \times (\overline{x} - 1.4) = \overline{x} + 1.4, \quad 6\overline{x} - 8.4 = 5\overline{x} + 7$$
$$\therefore \overline{x} = 15.4$$

184 답 ③

크기가 64인 표본의 표본평균을 $\overline{x_1}$이라 하면 모표준편차가 σ이므로 모평균 m에 대한 신뢰도 95 %의 신뢰구간은
$$\overline{x_1} - 1.96 \times \frac{\sigma}{\sqrt{64}} \leq m \leq \overline{x_1} + 1.96 \times \frac{\sigma}{\sqrt{64}}$$
$$\overline{x_1} - \frac{49}{200}\sigma \leq m \leq \overline{x_1} + \frac{49}{200}\sigma$$
즉, $a = \overline{x_1} - \dfrac{49}{200}\sigma$, $b = \overline{x_1} + \dfrac{49}{200}\sigma$이므로
$$b - a = \frac{49}{100}\sigma$$
크기가 16인 표본의 표본평균의 값을 $\overline{x_2}$라 하면 모표준편차가 σ이므로 모평균 m에 대한 신뢰도 99 %의 신뢰구간은
$$\overline{x_2} - 2.58 \times \frac{\sigma}{\sqrt{16}} \leq m \leq \overline{x_2} + 2.58 \times \frac{\sigma}{\sqrt{16}}$$
$$\overline{x_2} - \frac{129}{200}\sigma \leq m \leq \overline{x_2} + \frac{129}{200}\sigma$$
즉, $c = \overline{x_2} - \dfrac{129}{200}\sigma$, $d = \overline{x_2} + \dfrac{129}{200}$이므로
$$d - c = \frac{129}{100}\sigma \qquad \therefore \frac{d-c}{b-a} = \frac{129}{49}$$

185 답 ④

표본의 크기는 n, 표본평균은 97, 모표준편차는 8이므로 모평균 m에 대한 신뢰도 95 %의 신뢰구간은
$$97 - 2 \times \frac{8}{\sqrt{n}} \leq m \leq 97 + 2 \times \frac{8}{\sqrt{n}}$$
$$97 - \frac{16}{\sqrt{n}} \leq m \leq 97 + \frac{16}{\sqrt{n}}$$
즉, $97 - \dfrac{16}{\sqrt{n}} = 95$, $97 + \dfrac{16}{\sqrt{n}} = 99$이므로
$$\frac{16}{\sqrt{n}} = 2, \quad \sqrt{n} = 8$$
$$\therefore n = 64$$

186 답 ②

표본평균을 $\overline{x}$라 하면 표본의 크기는 81, 모표준편차는 σ이므로 모평균 m에 대한 신뢰도 95 %의 신뢰구간은

$$\overline{x}-2\times\frac{\sigma}{\sqrt{81}}\le m\le \overline{x}+2\times\frac{\sigma}{\sqrt{81}}$$

이때 $\overline{x}+2\times\dfrac{\sigma}{\sqrt{81}}=\left(\overline{x}-2\times\dfrac{\sigma}{\sqrt{81}}\right)+8$이므로

$$\frac{4}{9}\sigma=8$$

$$\therefore \sigma=18$$

187 답 20

표본평균을 $\overline{x}$라 하면 표본의 크기는 81, 모표준편차는 18이므로 모평균 m에 대한 신뢰도 99 %의 신뢰구간은

$$\overline{x}-3\times\frac{18}{\sqrt{81}}\le m\le \overline{x}+3\times\frac{18}{\sqrt{81}}$$

$$\overline{x}-6\le m\le \overline{x}+6$$

즉, $a=\overline{x}-6$, $b=\overline{x}+6$이므로

$$b-a=12$$

모평균 m에 대한 신뢰도 95 %의 신뢰구간은

$$\overline{x}-2\times\frac{18}{\sqrt{81}}\le m\le \overline{x}+2\times\frac{18}{\sqrt{81}}$$

$$\overline{x}-4\le m\le \overline{x}+4$$

즉, $c=\overline{x}-4$, $d=\overline{x}+4$이므로

$$d-c=8$$

$$\therefore (b-a)+(d-c)=12+8=20$$

188 답 ④

표본평균을 $\overline{x}$라 하면 표본의 크기는 n, 모표준편차는 8이므로 모평균 m에 대한 신뢰도 99 %의 신뢰구간은

$$\overline{x}-2.58\times\frac{8}{\sqrt{n}}\le m\le \overline{x}+2.58\times\frac{8}{\sqrt{n}}$$

$$\therefore a=\overline{x}-2.58\times\frac{8}{\sqrt{n}},\ b=\overline{x}+2.58\times\frac{8}{\sqrt{n}}$$

$b-a\le 1.29$에서

$$\left(\overline{x}+2.58\times\frac{8}{\sqrt{n}}\right)-\left(\overline{x}-2.58\times\frac{8}{\sqrt{n}}\right)\le 1.29$$

$$2\times 2.58\times\frac{8}{\sqrt{n}}\le 1.29,\ \sqrt{n}\ge 32$$

$$\therefore n\ge 1024$$

따라서 주어진 조건을 만족시키는 자연수 n의 최솟값은 1024이다.

189 답 ③

표본정규분포를 따르는 확률변수 Z에 대하여 $\mathrm{P}(|Z|\le k)=\dfrac{\alpha}{100}$라 하자.

크기가 n인 표본의 표본평균을 $\overline{x_n}$라 하면 모표준편차는 σ이므로 모평균 m에 대한 신뢰도 α %의 신뢰구간은

$$\overline{x_n}-k\times\frac{\sigma}{\sqrt{n}}\le m\le \overline{x_n}+k\times\frac{\sigma}{\sqrt{n}}$$

즉, $a=\overline{x_n}-k\times\dfrac{\sigma}{\sqrt{n}}$, $b=\overline{x_n}+k\times\dfrac{\sigma}{\sqrt{n}}$이므로

$$b-a=2k\times\frac{\sigma}{\sqrt{n}}$$

크기가 $2n$인 표본의 표본평균을 $\overline{x_{2n}}$라 하면 모표준편차는 σ이므로 모평균 m에 대한 신뢰도 α %의 신뢰구간은

$$\overline{x_{2n}}-k\times\frac{\sigma}{\sqrt{2n}}\le m\le \overline{x_{2n}}+k\times\frac{\sigma}{\sqrt{2n}}$$

즉, $c=\overline{x_{2n}}-k\times\dfrac{\sigma}{\sqrt{2n}}$, $d=\overline{x_{2n}}+k\times\dfrac{\sigma}{\sqrt{2n}}$이므로

$$d-c=2k\times\frac{\sigma}{\sqrt{2n}}$$

이때 $d-c=t(b-a)$에서

$$2k\times\frac{\sigma}{\sqrt{2n}}=t\times 2k\times\frac{\sigma}{\sqrt{n}}$$

$$\therefore t=\frac{\sqrt{2}}{2}$$

190 답 ⑤

주사위를 90번 던질 때, 나온 눈의 수가 6의 약수인 횟수를 확률변수 Z라 하면 주사위를 한 번 던져 6의 약수가 나올 확률이 $\dfrac{2}{3}$이므로 확률변수 Z는 이항분포 $\mathrm{B}\left(90,\ \dfrac{2}{3}\right)$를 따른다.

$$\therefore \mathrm{E}(Z)=90\times\frac{2}{3}=60$$

점 P의 좌표는

$$X=3Z-(90-Z)=4Z-90,$$

점 Q의 좌표는

$$Y=10+Z-2(90-Z)=3Z-170$$

이므로

$$X+Y=(4Z-90)+(3Z-170)$$
$$=7Z-260$$

$$\therefore \mathrm{E}(X+Y)=\mathrm{E}(7Z-260)=7\mathrm{E}(Z)-260$$
$$=7\times 60-260=160$$

191 답 12

$a\ge 1$, $k>0$이므로 확률밀도함수 $y=f(x)$의 그래프는 다음 그림과 같다.

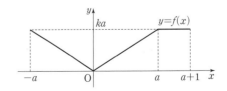

함수 $y=f(x)$의 그래프와 x축 및 두 직선 $x=-a$, $x=a+1$로 둘러싸인 부분의 넓이가 1이므로

$\frac{1}{2} \times a \times ka + \frac{1}{2} \times a \times ka + 1 \times ka = 1$

$ka^2+ka=1$, $k(a^2+a)=1$

$\therefore k=\frac{1}{a^2+a}$ ...... ㉠

이때 $a \geq 1$이므로 $4\mathrm{P}(0 \leq X \leq 1)=\mathrm{P}(a \leq X \leq a+1)$에서

$4 \times \left(\frac{1}{2} \times 1 \times k\right) = ka$

$\therefore a=2$

$a=2$를 ㉠에 대입하면 $k=\frac{1}{6}$

$\therefore \frac{a}{k}=2 \times 6=12$

192 답 ③

조건 (가)에서

$\mathrm{P}(X \geq 8)=\mathrm{P}(X \leq 2)$이므로

$m=\frac{8+2}{2}=5$

조건 (나)에서

$\mathrm{P}(X \geq 2a-b)+\mathrm{P}(X \leq 3)=1$이므로

$2a-b=3$ ...... ㉠

확률변수 X가 정규분포 $\mathrm{N}(5, \sigma^2)$을 따르므로 $Z=\frac{X-5}{\sigma}$라 하면 확률변수 Z는 표준정규분포 $\mathrm{N}(0, 1)$을 따른다.

조건 (다)에서

$\mathrm{P}(2 \leq X \leq 2a-2)=\mathrm{P}\left(\frac{2-5}{\sigma} \leq Z \leq \frac{2a-2-5}{\sigma}\right)$

$\qquad\qquad\qquad\quad =\mathrm{P}\left(-\frac{3}{\sigma} \leq Z \leq \frac{2a-7}{\sigma}\right)$

$\mathrm{P}(2b \leq X \leq 8)=\mathrm{P}\left(\frac{2b-5}{\sigma} \leq Z \leq \frac{8-5}{\sigma}\right)$

$\qquad\qquad\qquad =\mathrm{P}\left(\frac{2b-5}{\sigma} \leq Z \leq \frac{3}{\sigma}\right)$

$\qquad\qquad\qquad =\mathrm{P}\left(-\frac{3}{\sigma} \leq Z \leq -\frac{2b-5}{\sigma}\right)$

$\mathrm{P}(2 \leq X \leq 2a-2)=\mathrm{P}(2b \leq X \leq 8)$이므로

$\frac{2a-7}{\sigma}=-\frac{2b-5}{\sigma}$

$2a-7=-2b+5$

$\therefore a+b=6$ ...... ㉡

㉠, ㉡을 연립하여 풀면 $a=3$, $b=3$

$\therefore ab=3 \times 3=9$

193 답 5

조건 (가)에서 $\mathrm{P}(0 \leq X \leq 2)=\frac{1}{8}$이므로

함수 $y=f(x)$ $(0 \leq x \leq 2)$의 그래프와 x축 및 두 직선 $x=0$, $x=2$로 둘러싸인 부분의 넓이가 $\frac{1}{8}$이다.

조건 (나)에 의하여 함수 $y=f(x)$의 그래프와 x축 및 두 직선 $x=2$, $x=4$로 둘러싸인 부분의 넓이는

$2 \times a + \frac{1}{8} = 2a + \frac{1}{8}$

함수 $y=f(x)$의 그래프와 x축 및 두 직선 $x=4$, $x=6$으로 둘러싸인 부분의 넓이는

$2 \times (a+a) + \frac{1}{8} = 4a + \frac{1}{8}$

함수 $y=f(x)$의 그래프와 x축 및 두 직선 $x=6$, $x=8$로 둘러싸인 부분의 넓이는

$2 \times (a+a+a) + \frac{1}{8} = 6a + \frac{1}{8}$

이때 확률밀도함수 $y=f(x)$의 그래프와 x축 및 두 직선 $x=0$, $x=8$로 둘러싸인 부분의 넓이가 1이므로

$\frac{1}{8} + \left(2a+\frac{1}{8}\right) + \left(4a+\frac{1}{8}\right) + \left(6a+\frac{1}{8}\right) = 1$

$12a+\frac{1}{2}=1$ $\therefore a=\frac{1}{24}$

$\therefore 24\mathrm{P}(48a \leq X \leq 96a)=24\mathrm{P}(2 \leq X \leq 4)$

$\qquad\qquad\qquad\qquad =24 \times \left(\frac{1}{12} + \frac{1}{8}\right) = 5$

194 답 ②

10점을 얻는 횟수를 확률변수 X라 하면 한 번의 시행에서 7의 약수가 나올 확률은 $\frac{2}{10}=\frac{1}{5}$이므로 확률변수 X는 이항분포 $\mathrm{B}\left(1600, \frac{1}{5}\right)$을 따른다.

$\therefore \mathrm{E}(X)=1600 \times \frac{1}{5}=320$,

$\quad \mathrm{V}(X)=1600 \times \frac{1}{5} \times \frac{4}{5}=256=16^2$

이때 1600은 충분히 큰 수이므로 확률변수 X는 근사적으로 정규분포 $\mathrm{N}(320, 16^2)$을 따른다.

한편, 1600번의 시행 중에서 2점을 잃는 횟수는 $1600-X$이므로 736점 이상을 얻기 위해서는

$10X-2(1600-X) \geq 736$

$12X \geq 3936$ $\therefore X \geq 328$

이때 $Z=\frac{X-320}{16}$이라 하면 확률변수 Z는 표준정규분포 $\mathrm{N}(0, 1)$을 따르므로 구하는 확률은

$\mathrm{P}(X \geq 328)=\mathrm{P}\left(Z \geq \frac{328-320}{16}\right)=\mathrm{P}(Z \geq 0.5)$

$\qquad\qquad\quad =0.5-\mathrm{P}(0 \leq Z \leq 0.5)$

$\qquad\qquad\quad =0.5-0.1915$

$\qquad\qquad\quad =0.3085$

195 답 42

크기가 25인 표본의 표본평균을 $\overline{x_1}$이라 하면 모표준편차는 σ이므로 모평균 m에 대한 신뢰도 95 %의 신뢰구간은

$\overline{x_1} - 2 \times \frac{\sigma}{\sqrt{25}} \leq m \leq \overline{x_1} + 2 \times \frac{\sigma}{\sqrt{25}}$

$$\overline{x_1} - \frac{2}{5}\sigma \le m \le \overline{x_1} + \frac{2}{5}\sigma$$

즉, $a = \overline{x_1} - \frac{2}{5}\sigma$, $b = \overline{x_1} + \frac{2}{5}\sigma$이므로

$$b - a = \frac{4}{5}\sigma$$

크기가 n인 표본의 표본평균의 값을 $\overline{x_2}$라 하면 모표준편차는 σ이므로 모평균 m에 대한 신뢰도 99 %의 신뢰구간은

$$\overline{x_2} - 2.6 \times \frac{\sigma}{\sqrt{n}} \le m \le \overline{x_2} + 2.6 \times \frac{\sigma}{\sqrt{n}}$$

즉, $c = \overline{x_2} - 2.6 \times \frac{\sigma}{\sqrt{n}}$, $d = \overline{x_2} + 2.6 \times \frac{\sigma}{\sqrt{n}}$이므로

$$d - c = 5.2 \times \frac{\sigma}{\sqrt{n}}$$

이때 $b - a \le d - c$에서

$$\frac{4}{5}\sigma \le 5.2 \times \frac{\sigma}{\sqrt{n}}$$

$$\sqrt{n} \le \frac{13}{2}$$

$$\therefore n \le \frac{169}{4} = 42.25$$

따라서 자연수 n의 최댓값은 42이다.

196 답 49

표본평균 $\overline{X}$는 정규분포 $\mathrm{N}\left(m, \frac{4^2}{n^2}\right)$, 즉, $\mathrm{N}\left(m, \left(\frac{4}{n}\right)^2\right)$을 따르므로 $Z = \dfrac{\overline{X} - m}{\frac{4}{n}}$이라 하면 확률변수 Z는 표준정규분포 $\mathrm{N}(0, 1)$을 따른다.

$$\mathrm{P}\left(\overline{X} \le \frac{64}{n}\right) = \mathrm{P}\left(Z \le \frac{\frac{64}{n} - m}{\frac{4}{n}}\right)$$
$$= \mathrm{P}\left(Z \le 16 - \frac{mn}{4}\right)$$

$\mathrm{P}(0 \le Z \le 2) = 0.4772$이고

$m = 4$일 때

$\mathrm{P}(Z \le 16 - n) \le 0.9772$이므로

$$\begin{aligned}\mathrm{P}(Z \le 16 - n) &\le 0.9772\\ &= 0.5 + 0.4772\\ &= \mathrm{P}(Z \le 0) + \mathrm{P}(0 \le Z \le 2)\\ &= \mathrm{P}(Z \le 2)\end{aligned}$$

즉, $16 - n \le 2$에서 $n \ge 14$

또한, $\mathrm{P}(0 \le Z \le 0.5) = 0.1915$이고

$m = 1$일 때

$\mathrm{P}\left(Z \le 16 - \frac{n}{4}\right) \ge 0.6915$이므로

$$\begin{aligned}\mathrm{P}\left(Z \le 16 - \frac{n}{4}\right) &\ge 0.6915\\ &= 0.5 + 0.1915\\ &= \mathrm{P}(Z \le 0) + \mathrm{P}(0 \le Z \le 0.5)\\ &= \mathrm{P}(Z \le 0.5)\end{aligned}$$

즉, $16 - \frac{n}{4} \ge 0.5$에서

$15.5 \ge \frac{n}{4}$ $\therefore n \le 62$

따라서 $14 \le n \le 62$이므로 조건을 만족시키는 자연수 n의 개수는 14, 15, 16, $\cdots$, 62의 49이다.

I 경우의 수

197 답 48

구하는 경우의 수는 6개의 의자를 원형으로 배열하는 경우의 수에서 서로 이웃한 2개의 의자에 적혀 있는 수의 곱이 12인 의자가 있는 경우의 수를 뺀 것과 같다.

6개의 의자를 원형으로 배열하는 경우의 수는

$(6-1)!=5!=120$

서로 이웃한 2개의 의자에 적혀 있는 수의 곱이 12인 의자가 있는 경우는 2와 6이 적힌 의자가 이웃하거나 3과 4가 적힌 의자가 이웃하는 경우이다.

(i) 2와 6이 적힌 의자가 이웃하는 경우

2와 6이 적힌 의자를 1개로 생각하여 의자 5개를 원형으로 배열하는 경우의 수는

$(5-1)!=4!=24$

이때 2와 6이 적힌 의자의 자리를 서로 바꾸는 경우의 수는 2

즉, 이때의 경우의 수는

$24 \times 2 = 48$

(ii) 3과 4가 적힌 의자가 이웃하는 경우

3과 4가 적힌 의자를 1개로 생각하여 의자 5개를 원형으로 배열하는 경우의 수는

$(5-1)!=4!=24$

이때 3과 4가 적힌 의자의 자리를 서로 바꾸는 경우의 수는 2

즉, 이때의 경우의 수는

$24 \times 2 = 48$

(iii) 2와 6이 적힌 의자와 3과 4가 적힌 의자가 각각 이웃하는 경우

2와 6이 적힌 의자를 1개로 생각하고, 3과 4가 적힌 의자를 1개로 생각하여 의자 4개를 원형으로 배열하는 경우의 수는

$(4-1)!=3!=6$

이때 2와 6이 적힌 의자의 자리를 서로 바꾸고, 3과 4가 적힌 의자의 자리를 서로 바꾸는 경우의 수는 $2 \times 2 = 4$

즉, 이때의 경우의 수는

$6 \times 4 = 24$

(i), (ii), (iii)에서 서로 이웃한 2개의 의자에 적혀 있는 수의 곱이 12인 의자가 있는 경우의 수는

$48+48-24=72$

따라서 구하는 경우의 수는

$120-72=48$

198 답 336

조건 (나)에서 $a \times d$가 홀수이려면 a, d가 모두 홀수이어야 하고, $b+c$가 짝수이려면 b, c가 모두 짝수이거나 모두 홀수이어야 한다.

13개의 자연수 중 홀수는 1, 3, 5, 7, 9, 11, 13의 7개이다.

a, b, c, d가 모두 홀수이면서 조건 (가)를 만족시키는 순서쌍 (a, b, c, d)의 개수는 7개의 홀수 중에서 중복을 허락하여 4개를 택하는 중복조합의 수와 같으므로

$_7H_4=_{10}C_4=210$

a, d가 모두 홀수이고, b, c가 모두 짝수이면서 조건 (가)를 만족시키는 순서쌍 (a, b, c, d)의 개수는 다음과 같이 경우를 나누어 구할 수 있다.

(i) a, d 사이에 1개의 짝수가 있는 경우

a, d 사이에 1개의 짝수가 있는 경우의 순서쌍 (a, d)의 개수는

$(1, 3), (3, 5), (5, 7), (7, 9), (9, 11), (11, 13)$

의 6

1개의 짝수를 b, c에 나열하는 경우의 수는 1

즉, 이 경우의 순서쌍 (a, b, c, d)의 개수는

$6 \times 1 = 6$

(ii) a, d 사이에 2개의 짝수가 있는 경우

a, d 사이에 2개의 짝수가 있는 경우의 순서쌍 (a, d)의 개수는

$(1, 5), (3, 7), (5, 9), (7, 11), (9, 13)$

의 5

2개의 짝수를 b, c에 나열하는 경우의 수는

$_2H_2=_3C_2=3$

즉, 이 경우의 순서쌍 (a, b, c, d)의 개수는

$5 \times 3 = 15$

(iii) a, d 사이에 3개의 짝수가 있는 경우

a, d 사이에 3개의 짝수가 있는 경우의 순서쌍 (a, d)의 개수는

$(1, 7), (3, 9), (5, 11), (7, 13)$

의 4

3개의 짝수를 b, c에 나열하는 경우의 수는

$_3H_2=_4C_2=6$

즉, 이 경우의 순서쌍 (a, b, c, d)의 개수는

$4 \times 6 = 24$

(iv) a, d 사이에 4개의 짝수가 있는 경우

a, d 사이에 4개의 짝수가 있는 경우의 순서쌍 (a, d)의 개수는

$(1, 9), (3, 11), (5, 13)$

의 3

4개의 짝수를 b, c에 나열하는 경우의 수는

$_4H_2=_5C_2=10$

즉, 이 경우의 순서쌍 (a, b, c, d)의 개수는

$3 \times 10 = 30$

(v) a, d 사이에 5개의 짝수가 있는 경우

a, d 사이에 5개의 짝수가 있는 경우의 순서쌍 (a, d)의 개수는

$(1, 11), (3, 13)$

의 2

5개의 짝수를 b, c에 나열하는 경우의 수는

$_5H_2=_6C_2=15$

즉, 이 경우의 순서쌍 (a, b, c, d)의 개수는

$2 \times 15 = 30$

(vi) a, d 사이에 6개의 짝수가 있는 경우

a, d 사이에 6개의 짝수가 있는 경우의 순서쌍 (a, d)의 개수는

$(1, 13)$

의 1

6개의 짝수를 b, c에 나열하는 경우의 수는

$_6H_2 = {}_7C_2 = 21$

즉, 이 경우의 순서쌍 (a, b, c, d)의 개수는

$1 \times 21 = 21$

(i)~(vi)에서 a, d가 모두 홀수이고 b, c가 모두 짝수이면서
조건 (가)를 만족시키는 순서쌍 (a, b, c, d)의 개수는

$6 + 15 + 24 + 30 + 30 + 21 = 126$

따라서 구하는 순서쌍의 개수는

$210 + 126 = 336$

다른 풀이

a, d는 홀수이고 b, c는 짝수일 때, 조건 (가)에서
$1 \le a < b \le c < d \le 13$이므로

$a = a', b - a = b', c - b = c', d - c = d', 14 - d = e'$

이라 하면

$a' + b' + c' + d' + e' = 14$

(a', b', d', e'은 홀수이고, c'은 0 또는 짝수) $\quad \cdots\cdots$ ㉠

이때 $a' = 2a'' + 1, b' = 2b'' + 1, c' = 2c'', d' = 2d'' + 1$,
$e' = 2e'' + 1$이라 하면

$(2a'' + 1) + (2b'' + 1) + 2c'' + (2d'' + 1) + (2e'' + 1) = 14$

$\therefore a'' + b'' + c'' + d'' + e'' = 5$

(a'', b'', c'', d'', e''은 음이 아닌 정수)

방정식 ㉠을 만족시키는 순서쌍 (a', b', c', d', e')의 개수는 위의
방정식을 만족시키는 순서쌍 $(a'', b'', c'', d'', e'')$의 개수와 같으
므로

$_5H_5 = {}_9C_5 = {}_9C_4 = 126$

199 답 25

다음 그림에서 ①, ②, ③의 위치에 흰색 카드를 두 조건 (가), (나)
를 모두 만족시키도록 배열하는 것으로 생각한다.

조건 (가)에 의하여 ①의 위치에 놓이는 흰색 카드의 장수를 a, ②
의 위치에 놓이는 흰색 카드의 장수를 b, ③의 위치에 놓이는 흰색
카드의 장수를 c라 하면

$a + b + c = 8$ (a, b, c는 음이 아닌 정수) $\quad \cdots\cdots$ ㉠

이때 조건 (나)에 의하여 검은색 카드 사이에는 흰색 카드가 2장
이상 놓여 있어야 하므로

$b \ge 2$

$b = b' + 2$ (b'은 음이 아닌 정수)라 하면 ㉠에서

$a + (b' + 2) + c = 8$

$\therefore a + b' + c = 6$ (a, b', c는 음이 아닌 정수) $\quad \cdots\cdots$ ㉡

두 조건 (가), (나)를 만족시키는 경우의 수는 방정식 ㉡을 만족시
키는 순서쌍 (a, b', c)의 개수와 같으므로

$_3H_6 = {}_8C_6 = {}_8C_2 = 28$

검은색 카드들 사이에 흰색 카드가 3장 이상 들어가면 3 또는 6이
적힌 카드가 반드시 포함되므로 조건 (다)를 만족시키지 않는 경우
는 순서쌍 (a, b', c)가

$(6, 0, 0), (3, 0, 3), (0, 0, 6)$

인 경우와 같으므로 이때의 경우의 수는 3이다.

따라서 구하는 경우의 수는

$28 - 3 = 25$

200 답 115

(i) $f(1) = 1$인 경우

$f(f(1)) = f(1) = 1 \ne 4$이므로

조건 (가)를 만족시키지 않는다.

(ii) $f(1) = 2$인 경우

조건 (가)에서 $f(f(1)) = f(2) = 4$

$f(3), f(5)$의 값을 정하는 경우의 수는 조건 (나)에 의하여

$_4H_2 = {}_5C_2 = 10$

$f(4)$의 값을 정하는 경우의 수는

$_5C_1 = 5$

즉, 이 경우의 함수 f의 개수는

$10 \times 5 = 50$

(iii) $f(1) = 3$인 경우

조건 (가)에서 $f(f(1)) = f(3) = 4$

$f(5)$의 값을 정하는 경우의 수는 조건 (나)에 의하여

$_2C_1 = 2$

$f(2), f(4)$의 값을 정하는 경우의 수는

$_5\Pi_2 = 5^2 = 25$

즉, 이 경우의 함수 f의 개수는

$2 \times 25 = 50$

(iv) $f(1) = 4$인 경우

조건 (가)에서 $f(f(1)) = f(4) = 4$

$f(3), f(5)$의 값을 정하는 경우의 수는 조건 (나)에 의하여

$_2H_2 = {}_3C_2 = {}_3C_1 = 3$

$f(2)$의 값을 정하는 경우의 수는

$_5C_1 = 5$

즉, 이 경우의 함수 f의 개수는

$3 \times 5 = 15$

(v) $f(1) = 5$인 경우

$f(f(1)) = f(5) = 4$이므로

$f(1) > f(5)$가 되어 조건 (나)를 만족시키지 않는다.

(i)~(v)에서 구하는 함수 f의 개수는

$50 + 50 + 15 = 115$

201 답 ①

서로 다른 5개의 공을 세 상자 A, B, C에 넣는 경우의 수는
$_3\Pi_5=243$
세 상자 A, B, C 중 1개의 상자에 서로 다른 5개의 공을 모두 넣는 경우의 수는
$_3C_1=3$
세 상자 A, B, C 중 2개의 상자에 서로 다른 5개의 공을 빈 상자가 없도록 넣는 경우의 수는
$_3C_2\times(_2\Pi_5-2)=3\times(32-2)=90$
즉, 세 상자 A, B, C에 서로 다른 5개의 공을 빈 상자가 없도록 남김없이 나누어 넣는 경우의 수는
$243-(3+90)=150$
이때 한 상자에 넣은 공에 적힌 수의 합이 13 이상이 되는 경우는 다음과 같다.

(i) 한 상자에 넣은 공에 적힌 수의 합이 13인 경우
세 상자에 넣은 공에 적힌 수가 각각
$(2, 5, 6)$, (3), (4) 또는 $(3, 4, 6)$, (2), (5)
인 경우이다.

(ii) 한 상자에 넣은 공에 적힌 수의 합이 14인 경우
세 상자에 넣은 공에 적힌 수가 각각
$(3, 5, 6)$, (2), (4)
인 경우이다.

(iii) 한 상자에 넣은 공에 적힌 수의 합이 15인 경우
세 상자에 넣은 공에 적힌 수가 각각
$(4, 5, 6)$, (2), (3)
인 경우이다.

(i), (ii), (iii)의 각 경우에 공을 넣을 상자를 정하는 경우의 수는
$3!=6$
즉, 빈 상자가 없으면서 한 상자에 넣은 공에 적힌 수의 합이 13 이상인 경우의 수는
$(2+1+1)\times6=24$
따라서 구하는 경우의 수는
$150-24=126$

202 답 ④

파란색 카드를 A, 빨간색 카드를 B라 하면 파란색 카드 3장과 빨간색 카드 5장을 일렬로 나열하는 경우의 수는 A, A, A, B, B, B, B, B를 일렬로 나열하는 경우의 수와 같으므로
$\dfrac{8!}{3!5!}=56$
이때 A의 자리에는 파란색 카드를 카드에 적힌 수가 작은 것부터 크기순으로 왼쪽부터 나열하면 되므로 그 경우의 수는 1
한편, 빨간색 카드는 왼쪽부터 차례로 선택한 두 장의 카드에 적힌 수의 합이 항상 홀수가 되어야 하므로 왼쪽부터 홀수, 짝수, 홀수, 짝수, 홀수의 순으로 나열해야 한다.
B의 1번째, 3번째, 5번째의 자리에 1, 1, 3이 적힌 빨간색 카드를 나열하는 경우의 수는

$\dfrac{3!}{2!}=3$
B의 2번째, 4번째의 자리에 2, 4가 적힌 빨간색 카드를 나열하는 경우의 수는
$2!=2$
즉, 빨간색 카드를 나열하는 경우의 수는
$3\times2=6$
따라서 구하는 경우의 수는
$56\times1\times6=336$

203 답 ⑤

조건 (가)에서 $f(1)<f(3)$을 만족시키는 경우의 수는
X의 원소 1, 2, 3, 4, 5, 6 중에서 서로 다른 2개를 택하여 크기순으로 나열하는 경우의 수와 같으므로
$_6C_2=15$
조건 (나)에서 $f(2)\leq f(4)$를 만족시키는 경우의 수는
X의 원소 1, 2, 3, 4, 5, 6 중에서 중복을 허락하여 2개를 택하여 크기순으로 나열하는 경우의 수와 같으므로
$_6H_2=_7C_2=21$
조건 (다)에서 $f(5)\neq f(6)$을 만족시키는 경우의 수는
X의 원소 1, 2, 3, 4, 5, 6 중에서 서로 다른 2개를 택하여 일렬로 나열하는 경우의 수와 같으므로
$_6P_2=30$
따라서 구하는 함수 f의 개수는
$15\times21\times30=9450$

204 답 ②

$a+b+c+d=20$에서 네 자연수 a, b, c, d의 합이 짝수이므로 a, b, c, d 중 적어도 2개가 짝수인 경우는 a, b, c, d가 모두 짝수인 경우와 a, b, c, d 중에서 2개만 짝수인 경우이다.

(i) a, b, c, d가 모두 짝수인 경우
$a+b+c+d=20$에서
음이 아닌 정수 x, y, z, w에 대하여
$a=2x+2$, $b=2y+2$, $c=2z+2$, $d=2w+2$라 하면
$(2x+2)+(2y+2)+(2z+2)+(2w+2)=20$
$\therefore x+y+z+w=6$
즉, 순서쌍 (x, y, z, w)의 개수는
$_4H_6=_9C_6=_9C_3=84$
그러므로 이 경우의 순서쌍 (a, b, c, d)의 개수는
$\boxed{84}$

(ii) a, b, c, d 중 2개만 짝수인 경우
a, b, c, d 중에서 2개만 짝수이려면 2개는 홀수이어야 하므로 4개의 수 중 짝수 될 2개를 고르는 경우의 수는
$_4C_2=\boxed{6}$
$a+b+c+d=20$에서
음이 아닌 정수 x', y', z', w'에 대하여

a, b, c, d 중 두 홀수를 $2x'+1$, $2y'+1$, 두 짝수를 $2z'+2$, $2w'+2$라 하면

$(2x'+1)+(2y'+1)+(2z'+2)+(2w'+2)=20$

$\therefore x'+y'+z'+w'=7$

즉, 순서쌍 (x', y', z', w')의 개수는

$_4H_7=_{10}C_7=_{10}C_3=120$

그러므로 이 경우의 순서쌍 (a, b, c, d)의 개수는

$\boxed{6} \times \boxed{120}=720$

(i), (ii)에 의하여 구하는 순서쌍 (a, b, c, d)의 개수는

$\boxed{84}+\boxed{6} \times \boxed{120}=804$

따라서 $p=84$, $q=6$, $r=120$이므로

$p+q+r=84+6+120=210$

205 답 ④

A, B, C 세 사람이 매주 일요일에 아침 식사로 먹는 토스트의 개수 a, b, c가 두 조건 (가), (나)를 만족시키므로

$a+b+c \leq 10$ (a, b, c는 자연수)

즉, 구하는 순서쌍 (a, b, c)의 개수는 위의 부등식을 만족시키는 순서쌍 (a, b, c)의 개수와 같다.

$a=a'+1$, $b=b'+1$, $c=c'+1$ (a', b', c'은 음이 아닌 정수)라 하면 $(a'+1)+(b'+1)+(c'+1) \leq 10$에서

$a'+b'+c' \leq 7$ ...... ㉠

따라서 구하는 순서쌍 (a, b, c)의 개수는 부등식 ㉠을 만족시키는 음이 아닌 정수 a', b', c'의 모든 순서쌍 (a', b', c')의 개수와 같으므로

$_3H_0+_3H_1+_3H_2+\cdots+_3H_7=_2C_0+_3C_1+_4C_2+\cdots+_9C_7$

$=_3C_0+_3C_1+_4C_2+\cdots+_9C_7$

$=_4C_1+_4C_2+\cdots+_9C_7$

$\vdots$

$=_9C_6+_9C_7=_{10}C_7=_{10}C_3=120$

다른 풀이

$_3H_0+_3H_1+_3H_2+\cdots+_3H_7=\sum\limits_{n=0}^{7}{}_3H_n=\sum\limits_{n=0}^{7}{}_{n+2}C_n=\sum\limits_{n=0}^{7}{}_{n+2}C_2$

$=\sum\limits_{n=0}^{7}\dfrac{(n+1)(n+2)}{2}$

$=\dfrac{1}{2}\sum\limits_{n=0}^{7}(n^2+3n+2)$

$=\dfrac{1}{2}\left\{\sum\limits_{n=1}^{7}(n^2+3n+2)+2\right\}$

$=\dfrac{1}{2}\left(\dfrac{7\times8\times15}{6}+3\times\dfrac{7\times8}{2}+2\times7\right)+1$

$=120$

206 답 ②

(i) 상자 A에 사탕을 넣는 경우

상자 C에는 사탕을 넣지 않으므로 두 상자 A, B에 넣는 사탕이 7개이어야 하고, 상자 A에는 초콜릿을 넣지 않으므로 두 상자 B, C에 넣는 초콜릿이 10개이어야 한다.

상자 A에는 사탕 1개, 상자 B에는 사탕 2개와 초콜릿 3개, 상자 C에는 초콜릿 2개를 먼저 넣어 두었다고 생각하자.

남은 사탕 4개를 두 상자 A, B에 남김없이 나누어 넣는 경우의 수는

$_2H_4=_5C_4=_5C_1=5$

남은 초콜릿 5개를 두 상자 B, C에 남김없이 나누어 넣는 경우의 수는

$_2H_5=_6C_5=_6C_1=6$

즉, 이 경우의 수는

$5\times6=30$

(ii) 상자 A에 초콜릿을 넣는 경우

상자 C에는 초콜릿을 넣지 않으므로 두 상자 A, B에 넣는 초콜릿이 10개이어야 하고, 상자 A에는 사탕을 넣지 않으므로 두 상자 B, C에 넣는 사탕이 7개이어야 한다.

상자 A에는 초콜릿 1개, 상자 B에는 사탕 2개와 초콜릿 3개, 상자 C에는 사탕 2개를 먼저 넣어 두었다고 생각하자.

남은 초콜릿 6개를 두 상자 A, B에 남김없이 나누어 넣는 경우의 수는

$_2H_6=_7C_6=_7C_1=7$

남은 사탕 3개를 두 상자 B, C에 남김없이 나누어 넣는 경우의 수는

$_2H_3=_4C_3=_4C_1=4$

즉, 이 경우의 수는

$7\times4=28$

(i), (ii)에서 구하는 경우의 수는

$30+28=58$

207 답 360

$f(1)$, $f(2)$, $f(3)$, $f(4)$의 값을 크기가 작은 것부터 차례로 a, b, c, d라 하면 $a \geq 1$, $d \leq 9$

또한, 주어진 조건에 의하여

$b-a \geq 2$, $c-b \geq 2$, $d-c \geq 2$

$\therefore 1 \leq a \leq b-2 \leq c-4 \leq d-6 \leq 3$ ...... ㉠

$b-2=b'$, $c-4=c'$, $d-6=d'$이라 하면

$1 \leq a \leq b' \leq c' \leq d' \leq 3$ ...... ㉡

부등식 ㉠을 만족시키는 자연수 a, b, c, d의 모든 순서쌍 (a, b, c, d)의 개수는 부등식 ㉡을 만족시키는 자연수 a, b', c', d'의 모든 순서쌍 (a, b', c', d')의 개수와 같다.

부등식 ㉡을 만족시키는 모든 순서쌍 (a, b', c', d')의 개수는 서로 다른 3개의 자연수 1, 2, 3에서 중복을 허락하여 4개를 택하는 중복조합의 수와 같으므로

$_3H_4=_6C_4=_6C_2=15$

이때 자연수 a, b, c, d를 $f(1)$, $f(2)$, $f(3)$, $f(4)$에 하나씩 대응시키는 경우의 수는

$4!=24$

따라서 조건을 만족시키는 함수 f의 개수는

$15\times24=360$

208 답 ②

주어진 조건을 만족시키는 세 집합 A, B, C 사이의 관계를 구해보자.

(i) 조건 (나)에서 $A^c \subset B \iff B^c \subset A$

이므로 두 조건 (가), (나)에서 $A = B^c$이다.

(ii) 조건 (다)에서

$$A^c \subset C^c \iff C \subset A$$

(i), (ii)를 만족시키는 집합 A, B, C의 포함 관계를 벤 다이어그램으로 나타내면 오른쪽과 같다.

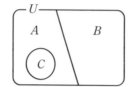

전체집합 U의 원소 중에서 원소의 개수가 k (k는 6보다 작은 자연수)인 부분집합 A의 원소를 택하는 경우의 수는

$$_6C_k$$

이때 집합 B의 원소는 남은 원소에 의하여 정해진다.

한편, 집합 C는 공집합이 아닌 집합 A의 부분집합이므로 $n(A) = k$일 때, 부분집합 C의 원소를 택하는 경우의 수는 $2^k - 1$이다.

즉, 집합 A의 원소가 k개일 때, 순서쌍 (A, B, C)를 정하는 방법의 수는

$$_6C_k \times (2^k - 1) \ (k = 1, 2, 3, 4, 5)$$

따라서 구하는 순서쌍 (A, B, C)의 총 개수는

$$\sum_{k=1}^{5} \{ _6C_k \times (2^k - 1) \}$$

$$= \sum_{k=1}^{5} \{ _6C_k \times 2^k \} - \sum_{k=1}^{5} {_6C_k}$$

$$= \sum_{k=1}^{5} \{ _6C_k \times 2^k \times 1^{1-k} \} - \sum_{k=1}^{5} \{ _6C_k \times 1^k \times 1^{1-k} \}$$

$$= \left[\sum_{k=0}^{6} \{ _6C_k \times 2^k \times 1^{1-k} \} - (_6C_0 \times 2^0 + _6C_6 \times 2^6) \right]$$

$$\qquad - \left\{ \sum_{k=0}^{6} (_6C_k \times 1^k \times 1^{1-k}) - (_6C_0 + _6C_6) \right\}$$

$$= \{ (2+1)^6 - (1 + 2^6) \} - \{ (1+1)^6 - (1+1) \}$$

$$= 3^6 - 2^7 + 1 = 602$$

II 확률

209 답 51

8개의 공이 들어 있는 주머니에서 임의로 2개의 공을 동시에 꺼내는 경우의 수는

$$_8C_2 = 28$$

(i) 꺼낸 2개의 공의 색이 서로 다른 경우

주머니에서 꺼낸 2개의 공이 서로 다른 색이면 12를 점수로 얻으므로 24 이하의 짝수라는 조건을 만족시킨다.

즉, 이때의 경우의 수는

$$_4C_1 \times _4C_1 = 4 \times 4 = 16$$

(ii) 꺼낸 2개의 공의 색이 모두 흰색인 경우

2개의 공에 적힌 수가 모두 홀수인 경우만 제외하면 두 수의 곱

이 24 이하의 짝수라는 조건을 만족시킨다.

즉, 이때의 경우의 수는

$$_4C_2 - _2C_2 = 6 - 1 = 5$$

(iii) 꺼낸 2개의 공의 색이 모두 검은색인 경우

2개의 공에 적힌 수가 4, 5 또는 4, 6인 경우에만 두 수의 곱이 24 이하의 짝수라는 조건을 만족시킨다.

즉, 이때의 경우의 수는 2이다.

(i), (ii), (iii)에서 얻은 점수가 24 이하의 짝수인 경우의 수는

$$16 + 5 + 2 = 23$$

따라서 얻은 점수가 24 이하의 짝수일 확률은 $\dfrac{23}{28}$이므로

$$p = 28, \ q = 23$$

$$\therefore p + q = 28 + 23 = 51$$

---

210 답 15

집합 A에서 A로의 모든 함수의 개수는

$$_4\Pi_4 = 4^4 = 256$$

두 조건 (가), (나)를 만족시키는 함수의 개수는 조건 (가)에 의하여 다음 네 가지 경우로 나누어 생각할 수 있다.

(i) $f(1) = f(2) = 3$인 경우

조건 (나)를 만족시키려면 공역의 나머지 세 원소 1, 2, 4 중에서 서로 다른 2개를 택하여 정의역의 원소 3, 4에 순서대로 짝지으면 된다.

즉, 이때의 경우의 수는

$$_3P_2 = 6$$

(ii) $f(1) = f(2) = 4$인 경우

(i)과 같은 방법으로 생각하면 이 경우의 수는 6

(iii) $f(1) = 3$, $f(2) = 4$인 경우

조건 (나)를 만족시키려면 치역의 원소의 개수가 3이 되어야 하므로 다음 세 가지 경우로 나누어 생각할 수 있다.

ⓐ $f(3)$의 값이 3 또는 4인 경우

$f(4)$의 값은 1 또는 2가 되어야 하므로 이 경우의 수는

$$2 \times 2 = 4$$

ⓑ $f(4)$의 값이 3 또는 4인 경우

$f(3)$의 값은 1 또는 2가 되어야 하므로 이 경우의 수는

$$2 \times 2 = 4$$

ⓒ $f(3)$, $f(4)$의 값이 모두 1이거나 2인 경우의 수는 2

ⓐ, ⓑ, ⓒ에서 경우의 수는

$$4 + 4 + 2 = 10$$

(iv) $f(1) = 4$, $f(2) = 3$인 경우

(iii)과 같은 방법으로 생각하면 이 경우의 수는 10

(i)~(iv)에서 조건을 만족시키는 함수의 개수는

$$6 + 6 + 10 + 10 = 32$$

따라서 구하는 확률은

$$p = \frac{32}{256} = \frac{1}{8}$$

$$\therefore 120p = 120 \times \frac{1}{8} = 15$$

211 답 47

3개의 공이 들어 있는 주머니에서 임의로 한 개의 공을 꺼내어 공에 적혀 있는 수를 확인한 후 다시 넣는 시행을 5번 반복할 때 나오는 모든 경우의 수는

$_3\Pi_5=3^5=243$

이때 확인한 5개의 수의 곱이 6의 배수가 아닌 경우는 다음과 같다.

(i) 한 개의 숫자만 나오는 경우

이 경우의 수는 3

(ii) 두 개의 숫자가 나오는 경우

1, 2가 적혀 있는 공이 나오는 경우의 수는

$2^5-2=30$

1, 3이 적혀 있는 공이 나오는 경우의 수는

$2^5-2=30$

그러므로 이 경우의 수는

$30+30=60$

(i), (ii)에서 5개의 수의 곱이 6의 배수가 아닌 경우의 수는

$3+60=63$

이므로 그 확률은

$\dfrac{63}{243}=\dfrac{7}{27}$

따라서 5개의 수의 곱이 6의 배수일 확률은

$1-\dfrac{7}{27}=\dfrac{20}{27}$

이므로 $p=27$, $q=20$

$\therefore p+q=27+20=47$

212 답 62

동전을 두 번 던져 앞면이 나온 횟수가 2일 확률은

$_2C_2\left(\dfrac{1}{2}\right)^2\left(\dfrac{1}{2}\right)^0=\dfrac{1}{4}$

동전을 두 번 던져 앞면이 나온 횟수가 0 또는 1일 확률은

$_2C_0\left(\dfrac{1}{2}\right)^0\left(\dfrac{1}{2}\right)^2+_2C_1\left(\dfrac{1}{2}\right)^1\left(\dfrac{1}{2}\right)^1=\dfrac{1}{4}+\dfrac{1}{2}=\dfrac{3}{4}$

시행을 5번 반복했을 때 문자 B가 보이도록 카드가 놓이려면 카드를 뒤집는 시행을 1번 또는 3번 또는 5번 하면 되므로 이때의 확률은

$p=_5C_1\left(\dfrac{1}{4}\right)^1\left(\dfrac{3}{4}\right)^4+_5C_3\left(\dfrac{1}{4}\right)^3\left(\dfrac{3}{4}\right)^2+_5C_5\left(\dfrac{1}{4}\right)^5\left(\dfrac{3}{4}\right)^0$

$=\dfrac{405+90+1}{4^5}=\dfrac{496}{4^5}=\dfrac{31}{64}$

$\therefore 128\times p=128\times\dfrac{31}{64}=62$

213 답 ③

5명이 5개의 의자에 앉는 경우의 수는

$5!=120$

A, B 두 사람이 모두 처음 앉았던 의자가 아닌 다른 의자에 앉는 경우는 다음과 같다.

(i) A, B가 서로 자리를 바꾸는 경우

A, B가 서로 자리를 바꾸어 앉고, 새로 들어온 3명의 사람이 뒷줄의 의자에 앉는 경우의 수는

$1\times3!=1\times6=6$

즉, 이 경우의 확률은

$\dfrac{6}{120}=\dfrac{1}{20}$

(ii) A, B가 모두 뒷줄의 의자에 앉는 경우

A, B가 모두 뒷줄의 의자 3개 중 2개에 앉고, 새로 들어온 3명이 남은 의자에 앉는 경우의 수는

$_3P_2\times3!=6\times6=36$

즉, 이 경우의 확률은

$\dfrac{36}{120}=\dfrac{3}{10}$

(iii) A, B 두 사람 중 1명은 다른 1명의 자리에 앉고 나머지 1명은 뒷줄의 의자에 앉는 경우

A, B 두 사람 중 1명이 다른 1명의 자리에 앉고 남은 1명은 뒷줄의 의자 3개 중 1개에 앉고, 새로 들어온 3명의 사람이 나머지 의자에 앉는 경우의 수는

$2\times_3P_1\times3!=2\times3\times6=36$

즉, 이 경우의 확률은

$\dfrac{36}{120}=\dfrac{3}{10}$

(i), (ii), (iii)에서 구하는 확률은

$\dfrac{1}{20}+\dfrac{3}{10}+\dfrac{3}{10}=\dfrac{13}{20}$

다른 풀이

전체 경우의 수에서 A, B 중 적어도 1명이 처음 앉았던 의자에 앉게 되는 경우의 수를 빼면 된다.

(i) A만 자신이 앉았던 의자에 앉는 경우

B는 뒷줄의 의자에 앉아야 하므로 이 경우의 수는

$_3C_1\times3!=3\times6=18$

(ii) B만 자신이 앉았던 의자에 앉는 경우

A는 뒷줄의 의자에 앉아야 하므로 이 경우의 수는

$_3C_1\times3!=3\times6=18$

(iii) A, B 모두 자신이 앉았던 의자에 앉는 경우

이 경우의 수는

$3!=6$

(i), (ii), (iii)에서 A, B 두 사람이 모두 처음 의자가 아닌 다른 의자에 앉는 경우의 수는

$120-(18+18+6)=120-42=78$

따라서 구하는 확률은

$\dfrac{78}{120}=\dfrac{13}{20}$

214 답 ②

ㄱ. 원점에서 점 P까지 거리가 6 이하가 되는 경우는

점 P의 좌표가 $(6, 0)$ 또는 $(0, 6)$일 때이다.

즉, 동전을 6번 던져서 모두 앞면 또는 뒷면이 나올 때이므로 구하는 확률은

$${}_6C_6\left(\frac{1}{2}\right)^6\left(\frac{1}{2}\right)^0+{}_6C_0\left(\frac{1}{2}\right)^0\left(\frac{1}{2}\right)^6=2\times\left(\frac{1}{2}\right)^6=\frac{1}{32}$$ (참)

ㄴ. 점 P의 좌표가 $(6, 4)$가 되는 경우는
동전을 9번 던졌을 때 점 P의 좌표가 $(5, 4)$이고
10번째 던진 동전이 앞면이 나올 때이다.
즉, 구하는 확률은

$${}_9C_5\left(\frac{1}{2}\right)^5\left(\frac{1}{2}\right)^4\times\frac{1}{2}=\frac{9!}{5!4!}\left(\frac{1}{2}\right)^{10}=\frac{63}{512}$$ (참)

ㄷ. 점 P의 x좌표와 y좌표의 합이 10이 되는 경우는 다음의 두 가지이다.
　(i) 동전을 9번 던졌을 때, 점 P의 좌표가 $(5, 4)$인 경우
　　10번째 던진 동전이 앞면이 나오면 점 P의 좌표가 $(6, 4)$가 된다.
　　이때의 확률은 ㄴ에서 $\frac{63}{512}$이다.
　(ii) 동전을 9번 던졌을 때, 점 P의 좌표가 $(4, 5)$인 경우
　　10번째 던진 동전이 뒷면이 나오면 점 P의 좌표가 $(4, 6)$이 된다.
　　이때의 확률은

$${}_9C_4\left(\frac{1}{2}\right)^4\left(\frac{1}{2}\right)^5\times\frac{1}{2}=\frac{9!}{4!5!}\left(\frac{1}{2}\right)^{10}=\frac{63}{512}$$

　(i), (ii)에서 점 P의 x좌표와 y좌표의 합이 10일 확률은

$$\frac{63}{512}+\frac{63}{512}=\frac{63}{256}$$ (거짓)

따라서 옳은 것은 ㄱ, ㄴ이다.

215 답 49

한 개의 주사위를 두 번 던질 때 나오는 모든 경우의 수는
$6\times6=36$
연립방정식 $\begin{cases}ax+by=3\\x+2y=2\end{cases}$ 는 $\frac{a}{1}=\frac{b}{2}$, 즉 $2a-b=0$이면 해가 없다.

$2a-b\neq0$이라 가정하고 연립방정식을 풀면
$x=\dfrac{6-2b}{2a-b}$, $y=\dfrac{2a-3}{2a-b}$

(i) $2a-b>0$일 때
　$x>0$, $y>0$이어야 하므로
　$6-2b>0$이고 $2a-3>0$이어야 한다.
　$\therefore b<3$, $a>\dfrac{3}{2}$　……㉠
　$1\le a\le6$, $1\le b\le6$인 범위에서 ㉠을 만족시키는 a, b의 순서쌍 (a, b)는
　$(2, 1)$, $(2, 2)$, $(3, 1)$, $(3, 2)$, $(4, 1)$, $(4, 2)$,
　$(5, 1)$, $(5, 2)$, $(6, 1)$, $(6, 2)$
　의 10개이다.
(ii) $2a-b<0$일 때
　$x>0$, $y>0$이어야 하므로
　$6-2b<0$이고 $2a-3<0$이어야 한다.
　$\therefore b>3$, $a<\dfrac{3}{2}$　……㉡

$1\le a\le6$, $1\le b\le6$인 범위에서 ㉡을 만족시키는 a, b의 순서쌍 (a, b)는
$(1, 4)$, $(1, 5)$, $(1, 6)$
의 3개이다.
(i), (ii)에서 x, y가 양의 실수인 경우의 수는
$10+3=13$
따라서 조건을 만족시키는 확률은 $\dfrac{13}{36}$이므로
$p=36$, $q=13$
$\therefore p+q=36+13=49$

216 답 46

2번의 시행에서 나올 수 있는 모든 경우의 수는
$${}_5C_3\times{}_5C_3={}_5C_2\times{}_5C_2=10\times10=100$$
2번의 시행에서 종이에 적은 6개의 수 중 가장 큰 수가 5가 아닌 경우는 종이에 적은 6개의 수가 모두 4 이하인 경우이다.
종이에 적은 6개의 수가 모두 4 이하인 경우의 수는
$${}_4C_3\times{}_4C_3={}_4C_1\times{}_4C_1=4\times4=16$$
즉, 2번의 시행에서 종이에 적은 6개의 수 중에서 가장 큰 수가 5일 확률은
$$1-\frac{16}{100}=\frac{84}{100}=\frac{21}{25}$$
따라서 $p=25$, $q=21$이므로
$p+q=25+21=46$

217 답 ②

12장의 카드가 들어 있는 상자에서 4장의 카드를 꺼내는 경우는 다음과 같이 나누어 생각할 수 있다.
(i) 카드 4장에 적혀 있는 숫자가 모두 다른 경우
　이때의 경우의 수는
　$${}_6P_4=360$$
(ii) 같은 숫자가 하나만 반복되는 경우
　이때의 경우의 수는
　$${}_6C_3\times{}_3C_1\times\frac{4!}{2!}=20\times3\times12=720$$
(iii) 같은 숫자가 두 개 반복되는 경우
　이때의 경우의 수는
　$${}_6C_2\times\frac{4!}{2!2!}=15\times6=90$$
(i), (ii), (iii)에서 모든 경우의 수는
$360+720+90=1170$
한편, 네 번째 시행에서 처음으로 앞에서 꺼낸 카드와 같은 숫자가 적힌 카드를 꺼내는 경우는 (ii)의 경우에서 반복되는 숫자 중 하나는 반드시 4번째에 위치하는 경우와 같으므로 이때의 경우의 수는
$${}_6P_3\times3=120\times3=360$$
따라서 구하는 확률은
$$\frac{360}{1170}=\frac{4}{13}$$

218 답 ①

한 개의 주사위를 세 번 던질 때 나오는 모든 경우의 수는

$6^3=216$

한 개의 주사위를 세 번 던지는 시행에서 나타나는 눈의 수의 최댓값 a_3, 최솟값 b_3에 대하여 $a_3-b_3<5$인 사건을 A라 하면 A^C은 $a_3-b_3\geq5$인 사건이므로

$p_3=1-\mathrm{P}(A^C)$

$a_3-b_3\geq5$인 경우는 $a_3=6$, $b_3=1$인 경우뿐이므로 주사위의 눈의 수 3개에 대하여 A^C은 다음과 같이 경우를 나누어 생각할 수 있다.

(i) 1, 1, 6 또는 1, 6, 6인 경우

1, 1, 6인 경우의 수는 $\dfrac{3!}{2!}=3$

1, 6, 6인 경우의 수는 $\dfrac{3!}{2!}=3$

즉, 이때의 경우의 수는

$3+3=6$

(ii) 1, 6과 2, 3, 4, 5 중 하나인 경우

1, 2, 6인 경우의 수는 $3!=6$

1, 3, 6인 경우, 1, 4, 6인 경우, 1, 5, 6인 경우의 수도 각각 6이다.

즉, 이때의 경우의 수는

$6\times4=24$

(i), (ii)에서 $\mathrm{P}(A^C)=\dfrac{6+24}{216}=\dfrac{5}{36}$

$\therefore p_3=1-\mathrm{P}(A^C)=1-\dfrac{5}{36}=\dfrac{31}{36}$

다른 풀이

$a_3-b_3<5$인 사건의 여사건은 $a_3-b_3\geq5$인 사건이고 $a_3=6$, $b_3=1$일 때이다.

한 개의 주사위를 세 번 던져 6의 눈이 나오는 사건을 A, 1의 눈이 나오는 사건을 B라 하면 $a_3-b_3\geq5$인 사건은 $A\cap B$이므로 $a_3-b_3<5$인 사건은 $(A\cap B)^C=A^C\cup B^C$이다.

A^C은 한 개의 주사위를 세 번 던져 6의 눈이 나오지 않는 사건, B^C은 한 개의 주사위를 세 번 던져 1의 눈이 나오지 않는 사건이므로

$\mathrm{P}(A^C)=\left(\dfrac{5}{6}\right)^3$, $\mathrm{P}(B^C)=\left(\dfrac{5}{6}\right)^3$, $\mathrm{P}(A^C\cap B^C)=\left(\dfrac{4}{6}\right)^3$

$\therefore p_3=\mathrm{P}(A^C\cup B^C)$

$=\mathrm{P}(A^C)+\mathrm{P}(B^C)-\mathrm{P}(A^C\cap B^C)$

$=\left(\dfrac{5}{6}\right)^3+\left(\dfrac{5}{6}\right)^3-\left(\dfrac{4}{6}\right)^3$

$=2\times\dfrac{125}{216}-\dfrac{64}{216}=\dfrac{31}{36}$

219 답 ④

서로 다른 4개의 주머니에 넣는 구슬의 개수를 각각 x, y, z, w라 하면

$x+y+z+w=10$

이때 각 주머니에 1개 이상의 구슬을 넣어야 하므로

$x\geq1$, $y\geq1$, $z\geq1$, $w\geq1$

음이 아닌 정수 x', y', z', w'에 대하여

$x'=x-1$, $y'=y-1$, $z'=z-1$, $w'=w-1$이라 하면

$(x'+1)+(y'+1)+(z'+1)+(w'+1)=10$

$\therefore x'+y'+z'+w'=6$ ······ ㉠

즉, 순서쌍 (x', y', z', w')의 개수는

$_4\mathrm{H}_6={}_9\mathrm{C}_6={}_9\mathrm{C}_3=84$

한편, 각 주머니에 5개 이하의 구슬이 들어 있는 사건을 A라 하면 어떤 주머니에 6개 이상의 구슬이 들어 있는 사건은 A^C이다.

㉠에서 x'의 값이 5 이상인 경우의 순서쌍 (x', y', z', w')은

$(5, 1, 0, 0)$, $(5, 0, 1, 0)$, $(5, 0, 0, 1)$, $(6, 0, 0, 0)$

의 4가지이고, y', z', w'의 값이 5 이상인 경우도 마찬가지이므로

$\mathrm{P}(A^C)=\dfrac{4}{84}\times4=\dfrac{4}{21}$

따라서 구하는 확률은

$\mathrm{P}(A)=1-\mathrm{P}(A^C)=1-\dfrac{4}{21}=\dfrac{17}{21}$

220 답 ③

12명의 선수 중에서 등번호가 서로 다른 3명을 뽑는 사건을 X, 뽑힌 3명의 선수 중 소속팀이 다른 선수가 있는 사건을 Y라 하자.

사건 X가 일어나는 경우는 1, 2, 3, 4, 5, 6에서 서로 다른 3개를 뽑고, 뽑힌 번호에 해당하는 선수가 각각 A팀 또는 B팀인 경우이므로

$\mathrm{P}(X)=\dfrac{{}_6\mathrm{C}_3\times(2\times2\times2)}{{}_{12}\mathrm{C}_3}=\dfrac{20\times8}{220}=\dfrac{8}{11}$

사건 $X\cap Y$는 사건 X가 일어나는 경우 중에서 뽑힌 3명의 선수가 모두 같은 팀인 경우를 제외한 경우이므로

$\mathrm{P}(X\cap Y)=\dfrac{{}_6\mathrm{C}_3\times2^3-(2\times{}_6\mathrm{C}_3)}{220}$

$=\dfrac{160-40}{220}$

$=\dfrac{6}{11}$

따라서 구하는 확률은

$\mathrm{P}(Y|X)=\dfrac{\mathrm{P}(X\cap Y)}{\mathrm{P}(X)}=\dfrac{\dfrac{6}{11}}{\dfrac{8}{11}}=\dfrac{3}{4}$

221 답 ③

이 시행을 3번 반복할 때, 숫자가 나오는 모든 경우의 수는

$10^3=1000$

ㄱ. $X=1$이고 $Y=2$인 경우

1이 적혀 있는 카드가 2번, 2가 적혀 있는 카드가 1번 또는 1이 적혀 있는 카드가 1번, 2가 적혀 있는 카드가 2번 나올 때이므로 이때의 경우의 수는

$\dfrac{3!}{2!}+\dfrac{3!}{2!}=3+3=6$

즉, 구하는 확률은

$\dfrac{6}{1000}=\dfrac{3}{500}$ (참)

ㄴ. $X=1$이고 $Y=k$ ($3 \le k \le 10$인 자연수)인 경우
1이 적혀 있는 카드가 2번, k가 적혀 있는 카드가 1번 또는 1
이 적혀 있는 카드가 1번, k가 적혀 있는 카드가 2번 나오거나
1이 적혀 있는 카드가 1번, k가 적혀 있는 카드가 1번, 1과 k
사이의 숫자가 적혀 있는 카드가 1번 나올 때이다.

이때의 경우의 수는 $\dfrac{3!}{2!}+\dfrac{3!}{2!}+3! \times (k-2)$

즉, 구하는 확률은 $\dfrac{3+3+3!(k-2)}{1000}=\dfrac{3(k-1)}{500}$ (거짓)

ㄷ. $X=x$이고 $Y=y$일 확률을 $\mathrm{P}(x, y)$라 하면
ㄴ에서

$\mathrm{P}(1, k)=\dfrac{3(k-1)}{500}$

$X=1$이고 $Y=6$이면 $Y-X=5$이므로

$\mathrm{P}(1, 6)=\dfrac{3 \times (6-1)}{500}=\dfrac{3}{100}$

그런데 $Y-X=5$인 경우를 순서쌍 (X, Y)로 나타내면
$(1, 6)$, $(2, 7)$, $(3, 8)$, $(4, 9)$, $(5, 10)$
의 5가지이고 각각의 확률은 모두 같으므로
$\mathrm{P}(1, 6)=\mathrm{P}(2, 7)=\mathrm{P}(3, 8)=\mathrm{P}(4, 9)=\mathrm{P}(5, 10)$

즉, 구하는 확률은 $\dfrac{3}{100} \times 5=\dfrac{3}{20}$ (참)

따라서 옳은 것은 ㄱ, ㄷ이다.

Ⅲ 통계

222　답 78

$\begin{aligned} \mathrm{E}(X)&=1 \times a+3 \times b+5 \times c+7 \times b+9 \times a \\ &=10a+10b+5c \end{aligned}$

$\begin{aligned} \mathrm{E}(X^2)&=1^2 \times a+3^2 \times b+5^2 \times c+7^2 \times b+9^2 \times a \\ &=82a+58b+25c \end{aligned}$

$\begin{aligned} \mathrm{E}(Y)=&1 \times \left(a+\dfrac{1}{20}\right)+3 \times b+5 \times \left(c-\dfrac{1}{10}\right)+7 \times b \\ &+9 \times \left(a+\dfrac{1}{20}\right) \\ =&10a+10b+5c \end{aligned}$

$\begin{aligned} \mathrm{E}(Y^2)=&1^2 \times \left(a+\dfrac{1}{20}\right)+3^2 \times b+5^2 \times \left(c-\dfrac{1}{10}\right)+7^2 \times b \\ &+9^2 \times \left(a+\dfrac{1}{20}\right) \\ =&82a+58b+25c+\dfrac{8}{5} \end{aligned}$

따라서 $\mathrm{E}(Y)=\mathrm{E}(X)$, $\mathrm{E}(Y^2)=\mathrm{E}(X^2)+\dfrac{8}{5}$이므로

$\begin{aligned} \mathrm{V}(Y)&=\mathrm{E}(Y^2)-\{\mathrm{E}(Y)\}^2=\mathrm{E}(X^2)+\dfrac{8}{5}-\{\mathrm{E}(X)\}^2 \\ &=\mathrm{V}(X)+\dfrac{8}{5} \ (\because \mathrm{V}(X)=\mathrm{E}(X^2)-\{\mathrm{E}(X)\}^2) \\ &=\dfrac{31}{5}+\dfrac{8}{5}=\dfrac{39}{5} \end{aligned}$

$\therefore 10 \times \mathrm{V}(Y)=10 \times \dfrac{39}{5}=78$

223　답 31

$0 \le x \le 6$인 모든 실수 x에 대하여
$f(x)+g(x)=k$ (k는 상수)
이므로
$g(x)=k-f(x)$
이때 확률밀도함수의 정의에 의하여 $g(x)=k-f(x) \ge 0$, 즉
$f(x) \le k$이다.

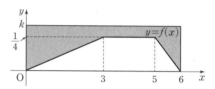

$0 \le x \le 6$에서 $g(x)=k-f(x)$이므로 확률밀도함수의 정의에 의
하여 세 직선 $x=0$, $x=6$, $y=k$와 함수 $y=f(x)$의 그래프로 둘
러싸인 부분의 넓이는 1이다.
또한, 함수 $y=f(x)$의 그래프와 x축으로 둘러싸인 부분의 넓이도
1이므로

$k \times 6=2 \quad \therefore k=\dfrac{1}{3}$

$0 \le x \le 3$에서 $f(x)=\dfrac{1}{12}x$

$3 \le x \le 5$에서 $f(x)=\dfrac{1}{4}$

$\begin{aligned} \therefore \mathrm{P}(6k \le Y \le 15k)&=\mathrm{P}(2 \le Y \le 5) \\ &=\mathrm{P}(2 \le Y \le 3)+\mathrm{P}(3 \le Y \le 5) \\ &=\left\{\dfrac{1}{3} \times 1-\dfrac{1}{2} \times \left(\dfrac{1}{6}+\dfrac{1}{4}\right) \times 1\right\} \\ &\qquad +\left(\dfrac{1}{3} \times 2-\dfrac{1}{4} \times 2\right) \\ &=\left(\dfrac{1}{3}-\dfrac{1}{2} \times \dfrac{5}{12}\right)+\left(\dfrac{2}{3}-\dfrac{1}{2}\right) \\ &=\dfrac{1}{8}+\dfrac{1}{6}=\dfrac{7}{24} \end{aligned}$

따라서 $p=24$, $q=7$이므로
$p+q=24+7=31$

224　답 673

확률변수 X의 평균이 1이므로

$\mathrm{P}(X \le 5t) \ge \dfrac{1}{2}$에서

$5t \ge 1 \quad \therefore t \ge 0.2$

확률변수 X가 정규분포 $\mathrm{N}(1, t^2)$을 따르므로 $Z=\dfrac{X-1}{t}$이라 하면

확률변수 Z는 표준정규분포 $\mathrm{N}(0, 1)$을 따른다.

$\mathrm{P}(t^2-t+1 \le X \le t^2+t+1)$

$=\mathrm{P}\left(\dfrac{(t^2-t+1)-1}{t} \le Z \le \dfrac{(t^2+t+1)-1}{t}\right)$

$=\mathrm{P}(t-1 \le Z \le t+1) \ (\because t>0)$

이고, $t \ge 0.2$이므로

$t-1 \ge -0.8$, $t+1 \ge 1.2$

이때 $\mathrm{P}(t-1 \le Z \le t+1)$에서

두 수 $t-1$과 $t+1$ 사이의 거리는 2로 일정하고 다음 그림과 같은 표준정규분포의 확률밀도함수의 그래프에서 t의 값이 커질수록 색칠한 부분의 넓이가 작아지므로 t의 값이 최소인 0.2일 때, $P(t-1 \le Z \le t+1)$이 최댓값을 갖는다.

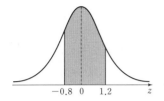 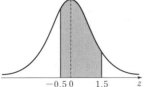

$$\therefore\ k = P(0.2-1 \le Z \le 0.2+1)$$
$$= P(-0.8 \le Z \le 1.2)$$
$$= P(0 \le Z \le 0.8) + P(0 \le Z \le 1.2)$$
$$= 0.288 + 0.385$$
$$= 0.673$$
$$\therefore\ 1000 \times k = 1000 \times 0.673 = 673$$

225 답 23

주머니에서 임의로 꺼낸 한 개의 공에 적혀 있는 수를 확률변수 Y라 하면 확률변수 Y가 가질 수 있는 값은 1, 2, 3, 4이고 이 각각에 대한 확률을 a, b, c, d라 하고 Y의 확률분포를 표로 나타내면 다음과 같다. (단, a, b, c, d는 각각 0 이상 1 이하의 실수이다.)

Y	1	2	3	4	합계
$P(Y=y)$	a	b	c	d	1

$X=4$인 경우는 확인한 4개의 수가 모두 1인 경우이므로
$$P(X=4) = a^4$$
즉, 조건 (가)에 의하여
$$a^4 = \frac{1}{81} = \left(\frac{1}{3}\right)^4 \qquad \therefore\ a = \frac{1}{3}\ (\because 0 \le a \le 1)$$
$X=16$인 경우는 확인한 4개의 수가 모두 4인 경우이므로
$$P(X=16) = d^4$$
즉, 조건 (가)에 의하여
$$16 \times d^4 = \frac{1}{81},\ d^4 = \left(\frac{1}{6}\right)^4 \qquad \therefore\ d = \frac{1}{6}\ (\because 0 \le d \le 1)$$
한편, 확률의 총합은 1이므로
$a+b+c+d=1$에서
$$\frac{1}{3}+b+c+\frac{1}{6}=1$$
$$\therefore\ b+c = \frac{1}{2} \qquad \cdots\cdots\ \text{㉠}$$
시행을 4번 반복하여 확인한 4개의 수의 표본평균을 $\overline{Y}$라 하면 $X=4\overline{Y}$이므로 조건 (나)에 의하여
$$E(X) = E(4\overline{Y}) = 4E(\overline{Y}) = 4E(Y)$$
$$= 4\left(1 \times \frac{1}{3} + 2 \times b + 3 \times c + 4 \times \frac{1}{6}\right)$$
$$= 4(1+2b+3c)$$
$$= 9$$
$$\therefore\ 2b+3c = \frac{5}{4} \qquad \cdots\cdots\ \text{㉡}$$

㉠, ㉡을 연립하여 풀면
$$b = \frac{1}{4},\ c = \frac{1}{4}$$
$4E(Y)=9$에서 $E(Y)=\frac{9}{4}$이므로
$$V(X) = V(4\overline{Y}) = 16V(\overline{Y})$$
$$= 16 \times \frac{V(Y)}{4} = 4V(Y)$$
$$= 4[E(Y^2) - \{E(Y)\}^2]$$
$$= 4 \times \left\{\left(\frac{1^2}{3} + \frac{2^2}{4} + \frac{3^2}{4} + \frac{4^2}{6}\right) - \left(\frac{9}{4}\right)^2\right\}$$
$$= 4 \times \left(\frac{25}{4} - \frac{81}{16}\right) = \frac{19}{4}$$
따라서 $p=4$, $q=19$이므로
$$p+q = 4+19 = 23$$

226 답 ②

$1 \le a \le 6$, $1 \le b \le 6$이므로
$$-4 \le a-b+1 \le 6$$
$$0 \le |a-b+1| \le 6$$
즉, 확률변수 X가 갖는 값은 0, 1, 2, 3, 4, 5, 6이다.
$X^2-3X = X(X-3) = 0$에서
$X=0$ 또는 $X=3$
(ⅰ) $X=0$, 즉 $|a-b+1|=0$일 때
$a-b=-1$이므로 순서쌍 (a, b)는
$(1, 2)$, $(2, 3)$, $(3, 4)$, $(4, 5)$, $(5, 6)$의 5가지이다.
$$\therefore\ P(X=0) = \frac{5}{36}$$
(ⅱ) $X=3$, 즉 $|a-b+1|=3$일 때
$a-b=2$ 또는 $a-b=-4$이므로 순서쌍 (a, b)는
$(3, 1)$, $(4, 2)$, $(5, 3)$, $(6, 4)$, $(1, 5)$, $(2, 6)$의 6가지이다.
$$\therefore\ P(X=3) = \frac{6}{36} = \frac{1}{6}$$
(ⅰ), (ⅱ)에서 구하는 확률은
$$P(X^2-3X=0) = P(X=0) + P(X=3)$$
$$= \frac{5}{36} + \frac{1}{6} = \frac{11}{36}$$

227 답 62

A, B, C 세 사람이 차례로 주사위를 한 번씩 던질 때 나오는 전체 경우의 수는
$$6^3 = 216$$
A가 0이 아닌 점수를 얻는 경우는 $a>b$이고 $a>c$일 때이고, 이 경우는 a의 값에 따라 다음과 같이 나누어 생각할 수 있다.
(ⅰ) $a=2$일 때
순서쌍 (b, c)의 개수는 $(1, 1)$의 1
(ⅱ) $a=3$일 때
순서쌍 (b, c)의 개수는 1, 2 중 중복을 허락하여 2개를 택하는 경우의 수와 같으므로
$${}_2\Pi_2 = 4$$

(iii) $a=4$일 때

순서쌍 (b, c)의 개수는 1, 2, 3 중 중복을 허락하여 2개를 택하는 경우의 수와 같으므로

$_3\Pi_2=9$

(iv) $a=5$일 때

순서쌍 (b, c)의 개수는 1, 2, 3, 4 중 중복을 허락하여 2개를 택하는 경우의 수와 같으므로

$_4\Pi_2=16$

(v) $a=6$일 때

순서쌍 (b, c)의 개수는 1, 2, 3, 4, 5 중 중복을 허락하여 2개를 택하는 경우의 수와 같으므로

$_5\Pi_2=25$

(i)~(v)에서 $a=0$인 경우의 수는

$216-(1+4+9+16+25)=161$

즉, 확률변수 X의 확률분포를 표로 나타내면 다음과 같다.

X	0	2	3	4	5	6	합계
$\mathrm{P}(X=x)$	$\dfrac{161}{6^3}$	$\dfrac{1}{6^3}$	$\dfrac{4}{6^3}$	$\dfrac{9}{6^3}$	$\dfrac{16}{6^3}$	$\dfrac{25}{6^3}$	1

$$\therefore \mathrm{E}(X)=0\times\frac{161}{6^3}+2\times\frac{1}{6^3}+3\times\frac{4}{6^3}+4\times\frac{9}{6^3}+5\times\frac{16}{6^3}+6\times\frac{25}{6^3}$$

$$=\frac{1}{6^3}(2+3\times4+4\times9+5\times16+6\times25)$$

$$=\frac{1}{6^3}(2+12+36+80+150)$$

$$=\frac{35}{27}$$

따라서 $p=27$, $q=35$이므로

$p+q=27+35=62$

228 답 540

주머니에 들어 있는 공의 총 개수는

$2+3+n=n+5$

2와 3의 양의 약수의 개수는 각각 2이고 6의 양의 약수의 개수는 4이므로 확률변수 X의 확률분포를 표로 나타내면 다음과 같다.

X	2	4	합계
$\mathrm{P}(X=x)$	$\dfrac{5}{n+5}$	$\dfrac{n}{n+5}$	1

이때 $\mathrm{E}(X)=2\times\dfrac{5}{n+5}+4\times\dfrac{n}{n+5}=\dfrac{4n+10}{n+5}=\dfrac{10}{3}$에서

$12n+30=10n+50$

$\therefore n=10$

즉, 확률변수 X의 확률분포를 표로 나타내면 다음과 같다.

X	2	4	합계
$\mathrm{P}(X=x)$	$\dfrac{1}{3}$	$\dfrac{2}{3}$	1

이 주머니에서 임의로 한 개의 공을 꺼낼 때 그 공에 적힌 수가 소수일 확률은 $\dfrac{1}{3}$이므로 이 시행을 180번 반복할 때, 소수가 적힌 공이

나온 횟수를 확률변수 Y라 하면 확률변수 Y는 이항분포 $\mathrm{B}\left(180, \dfrac{1}{3}\right)$을 따른다.

$$\therefore \mathrm{E}(Y)=180\times\frac{1}{3}=60$$

이때 얻는 점수를 W라 하면

$W=5Y+2(180-Y)=3Y+360$

따라서 얻은 점수의 기댓값은

$\mathrm{E}(W)=\mathrm{E}(3Y+360)=3\mathrm{E}(Y)+360=3\times60+360=540$

229 답 ④

함수 $y=f(x)$의 그래프와 x축으로 둘러싸인 부분의 넓이는 1이므로

$\dfrac{1}{2}\times4\times8k+\dfrac{1}{2}\times(12-4)\times8k=48k=1$

$\therefore k=\dfrac{1}{48}$

즉, $f(x)=\begin{cases}\dfrac{1}{24}x & (0\le x\le4)\\\dfrac{1}{48}(12-x) & (4\le x\le12)\end{cases}$ 이므로

$\mathrm{P}(3\le X\le4)=\dfrac{1}{2}\times(4-3)\times\left(\dfrac{3}{24}+\dfrac{4}{24}\right)=\dfrac{7}{48}$

$3\le a\le4$일 때, $\mathrm{P}(3\le X\le a)\le\dfrac{7}{48}<\dfrac{1}{4}$이므로 부등식을 항상 만족시킨다.

$4<a\le12$일 때, $\mathrm{P}(3\le X\le a)\le\dfrac{1}{4}$에서

$\mathrm{P}(3\le X\le4)+\mathrm{P}(4\le X\le a)\le\dfrac{1}{4}$

$\dfrac{7}{48}+\dfrac{1}{2}\times(a-4)\times\left\{\dfrac{1}{6}+\dfrac{1}{48}(12-a)\right\}\le\dfrac{1}{4}$

$\therefore a^2-24a+90\ge0$

이차방정식 $a^2-24a+90=0$의 해가 $a=12\pm3\sqrt{6}$이므로

이차부등식 $a^2-24a+90\ge0$의 해는

$a\ge12+3\sqrt{6}$ 또는 $a\le12-3\sqrt{6}$

이때 $4<a\le12$이므로 $4<a\le12-3\sqrt{6}$

따라서 $\mathrm{P}(3\le X\le a)\le\dfrac{1}{4}$을 만족시키는 실수 a의 최댓값은

$12-3\sqrt{6}$이므로

$m=12$, $n=-3$

$\therefore m+n=12+(-3)=9$

230 답 ⑤

오른쪽 그림과 같은 연속확률변수 X의 확률밀도함수 $f(x)=k$의 그래프에서

$2k=1$ $\therefore k=\dfrac{1}{2}$

오른쪽 그림에서 연속확률변수 Y의 확률밀도함수 $g(x)$는

$g(x)=\mathrm{P}(0\le X\le x)$

$=\dfrac{1}{2}x$

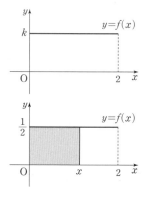

즉, 확률밀도함수 $y=g(x)$의 그래프는 다음 그림과 같다.

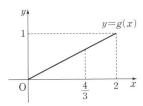

따라서 구하는 확률은

$$P\left(\frac{4}{3} \leq Y \leq 2\right)=1-P\left(0 \leq Y \leq \frac{4}{3}\right)$$

$$=1-\frac{1}{2} \times \frac{4}{3} \times \left(\frac{1}{2} \times \frac{4}{3}\right)$$

$$=1-\frac{4}{9}=\frac{5}{9}$$

231 답 775

조건 (가)에서 임의의 실수 k에 대하여 $f(a+k)-f(a-k)=0$, 즉 $f(a+k)=f(a-k)$이므로 함수 $y=f(x)$의 그래프는 직선 $x=a$ 에 대하여 대칭이다.

$\therefore a=40$

조건 (나)에서

$$P(a-5 \leq X \leq a-3)+2P(a \leq X \leq a+3)$$

$$=P(35 \leq X \leq 37)+2P(40 \leq X \leq 43)$$

$$=P(35 \leq X \leq 37)+P(37 \leq X \leq 40)+P(40 \leq X \leq 43)$$

$$=P(35 \leq X \leq 43)$$

$\therefore b=35$

확률변수 X는 정규분포 $N(40, 2^2)$을 따르므로 $Z=\dfrac{X-40}{2}$이라 하면 확률변수 Z는 표준정규분포 $N(0, 1)$을 따른다.

조건 (다)에서

$$P(b \leq X \leq 43)=P(35 \leq X \leq 43)$$

$$=P\left(\frac{35-40}{2} \leq Z \leq \frac{43-40}{2}\right)$$

$$=P(-2.5 \leq Z \leq 1.5)$$

$$=P(0 \leq Z \leq 1.5)+P(0 \leq Z \leq 2.5)$$

$\therefore c=2.5$

$\therefore 10(a+b+c)=10 \times (40+35+2.5)=775$

232 답 78

수학 시험 점수가 70점 이상 80점 이하인 3학년 학생 중에서 임의로 선택한 한 명의 수학 시험 점수를 확률변수 X라 하면 구하는 확률은 $70 \leq X \leq 80$일 때 $70 \leq X \leq 77.5$일 조건부확률이다.

이때 확률변수 X는 정규분포 $N(75, 5^2)$을 따르고, $Z=\dfrac{X-75}{5}$ 라 하면 확률변수 Z는 표준정규분포 $N(0, 1)$을 따르므로

$$P(70 \leq X \leq 80)=P\left(\frac{70-75}{5} \leq Z \leq \frac{80-75}{5}\right)$$

$$=P(-1 \leq Z \leq 1)=2P(0 \leq Z \leq 1)$$

$$=2 \times 0.3413=0.6826$$

$$P(70 \leq X \leq 77.5)=P\left(\frac{70-75}{5} \leq Z \leq \frac{77.5-75}{5}\right)$$

$$=P(-1 \leq Z \leq 0.5)$$

$$=P(0 \leq Z \leq 1)+P(0 \leq Z \leq 0.5)$$

$$=0.3413+0.1915$$

$$=0.5328$$

즉, 구하는 확률은

$$\frac{P(70 \leq X \leq 77.5)}{P(70 \leq X \leq 80)}=\frac{0.5328}{0.6826}=0.780 \times \times \times$$

따라서 $A=0.78$이므로

$$100A=100 \times 0.78=78$$

233 답 20

1000명 중에서 200명을 뽑는 시험에 합격하려면 상위 20 % 안에 들어야 한다.

수험생의 점수를 확률변수 X라 하면 X는 정규분포 $N(550, 40^2)$ 을 따른다.

$Z=\dfrac{X-550}{40}$이라 하면 확률변수 Z는 표준정규분포 $N(0, 1)$을 따르므로 합격자의 최저 점수를 k점이라 하면

$$P(X \geq k)=P\left(Z \geq \frac{k-550}{40}\right)$$

$$=0.5-P\left(0 \leq Z \leq \frac{k-550}{40}\right)$$

$$=0.2$$

$$\therefore P\left(0 \leq Z \leq \frac{k-550}{40}\right)=0.3$$

이때 주어진 표준정규분포표에서 $P(0 \leq Z \leq 0.85)=0.3$이므로

$$\frac{k-550}{40}=0.85 \qquad \therefore k=584$$

장학금을 받으려면 $584+50=634$(점) 이상의 점수를 받아야 하므로 장학금을 받을 확률은

$$P(X \geq 634)=P\left(Z \geq \frac{634-550}{40}\right)$$

$$=P(Z \geq 2.1)$$

$$=0.5-P(0 \leq Z \leq 2.1)$$

$$=0.5-0.48$$

$$=0.02$$

따라서 장학금을 받는 수험생 수는

$$1000 \times 0.02=20(명)$$

$\therefore a=20$

234 답 ⑤

정규분포 $N(m, 20^2)$을 따르는 모집단에서 임의추출한 크기가 100인 표본의 표본평균을 $\overline{X}$라 하면

확률변수 $\overline{X}$는 평균이 m이고 표준편차가 $\dfrac{20}{\sqrt{100}}=2$인 정규분포 $N(m, 2^2)$을 따른다.

이때 $k=\mathrm{P}(\alpha\le Z\le\beta)$에서 모평균 m에 대한 신뢰도 $100k\,\%$의 신뢰구간이 $a\le m\le b$이므로

$$k=\mathrm{P}\!\left(\alpha\le\dfrac{\overline{X}-m}{2}\le\beta\right)$$
$$=\mathrm{P}(2\alpha\le\overline{X}-m\le2\beta)$$
$$=\mathrm{P}(2\alpha-\overline{X}\le-m\le2\beta-\overline{X})$$
$$=\mathrm{P}(\overline{X}-2\beta\le m\le\overline{X}-2\alpha)$$

에서 $a=\overline{X}-2\beta$, $b=\overline{X}-2\alpha$이다.

$$\therefore b-a=(\overline{X}-2\alpha)-(\overline{X}-2\beta)$$
$$=2\beta-2\alpha$$

235 답 38

$\mathrm{P}(0\le Z\le2.0)=0.48$에서 $\mathrm{P}(|Z|\le2)=0.96$이므로 크기가 25인 표본의 표본평균의 값을 $\overline{x}$라 하면 모평균 m에 대한 신뢰도 96 %의 신뢰구간은

$$\overline{x}-2\times\dfrac{5}{\sqrt{25}}\le m\le\overline{x}+2\times\dfrac{5}{\sqrt{25}}$$
$$\overline{x}-2\le m\le\overline{x}+2$$
$$\therefore a=\overline{x}-2,\ b=\overline{x}+2$$

$\mathrm{P}(|Z|\le k)=\dfrac{t}{100}$라 할 때, 모평균 m에 대한 신뢰도 t %의 신뢰구간은

$$\overline{x}-k\times\dfrac{5}{\sqrt{25}}\le m\le\overline{x}+k\times\dfrac{5}{\sqrt{25}}$$
$$\overline{x}-k\le m\le\overline{x}+k$$
$$\therefore c=\overline{x}-k,\ d=\overline{x}+k$$

이때

$$b-a=(\overline{x}+2)-(\overline{x}-2)=4$$
$$d-c=(\overline{x}+k)-(\overline{x}-k)=2k$$

이고, $b-a\ge4(d-c)$이어야 하므로

$$4\ge4\times2k$$
$$\therefore k\le0.5$$

즉, $\mathrm{P}(|Z|\le k)\le\mathrm{P}(|Z|\le0.5)$이므로

$$\dfrac{t}{100}\le2\times0.19$$
$$\therefore t\le38$$

따라서 t의 최댓값은 38이다.

236 답 ④

정규분포 $\mathrm{N}(m_1,\ \sigma_1{}^2)$을 따르는 모집단에서 임의추출한 크기가 n_1인 표본의 표본평균 $\overline{X_1}$는 정규분포 $\mathrm{N}\!\left(m_1,\ \left(\dfrac{\sigma_1}{\sqrt{n_1}}\right)^2\right)$을 따른다.

$Z_1=\dfrac{\overline{X_1}-m_1}{\dfrac{\sigma_1}{\sqrt{n_1}}}$이라 하면 확률변수 Z_1은 표준정규분포 $\mathrm{N}(0,\ 1)$을 따르므로

$$f(k)=\mathrm{P}(\overline{X_1}\le m_1+k)$$
$$=\mathrm{P}\!\left(Z_1\le\dfrac{k}{\dfrac{\sigma_1}{\sqrt{n_1}}}\right)=\mathrm{P}\!\left(Z_1\le\dfrac{k\sqrt{n_1}}{\sigma_1}\right)$$

정규분포 $\mathrm{N}(m_2,\ \sigma_2{}^2)$을 따르는 모집단에서 임의추출한 크기가 n_2인 표본의 표본평균 $\overline{X_2}$는 정규분포 $\mathrm{N}\!\left(m_2,\ \left(\dfrac{\sigma_2}{\sqrt{n_2}}\right)^2\right)$을 따른다.

$Z_2=\dfrac{\overline{X_2}-m_2}{\dfrac{\sigma_2}{\sqrt{n_2}}}$라 하면 확률변수 Z_2는 표준정규분포 $\mathrm{N}(0,\ 1)$을 따르므로

$$g(k)=\mathrm{P}(\overline{X_2}\le m_2+k)$$
$$=\mathrm{P}\!\left(Z_2\le\dfrac{k}{\dfrac{\sigma_2}{\sqrt{n_2}}}\right)=\mathrm{P}\!\left(Z_2\le\dfrac{k\sqrt{n_2}}{\sigma_2}\right)$$

ㄱ. [반례] $\sigma_1 n_1=\sigma_2 n_2$에서 $n_1=4$, $n_2=1$, $\sigma_1=1$, $\sigma_2=4$라 하면
$$\dfrac{\sqrt{n_1}}{\sigma_1}>\dfrac{\sqrt{n_2}}{\sigma_2}$$이므로 양수 k에 대하여 $f(k)>g(k)$ (거짓)

ㄴ. $n_1=n_2$이고 $\sigma_2=2\sigma_1$이면
$$\dfrac{k\sqrt{n_1}}{\sigma_1}=\dfrac{2k\sqrt{n_2}}{2\sigma_1}=\dfrac{2k\sqrt{n_2}}{\sigma_2}$$
$$\therefore f(k)=g(2k)\ (참)$$

ㄷ. $n_1<n_2$, $\sigma_1>\sigma_2$에서 $n_1<n_2$이고 $\dfrac{1}{\sigma_1}<\dfrac{1}{\sigma_2}$이므로 양수 k에 대하여
$$\dfrac{k\sqrt{n_1}}{\sigma_1}<\dfrac{k\sqrt{n_2}}{\sigma_2}$$
$$\therefore f(k)<g(k)\ (참)$$

따라서 옳은 것은 ㄴ, ㄷ이다.

237 답 ④

검은 바둑돌을 ●, 흰 바둑돌을 ○라 하자.
두 조건 (나), (다)에 의하여 바둑돌을 나열하는 경우는
앞에서부터 2번째까지는 ●● 또는 ○●의 2가지,
뒤에서부터 2번째까지는 ●● 또는 ●○의 2가지이다.
즉, 이 경우의 수는
$$2\times2=4$$
또한, 조건 (나)에 의하여 앞에서부터 4번째와 12번째에는 반드시 검은 바둑돌을 놓아야 한다.
4번째부터 12번째까지 9개의 자리에
검은 바둑돌을 연속해서 3개 나열하는 횟수를 x,
검은 바둑돌을 연속해서 2개 나열하는 횟수를 y,
검은 바둑돌을 1개만 나열하는 횟수를 z
라 하면 4번째부터 12번째까지 놓이는 검은 바둑돌의 개수는
$$3x+2y+z$$
12번째에는 반드시 검은 바둑돌이 와야 하므로 4번째부터 12번째까지 놓이는 흰 바둑돌의 개수는
$$x+y+z-1$$
즉, $(3x+2y+z)+(x+y+z-1)=9$이므로
$$4x+3y+2z=10 \quad\cdots\cdots\ ㉠$$

이때 방정식 ㉠을 만족시키는 음이 아닌 정수 x, y, z의 순서쌍 (x, y, z)는

$(2, 0, 1)$, $(1, 2, 0)$, $(1, 0, 3)$, $(0, 2, 2)$, $(0, 0, 5)$

이고, 이 각각에 대하여 바둑돌을 놓는 경우의 수는

$(2, 0, 1)$일 때, $\dfrac{3!}{2!}=3$

$(1, 2, 0)$일 때, $\dfrac{3!}{2!}=3$

$(1, 0, 3)$일 때, $\dfrac{4!}{3!}=4$

$(0, 2, 2)$일 때, $\dfrac{4!}{2!2!}=6$

$(0, 0, 5)$일 때, 1

따라서 구하는 경우의 수는

$4\times(3+3+4+6+1)=68$

238 답 882

첫째 줄과 둘째 줄에 있는 검은색을 칠한 정사각형의 개수에 따라 경우를 나누면 다음과 같다.

(i) 첫째 줄에 1개, 둘째 줄에 3개인 경우

둘째 줄에 3개의 검은색 정사각형을 나열한 후 검은색 정사각형 사이의 2곳에 칠하지 않은 정사각형을 하나씩 놓는다.

칠하지 않은 4개의 정사각형은 그림과 같이 검은색 정사각형의 앞, 뒤와 사이의 4곳에 중복을 허락하여 놓으면 되므로 이 경우의 수는

$_4H_4={_7}C_4={_7}C_3=35$

∨ ⬛ ∨ ⬛ ∨ ⬛ ∨

이때 첫째 줄에는 둘째 줄에서 칠하지 않은 6개의 정사각형의 바로 위의 정사각형 중 하나를 칠하면 되므로 이 경우의 수는

$_6C_1=6$

즉, 검은색을 칠한 정사각형이 첫째 줄에 1개, 둘째 줄에 3개인 경우의 수는

$35\times6=210$

(ii) 첫째 줄에 2개, 둘째 줄에 2개인 경우

둘째 줄에 2개의 검은색 정사각형을 나열한 후 검은색 정사각형 사이의 1곳에 칠하지 않은 정사각형을 하나 놓는다.

칠하지 않은 6개의 정사각형은 그림과 같이 검은색 정사각형의 앞, 뒤와 사이의 3곳에 중복을 허락하여 놓으면 되므로 이 경우의 수는

$_3H_6={_8}C_6={_8}C_2=28$

∨ ⬛ ∨ ⬛ ∨

첫째 줄에도 둘째 줄과 같은 방법으로 나열하는 경우의 수는

$_3H_6=28$

이때 세로로 검은색 정사각형이 연속하는 경우는 다음과 같이 두 가지가 있다.

ⓐ 두 쌍의 검은색 정사각형이 세로로 연속하는 경우

첫째 줄 또는 둘째 줄에 2개의 검은색 정사각형을 나열하는 경우의 수와 같으므로

$_3H_6=28$

ⓑ 한 쌍의 검은색 정사각형만 세로로 연속하는 경우

세로로 연속한 한 쌍의 검은색 정사각형을 가장 왼쪽 또는 가장 오른쪽에 나열하는 경우의 수는 2이고 이 각각에 대하여 나머지 2개의 검은색 정사각형을 나열하는 경우의 수는

$7\times6=42$

세로로 연속한 한 쌍의 검은색 정사각형을 가장 왼쪽과 가장 오른쪽이 아닌 곳에 나열하는 경우의 수는 7이고 이 각각에 대하여 나머지 2개의 검은색 정사각형을 나열하는 경우의 수는

$6\times5=30$

즉, 한 쌍의 검은색 정사각형만 세로로 연속하는 경우의 수는

$2\times42+7\times30=294$

ⓐ, ⓑ에서 세로로 검은색 정사각형이 연속하는 경우의 수는

$28+294=322$

검은색을 칠한 정사각형이 첫째 줄에 2개, 둘째 줄에 2개인 경우의 수는

$28\times28-322=462$

(iii) 첫째 줄에 3개, 둘째 줄에 1개인 경우

(i)에서 첫째 줄과 둘째 줄이 바뀐 경우이므로 검은색을 칠한 정사각형이 첫째 줄에 3개, 둘째 줄에 1개인 경우의 수는

210

(i), (ii), (iii)에서 구하는 경우의 수는

$210+462+210=882$

239 답 333

사과 주스를 받는 학생 수를 기준으로 다음과 같이 경우를 나누어 생각할 수 있다.

(i) 사과 주스를 받는 학생이 한 명뿐인 경우

사과 주스를 받는 학생을 정하는 경우의 수는

$_3C_1=3$

ⓐ 사과 주스를 받은 학생이 오렌지 주스 1병도 받을 때, 나머지 두 학생 중 주스를 못 받는 학생이 없어야 하므로 이 두 학생에게 포도 주스를 1병씩 나누어 주어야 한다. 남은 포도 주스 2병을 3명의 학생에게 나누어 주면 되므로 이 경우의 수는

$_3H_2={_4}C_2=6$

ⓑ 사과 주스를 받은 학생이 오렌지 주스를 받지 않을 때, 나머지 두 학생 중 오렌지 주스 1병을 받는 학생을 정하는 경우의 수는

$_2C_1=2$

사과 주스도 오렌지 주스도 받지 못한 1명의 학생에게 먼저 포도 주스를 1병 나누어 준 다음, 남은 포도 주스 3병을 3명의 학생에게 나누어 주는 경우의 수는

$_3H_3={_5}C_3={_5}C_2=10$

즉, 이 경우의 수는 $2\times10=20$

ⓐ, ⓑ에서 사과 주스를 받는 학생이 한 명뿐인 경우의 수는

$3\times(6+20)=78$

(ii) 사과 주스를 받는 학생이 두 명인 경우

사과 주스 3병을 2병, 1병으로 나누어 주어야 하므로 사과 주

스를 받는 학생을 정하는 경우의 수는

$_3P_2=3\times2=6$

ⓒ 사과 주스를 받은 학생이 오렌지 주스 1병도 받을 때, 오렌지 주스 1병을 받는 학생을 정하는 경우의 수는

$_2C_1=2$

사과 주스도 오렌지 주스도 받지 못한 1명에게 먼저 포도 주스를 1병 나누어 준 다음, 남은 포도 주스 3병을 3명의 학생에게 나누어 주는 경우의 수는

$_3H_3=_5C_3=_5C_2=10$

그러므로 이 경우의 수는 $2\times10=20$

ⓓ 사과 주스를 받은 학생이 오렌지 주스를 받지 않을 때, 사과 주스를 받지 않은 학생에게 오렌지 주스 1병을 주고 포도 주스 4병을 3명의 학생에게 나누어 주면 되므로 이 경우의 수는

$_3H_4=_6C_4=_6C_2=15$

ⓒ, ⓓ에서 사과 주스를 받는 학생이 두 명인 경우의 수는

$6\times(20+15)=210$

(iii) 사과 주스를 받는 학생이 세 명인 경우

3명의 학생에게 사과 주스를 1병씩 나누어 주면 주스를 못 받는 학생은 없다.

오렌지 주스 1병을 받는 학생을 정하는 경우의 수는

$_3C_1=3$

포도 주스 4병을 3명의 학생에게 나누어 주는 경우의 수는

$_3H_4=_6C_4=_6C_2=15$

즉, 사과 주스를 받는 학생이 세 명인 경우의 수는

$3\times15=45$

(i), (ii), (iii)에서 구하는 경우의 수는

$78+210+45=333$

240 답 ①

조건 (나)에 의하여 $f(1)\leq f(2)\leq f(3)\leq f(4)\leq f(5)$이므로 조건 (가)에서 $f(1)+f(4)=6$을 만족시키는 경우는

$f(1)=1$, $f(4)=5$ 또는 $f(1)=2$, $f(4)=4$ 또는

$f(1)=3$, $f(4)=3$

(i) $f(1)=1$, $f(4)=5$인 경우

$1\leq f(2)\leq f(3)\leq5$이므로 공역 Y의 원소 1, 2, 3, 4, 5 중에서 $f(2)$, $f(3)$의 값을 정하는 경우의 수는

$_5H_2=_6C_2=15$

이때 $f(5)\geq5$이어야 하므로 $f(5)$의 값을 정하는 경우의 수는

1

또한, 집합 Y의 원소 중에서 $f(6)$, $f(7)$의 값을 정하는 경우의 수는

$_5\Pi_2=5^2=25$

즉, 이 경우의 함수의 개수는

$15\times1\times25=375$

(ii) $f(1)=2$, $f(4)=4$인 경우

$2\leq f(2)\leq f(3)\leq4$이므로 공역 Y의 원소 2, 3, 4 중에서 $f(2)$, $f(3)$의 값을 정하는 경우의 수는

$_3H_2=_4C_2=6$

이때 $f(5)\geq4$이어야 하므로 $f(5)$의 값을 정하는 경우의 수는

$_2C_1=2$

또한, 집합 Y의 원소 중에서 $f(6)$, $f(7)$의 값을 정하는 경우의 수는

$_5\Pi_2=5^2=25$

즉, 이 경우의 함수의 개수는

$6\times2\times25=300$

(iii) $f(1)=3$, $f(4)=3$인 경우

$3\leq f(2)\leq f(3)\leq3$이므로 $f(2)$, $f(3)$의 값을 정하는 경우의 수는

1

이때 $f(5)\geq3$이어야 하므로 $f(5)$의 값을 정하는 경우의 수는

$_3C_1=3$

또한, 집합 Y의 원소 중에서 $f(6)$, $f(7)$의 값을 정하는 경우의 수는

$_5\Pi_2=5^2=25$

즉, 이 경우의 함수의 개수는

$1\times3\times25=75$

(i), (ii), (iii)에서 구하는 함수의 개수는

$375+300+75=750$

241 답 ③

세 지원자 A, B, C가 1번, 2번, 3번, 4번, 5번 중에서 임의로 한 문항씩을 선택하고 두 지원자 D, E가 4번, 5번, 6번, 7번 중에서 임의로 한 문항씩을 선택하는 모든 경우의 수는

$_5\Pi_3\times_4\Pi_2=5^3\times4^2=2000$

다섯 명의 지원자가 서로 다른 문항을 선택하는 경우를 다음과 같이 나누어 생각할 수 있다.

(i) 세 지원자 A, B, C 모두 4번, 5번을 선택하지 않는 경우

세 지원자 A, B, C는 1번, 2번, 3번 중에서 한 문항씩을 선택하고 두 지원자 D, E는 4번, 5번, 6번, 7번 중에서 한 문항씩을 선택해야 하므로 이때의 경우의 수는

$3!\times_4P_2=6\times12=72$

(ii) 세 지원자 A, B, C 중 한 명이 4번과 5번 중 한 문항을 선택하는 경우

세 지원자 A, B, C 중 한 명이 4번과 5번 중에서 한 문항을 선택하고 나머지는 1번, 2번, 3번 중에서 한 문항씩을 선택하는 경우의 수는

$(_3C_1\times2)\times_3P_2=3\times2\times6=36$

두 지원자 D, E가 세 지원자 A, B, C가 4번과 5번 중 선택하지 않은 한 문항과 6번, 7번의 세 문항 중에서 한 문항씩을 선택하는 경우의 수는

$_3P_2=6$

즉, 이때의 경우의 수는

$36\times6=216$

(iii) 세 지원자 A, B, C 중 두 명이 4번과 5번을 선택하는 경우

세 지원자 A, B, C 중 두 명이 4번과 5번 중에서 한 문항씩을

선택하고 나머지 한 명이 1번, 2번, 3번 중에서 한 문항을 선택하는 경우의 수는

$$(_3C_2 \times 2!) \times {}_3C_1 = 3 \times 2 \times 3 = 18$$

두 지원자 D, E가 6번과 7번 중에서 한 문항씩을 선택하는 경우의 수는

$$2! = 2$$

즉, 이때의 경우의 수는

$$18 \times 2 = 36$$

(ⅰ), (ⅱ), (ⅲ)에서 다섯 명의 지원자가 모두 서로 다른 문항을 선택하는 경우의 수는

$$72 + 216 + 36 = 324$$

따라서 구하는 확률은

$$\frac{324}{2000} = \frac{81}{500}$$

242 답 457

두 학생 A, B가 꺼내는 카드에 그려진 그림을 순서쌍 (A, B)라 하자.

(ⅰ) 첫 번째 판에서 (가위, 보)가 나오는 경우

첫 번째 판에서 (가위, 보)가 나올 확률은

$$\frac{2}{5} \times \frac{1}{3} = \frac{2}{15}$$

첫 번째 판이 끝난 후 A는 가위, 보가 하나씩 그려진 카드를 각각 2장, 4장 가지고 있고, B는 가위, 바위가 하나씩 그려진 카드를 1장씩 가지고 있으므로 A가 두 번째 판에서 지는 경우는

(가위, 바위) 또는 (보, 가위) 또는 (가위, 가위)가 나온 후에 던진 동전의 뒷면이 나오는 경우이다.

이 경우의 확률은

$$\frac{2}{6} \times \frac{1}{2} + \frac{4}{6} \times \frac{1}{2} + \frac{2}{6} \times \frac{1}{2} \times \frac{1}{2} = \frac{7}{12}$$

즉, 조건을 만족시키는 확률은

$$\frac{2}{15} \times \frac{7}{12} = \frac{7}{90}$$

(ⅱ) 첫 번째 판에서 (보, 바위)가 나오는 경우

첫 번째 판에서 (보, 바위)가 나올 확률은

$$\frac{3}{5} \times \frac{1}{3} = \frac{1}{5}$$

첫 번째 판이 끝난 후 A는 가위, 바위, 보가 하나씩 그려진 카드를 각각 2장, 1장, 3장 가지고 있고, B는 가위, 보가 하나씩 그려진 카드를 1장씩 가지고 있으므로 A가 두 번째 판에서 지는 경우는

(보, 가위) 또는 (바위, 보) 또는 (가위, 가위)가 나온 후에 던진 동전의 뒷면이 나오는 경우 또는 (보, 보)가 나온 후에 던진 동전의 뒷면이 나오는 경우이다.

이 경우의 확률은

$$\frac{3}{6} \times \frac{1}{2} + \frac{1}{6} \times \frac{1}{2} + \frac{2}{6} \times \frac{1}{2} \times \frac{1}{2} + \frac{3}{6} \times \frac{1}{2} \times \frac{1}{2} = \frac{13}{24}$$

즉, 조건을 만족시키는 확률은

$$\frac{1}{5} \times \frac{13}{24} = \frac{13}{120}$$

(ⅲ) 첫 번째 판에서 (가위, 가위)가 나온 후에 던진 동전의 앞면이 나오는 경우

첫 번째 판에서 (가위, 가위)가 나온 후에 던진 동전의 앞면이 나올 확률은

$$\frac{2}{5} \times \frac{1}{3} \times \frac{1}{2} = \frac{1}{15}$$

첫 번째 판이 끝난 후 A는 가위, 보가 하나씩 그려진 카드를 3장씩 가지고 있고, B는 바위, 보가 하나씩 그려진 카드를 1장씩 가지고 있으므로 A가 두 번째 판에서 지는 경우는

(가위, 바위) 또는 (보, 보)가 나온 후에 던진 동전의 뒷면이 나오는 경우이다.

이 경우의 확률은

$$\frac{3}{6} \times \frac{1}{2} + \frac{3}{6} \times \frac{1}{2} \times \frac{1}{2} = \frac{3}{8}$$

즉, 조건을 만족시키는 확률은

$$\frac{1}{15} \times \frac{3}{8} = \frac{1}{40}$$

(ⅳ) 첫 번째 판에서 (보, 보)가 나온 후에 던진 동전의 앞면이 나오는 경우

첫 번째 판에서 (보, 보)가 나온 후에 던진 동전의 앞면이 나올 확률은

$$\frac{3}{5} \times \frac{1}{3} \times \frac{1}{2} = \frac{1}{10}$$

첫 번째 판이 끝난 후 A는 가위, 보가 하나씩 그려진 카드를 각각 2장, 4장 가지고 있고, B는 가위, 바위가 하나씩 그려진 카드를 1장씩 가지고 있으므로 A가 두 번째 판에서 지는 경우는

(가위, 바위) 또는 (보, 가위) 또는 (가위, 가위)가 나온 후에 동전의 뒷면이 나오는 경우이다.

이 경우의 확률은

$$\frac{2}{6} \times \frac{1}{2} + \frac{4}{6} \times \frac{1}{2} + \frac{2}{6} \times \frac{1}{2} \times \frac{1}{2} = \frac{7}{12}$$

즉, 조건을 만족시키는 확률은

$$\frac{1}{10} \times \frac{7}{12} = \frac{7}{120}$$

(ⅰ)~(ⅳ)에서 A가 첫 번째 판에서 이기고, 두 번째 판에서 질 확률은

$$\frac{7}{90} + \frac{13}{120} + \frac{1}{40} + \frac{7}{120} = \frac{97}{360}$$

따라서 $p = 360$, $q = 97$이므로

$$p + q = 360 + 97 = 457$$

243 답 20

(ⅰ) a가 홀수인 경우

a가 홀수일 확률은

$$\frac{3}{6} = \frac{1}{2}$$

이때 $\dfrac{1 + (-1)^a}{2} = \dfrac{1 + (-1)}{2} = 0$이므로

$$(b - c)(c - d) \geq 0$$

ⓐ $(b - c)(c - d) > 0$, 즉 $b > c > d$ 또는 $b < c < d$일 확률

$b > c > d$를 만족시키는 순서쌍 (b, c, d)는

$(5, 4, 3), (5, 4, 2), (5, 4, 1), (5, 3, 2), (5, 3, 1),$
$(5, 2, 1),$
$(4, 3, 2), (4, 3, 1), (4, 2, 1),$
$(3, 2, 1)$
의 10가지이므로 이 경우의 확률은
$$\left(\frac{2}{10} \times \frac{2}{9} \times \frac{2}{8}\right) \times 10 = \frac{1}{9}$$
$b < c < d$일 때도 같은 방법으로 생각하면 확률은 $\frac{1}{9}$이다.
$$\therefore \frac{1}{9} + \frac{1}{9} = \frac{2}{9}$$
ⓑ $(b-c)(c-d)=0$, 즉 $b=c$ 또는 $c=d$일 확률
각 숫자가 적힌 공은 2개씩 들어있으므로
$b=c$를 만족시키는 순서쌍 (b, c, d)는
$(5, 5, 4), (5, 5, 3), (5, 5, 2), (5, 5, 1),$
$(4, 4, 5), (4, 4, 3), (4, 4, 2), (4, 4, 1),$
$\vdots$
$(1, 1, 5), (1, 1, 4), (1, 1, 3), (1, 1, 2)$
의 20가지이므로 이 경우의 확률은
$$\left(\frac{2}{10} \times \frac{1}{9} \times \frac{2}{8}\right) \times 20 = \frac{1}{9}$$
$c=d$일 때도 같은 방법으로 생각하면 확률은 $\frac{1}{9}$이다.
$$\therefore \frac{1}{9} + \frac{1}{9} = \frac{2}{9}$$
ⓐ, ⓑ에서 a가 홀수일 때, 조건을 만족시킬 확률은
$$\frac{1}{2} \times \left(\frac{2}{9} + \frac{2}{9}\right) = \frac{2}{9}$$
(ii) a가 짝수인 경우
a가 짝수일 확률은
$$\frac{3}{6} = \frac{1}{2}$$
이때 $\frac{1+(-1)^a}{2} = \frac{1+1}{2} = 1$이므로
$(b-c)(c-d) \geq 1$
$\therefore (b-c)(c-d) > 0$ ($\because b, c, d$는 자연수)
이 부등식을 만족시킬 확률은 (i)-ⓐ에 의하여 $\frac{2}{9}$이므로
a가 짝수일 때, 조건을 만족시킬 확률은
$$\frac{1}{2} \times \frac{2}{9} = \frac{1}{9}$$
(i), (ii)에서 구하는 확률은
$$p = \frac{2}{9} + \frac{1}{9} = \frac{1}{3}$$
$$\therefore 60p = 60 \times \frac{1}{3} = 20$$

다른 풀이
공을 꺼내는 순서에 따라 같은 숫자가 적힌 공이어도 다르게 취급되므로 주머니에 들어 있는 10개의 공을 모두 다른 공으로 생각하자.
주사위를 던져서 나오는 경우의 수는 6이고, 주머니에 들어 있는 10개의 공 중에서 3개의 공을 순서대로 꺼내는 경우의 수는
$_{10}P_3 = 10 \times 9 \times 8 = 720$
이므로 일어날 수 있는 모든 경우의 수는
$6 \times 720 = 4320$

(i) a가 홀수인 경우
a가 홀수인 경우의 수는 3
이때 $\frac{1+(-1)^a}{2} = \frac{1+(-1)}{2} = 0$이므로
$(b-c)(c-d) \geq 0$
이를 만족시키는 경우를 다음과 같이 나누어 생각할 수 있다.
ⓐ $(b-c)(c-d) > 0$, 즉 $b > c > d$ 또는 $b < c < d$인 경우
1, 2, 3, 4, 5가 적혀 있는 공 중에서 3개를 선택하여 위의 대소 관계를 만족시키도록 나열하는 경우의 수는
$2 \times {}_5C_3 = 2 \times {}_5C_2 = 2 \times 10 = 20$
각 숫자가 적혀 있는 공이 2개씩 있으므로 조건을 만족시키는 경우의 수는
$20 \times 2^3 = 160$
ⓑ $(b-c)(c-d) = 0$, 즉 $b=c$ 또는 $c=d$인 경우
1, 2, 3, 4, 5 중에서 하나씩 순서대로 2개를 선택하여 i, j라 하면 그 경우의 수는
$_5P_2 = 5 \times 4 = 20$
이 각각에 대하여 같은 숫자의 공이 2개씩 있으므로 두 수 i, j를 i_1, i_2와 j_1, j_2로 구분하여 순서쌍 (b, c, d)에 대응시키는 경우는
$(i_1, i_2, j_1), (i_2, i_1, j_1), (j_1, i_1, i_2), (j_1, i_2, i_1),$
$(i_1, i_2, j_2), (i_2, i_1, j_2), (j_2, i_1, i_2), (j_2, i_2, i_1)$
의 8가지이므로 조건을 만족시키는 경우의 수는
$20 \times 8 = 160$
ⓐ, ⓑ에서 a가 홀수일 때, 조건을 만족시키는 경우의 수는
$3 \times (160 + 160) = 960$
(ii) a가 짝수인 경우
a가 짝수인 경우의 수는 3
이때 $\frac{1+(-1)^a}{2} = \frac{1+1}{2} = 1$이므로
$(b-c)(c-d) \geq 1$ ······ ㉠
b, c, d는 모두 자연수이므로 부등식 ㉠을 만족시키는 경우의 수는 부등식 $(b-c)(c-d) > 0$을 만족시키는 경우의 수와 같다.
즉, 부등식 ㉠을 만족시키는 경우의 수는 (i)-ⓐ에 의하여 160이므로 a가 짝수일 때, 조건을 만족시키는 경우의 수는
$3 \times 160 = 480$
(i), (ii)에서 주어진 부등식을 만족시키는 경우의 수는
$960 + 480 = 1440$
따라서 구하는 확률은
$$p = \frac{1440}{4320} = \frac{1}{3}$$

244 답 201

주머니 B에서 2개의 바둑알을 동시에 꺼내는 경우는 흰 바둑알 2개를 꺼내는 경우, 흰 바둑알 1개와 검은 바둑알 1개를 꺼내는 경우, 검은 바둑알 2개를 꺼내는 경우가 있다.

(i) 주머니 B에서 흰 바둑알 2개를 꺼내어 주머니 A에 넣는 경우
주머니 A에는 흰 바둑알 3개와 검은 바둑알 4개가 있으므로 주

머니 A에서 임의로 3개의 바둑알을 동시에 꺼낼 때 나오는 흰 바둑알의 개수는 0 또는 1 또는 2 또는 3이다.

(ii) 주머니 B에서 흰 바둑알 1개, 검은 바둑알 1개를 꺼내어 주머니 A에 넣는 경우
주머니 A에는 흰 바둑알 2개와 검은 바둑알 5개가 있으므로 주머니 A에서 임의로 3개의 바둑알을 동시에 꺼낼 때 나오는 흰 바둑알의 개수는 0 또는 1 또는 2이다.

(iii) 주머니 B에서 검은 바둑알 2개를 꺼내어 주머니 A에 넣는 경우
주머니 A에는 흰 바둑알 1개와 검은 바둑알 6개가 있으므로 주머니 A에서 임의로 3개의 바둑알을 동시에 꺼낼 때 나오는 흰 바둑알의 개수는 0 또는 1이다.

(i), (ii), (iii)에서 확률변수 X가 가질 수 있는 값은 0, 1, 2, 3이고, 그 확률은 각각 다음과 같다.

$$P(X=0)=\frac{_2C_2}{_4C_2}\times\frac{_4C_3}{_7C_3}+\frac{_2C_1\times_2C_1}{_4C_2}\times\frac{_5C_3}{_7C_3}+\frac{_2C_2}{_4C_2}\times\frac{_6C_3}{_7C_3}$$
$$=\frac{64}{210}=\frac{32}{105}$$

$$P(X=1)=\frac{_2C_2}{_4C_2}\times\frac{_4C_2\times_3C_1}{_7C_3}+\frac{_2C_1\times_2C_1}{_4C_2}\times\frac{_5C_2\times_2C_1}{_7C_3}$$
$$+\frac{_2C_2}{_4C_2}\times\frac{_6C_2\times_1C_1}{_7C_3}$$
$$=\frac{113}{210}$$

$$P(X=2)=\frac{_2C_2}{_4C_2}\times\frac{_4C_1\times_3C_2}{_7C_3}+\frac{_2C_1\times_2C_1}{_4C_2}\times\frac{_5C_1\times_2C_2}{_7C_3}$$
$$=\frac{32}{210}=\frac{16}{105}$$

$$P(X=3)=\frac{_2C_2}{_4C_2}\times\frac{_3C_3}{_7C_3}=\frac{1}{210}$$

즉, 확률변수 X의 확률분포를 표로 나타내면 다음과 같다.

X	0	1	2	3	합계
$P(X=x)$	$\frac{32}{105}$	$\frac{113}{210}$	$\frac{16}{105}$	$\frac{1}{210}$	1

$$E(X)=0\times\frac{32}{105}+1\times\frac{113}{210}+2\times\frac{16}{105}+3\times\frac{1}{210}=\frac{6}{7},$$

$$E(X^2)=0^2\times\frac{32}{105}+1^2\times\frac{113}{210}+2^2\times\frac{16}{105}+3^2\times\frac{1}{210}=\frac{25}{21}$$

이므로

$$V(X)=E(X^2)-\{E(X)\}^2=\frac{25}{21}-\left(\frac{6}{7}\right)^2=\frac{67}{147}$$

$$\therefore V(21X+5)=21^2V(X)=441\times\frac{67}{147}=201$$

245 답 ①

$P(-6\leq X\leq6)=1$이고 $-6\leq x\leq4$인 모든 실수 x에 대하여
$f(x)=f(x+2)$이므로
$$P(0\leq X\leq2)=P(-6+2k\leq X\leq-4+2k)$$
$$(단, k=0, 1, 2, 3, 4, 5)$$
즉, $6P(0\leq X\leq2)=1$이므로
$$P(0\leq X\leq2)=\frac{1}{6}$$
$P(-0.6\leq X\leq2.8)=\frac{17}{60}$이므로

$P(-0.6\leq X\leq2.8)$
$$=P(-0.6\leq X\leq0)+P(0\leq X\leq2)+P(2\leq X\leq2.8)$$
$$=P(-0.6\leq X\leq0)+\frac{1}{6}+P(2\leq X\leq2.8)=\frac{17}{60}$$
$$\therefore P(-0.6\leq X\leq0)+P(2\leq X\leq2.8)=\frac{7}{60} \quad\cdots\cdots ㉠$$

$P(-6\leq X\leq-2.6)=\frac{3}{10}$이므로

$P(-6\leq X\leq-2.6)=P(-6\leq X\leq-4)+P(-4\leq X\leq-2.6)$
$$=\frac{1}{6}+P(-4\leq X\leq-2.6)=\frac{3}{10}$$
$$\therefore P(-4\leq X\leq-2.6)=\frac{2}{15} \quad\cdots\cdots ㉡$$

이때 $P(-0.6\leq X\leq0)=P(1.4\leq X\leq2)$,
$P(2\leq X\leq2.8)=P(0\leq X\leq0.8)$이므로 ㉠에서
$$P(1.4\leq X\leq2)+P(0\leq X\leq0.8)=\frac{7}{60} \quad\cdots\cdots ㉢$$

또한, $P(-4\leq X\leq-2.6)=P(0\leq X\leq1.4)$이므로
㉡에서
$$P(0\leq X\leq1.4)=\frac{2}{15} \quad\cdots\cdots ㉣$$

㉢+㉣을 하면
$P(0\leq X\leq1.4)+P(1.4\leq X\leq2)+P(0\leq X\leq0.8)$
$$=\frac{2}{15}+\frac{7}{60}=\frac{1}{4}$$

$P(0\leq X\leq1.4)+P(1.4\leq X\leq2)=P(0\leq X\leq2)=\frac{1}{6}$
이므로
$$\frac{1}{6}+P(0\leq X\leq0.8)=\frac{1}{4}$$
$$\therefore P(0\leq X\leq0.8)=\frac{1}{4}-\frac{1}{6}=\frac{1}{12}$$
$$\therefore P(-4\leq X\leq4.8)=P(-4\leq X\leq4)+P(4\leq X\leq4.8)$$
$$=4P(0\leq X\leq2)+P(0\leq X\leq0.8)$$
$$=4\times\frac{1}{6}+\frac{1}{12}=\frac{3}{4}$$

246 답 465

확률변수 X가 정규분포 $N(450, 30^2)$을 따르므로 $Z_X=\frac{X-450}{30}$
이라 하면 확률변수 Z_X는 표준정규분포 $N(0, 1)$을 따른다.
임의로 택한 장어 한 마리가 특 A급으로 판정될 확률은
$$P(X\geq510)=P\left(Z_X\geq\frac{510-450}{30}\right)$$
$$=P(Z_X\geq2)=0.5-P(0\leq Z_X\leq2)$$
$$=0.5-0.48=0.02$$
임의로 추출한 장어 2500마리 중 특 A급으로 판정받은 장어의 마리 수를 Y라 하므로 확률변수 Y는 이항분포 $B(2500, 0.02)$를 따른다. 즉,
$$E(Y)=2500\times0.02=50,$$
$$V(Y)=2500\times0.02\times0.98=49$$
이때 2500은 충분히 큰 수이므로 확률변수 Y는 근사적으로 정규분포 $N(50, 7^2)$을 따른다.

한편, 크기가 2500인 표본의 표본평균 $\overline{X}$는 정규분포 $\mathrm{N}\left(450,\ \dfrac{30^2}{2500}\right)$, 즉 $\mathrm{N}\left(450,\ \left(\dfrac{3}{5}\right)^2\right)$을 따르므로 $Z_{\overline{X}}=\dfrac{\overline{X}-450}{\dfrac{3}{5}}$ 이라 하면 확률변수 $Z_{\overline{X}}$는 표준정규분포 $\mathrm{N}(0,\ 1)$을 따른다.

$$\begin{aligned}\mathrm{P}(\overline{X}\geq 451.2)&=\mathrm{P}\left(Z_{\overline{X}}\geq\dfrac{451.2-450}{\dfrac{3}{5}}\right)\\&=\mathrm{P}(Z_{\overline{X}}\geq 2)\\&=0.5-\mathrm{P}(0\leq Z_{\overline{X}}\leq 2)\\&=0.5-0.48=0.02\end{aligned}$$

즉, $31\mathrm{P}(\overline{X}\geq 451.2)=2\mathrm{P}(Y\leq k)$에서

$$\mathrm{P}(Y\leq k)=\dfrac{31}{2}\mathrm{P}(\overline{X}\geq 451.2)=\dfrac{31}{2}\times 0.02=0.31$$

또한, $Z_Y=\dfrac{Y-50}{7}$이라 하면 확률변수 Z_Y는 표준정규분포 $\mathrm{N}(0,\ 1)$을 따르고 $\mathrm{P}(Y\leq k)=0.31$이므로 $k<50$

$$\begin{aligned}\mathrm{P}(Y\leq k)&=\mathrm{P}\left(Z_Y\leq\dfrac{k-50}{7}\right)\\&=\mathrm{P}\left(Z_Y\geq -\dfrac{k-50}{7}\right)\\&=0.5-\mathrm{P}\left(0\leq Z_Y\leq -\dfrac{k-50}{7}\right)\\&=0.31\end{aligned}$$

$\therefore\ \mathrm{P}\left(0\leq Z_Y\leq -\dfrac{k-50}{7}\right)=0.19$

주어진 표준정규분포표에서 $\mathrm{P}(0\leq Z\leq 0.5)=0.19$이므로

$-\dfrac{k-50}{7}=0.5$

$\therefore\ k=46.5$

$\therefore\ 10k=10\times 46.5=465$

메가스터디 고등학습 시리즈

메가스터디 N제

수학영역 확률과 통계 | 3점·4점 공략

정답 및 해설

메가스터디BOOKS

내용 문의 02-6984-6901 | 구입 문의 02-6984-6868,9 | www.megastudybooks.com

최신 기출 *All* × 우수 기출 *Pick*

수능 기출 올픽

수능 만점을 위한
새로운 기출 학습의 시작

수능 대비에 꼭 필요한 기출문제만 담았다!
BOOK 1 × BOOK 2 효율적인 학습 구성

BOOK 1 최신 3개년 수능·평가원 등 기출 전체 수록
BOOK 2 최신 3개년 이전 기출 중 우수 문항 선별 수록

국어 문학 l 독서
수학 수학Ⅰ l 수학Ⅱ l 확률과 통계 l 미적분
영어 독해

메가스터디BOOKS

메가스터디BOOKS

수능 고득점을 위한 강력한 한 방!

NEW 메가스터디 N제

메가스터디 N제
국어영역 문학
수능 완벽 대비 예상 문제집
203제

메가스터디 N제
수학영역 수학Ⅰ | 3점 공략
수능 완벽 대비 예상 문제집
243제

메가스터디 N제
영어영역 독해
수능 완벽 대비 예상 문제집
332제

국어
문학, 독서

수학
수학Ⅰ 3점 공략 / 4점 공략
수학Ⅱ 3점 공략 / 4점 공략
확률과 통계 3점·4점 공략
미적분 3점·4점 공략

영어
독해, 고난도·3점, 어법·어휘

과탐
지구과학Ⅰ

실전 감각은 끌어올리고, 기본기는 탄탄하게!

국어영역	수학영역	영어영역
핵심 기출 분석	핵심 기출 분석	핵심 기출 분석
+	+	+
EBS 빈출 및 교과서 수록 지문 집중 학습	3점 공략, 4점 공략 수준별 맞춤 학습	최신 경향의 지문과 유사·변형 문제 집중 훈련

레전드
수능 문제집

수능이 바뀔 때마다 가장 먼저 방향을 제시해온 메가스터디 N제,
다시 한번 빠르고 정확하게, 수험생 여러분의 든든한 가이드가 되어 드리겠습니다.

메가스터디BOOKS

메가스터디북스 수능 시리즈

레전드 수능 문제집

메가스터디 N제

- [국어] EBS 빈출 및 교과서 수록 지문 집중 학습
- [영어] 핵심 기출 분석과 유사·변형 문제 집중 훈련
- [수학] 3점 공략, 4점 공략의 수준별 문제 집중 훈련

국어 문학 l 독서
영어 독해 l 고난도·3점 l 어법·어휘
수학 수학 I 3점 공략 l 4점 공략
　　　 수학II 3점 공략 l 4점 공략
　　　 확률과 통계 3점·4점 공략 l **미적분** 3점·4점 공략
과탐 지구과학 I

수능 만점 훈련 기출서 ALL x PICK

수능 기출 올픽

- 최근 3개년 기출 전체 수록 ALL
  최근 3개년 이전 우수 기출 선별 수록 PICK
- 북1 + 북2 구성으로 효율적인 기출 학습 가능
- 효과적인 수능 대비에 포커싱한
  엄격한 기출문제 분류 → 선별 → 재배치

국어 문학 l 독서
영어 독해
수학 수학 I l 수학II l 확률과 통계 l 미적분

수능 수학 개념 기본서

메가스터디 수능 수학 KICK

- 수능 필수 개념을 체계적으로 정리·훈련
- 수능에 자주 출제되는 3점, 쉬운 4점 중심
  문항으로 수능 실전 대비
- 본책의 필수예제와 1:1 매칭된 워크북 수록

수학 I l 수학II l 미적분 l 확률과 통계

수능 기초 중1~고1 수학 개념 5일 완성

수능 잡는 중학 수학

- 하루 1시간 5일 완성 커리큘럼
- 수능에 꼭 나오는 중1~고1 수학 필수 개념 50개
- 메가스터디 현우진, 김성은 쌤 강력 추천

메가스터디 수능 영어 대표 조정식 기초 어법

괜찮아 어법

- 조정식선생님의 명확한 개념 설명
- 시험에 나오는 문법 중심으로 효율적인 학습
- 긴 문장으로 어법 개념 및 독해 기초 완성
- 별책 '워크북'으로 완벽한 마무리

똑같은 기출서, 해설이 등급을 가른다!

기출정식 고1·고2 영어

- 유형별 접근법 제시로 문제 해결력 Up!
- 지문 구조 분석으로 유사·변형 문제까지 커버
- 독해+어법·어휘 단권 완성

고1 l 고2

메가스터디 고등학습 시리즈

메가스터디 N제

수학영역 확률과 통계 | 3점·4점 공략

메가스터디북스는 이 도서의
본문에 콩기름 친환경 잉크를
사용합니다.

진짜 공부 챌린지 | 내!가/스/터/디

공부는 스스로 해야 실력이 됩니다. 아무리 뛰어난 스타강사도, 아무리 좋은 참고서도 학습자의 실력을 바로 높여 줄 수는 없습니다.
내가 무엇을 공부하고 있는지, 아는 것과 모르는 것은 무엇인지 스스로 인지하고 학습할 때 진짜 실력이 만들어집니다.
메가스터디북스는 스스로 하는 공부, 내가스터디를 응원합니다.
메가스터디북스는 여러분의 내가스터디를 돕는 좋은 책을 만듭니다.

53410

ISBN 979-11-297-1155-7

값 16,000원

메가스터디BOOKS

내용 문의 02-6984-6901 | 구입 문의 02-6984-6868,9 | www.megastudybooks.com

PRINTED WITH SOY INK

메가스터디북스는 이 도서의
본문에 콩기름 친환경 잉크를
사용했습니다.

메가스터디 N제

수학영역 미적분 | 3점·4점 공략

수능 완벽 대비 예상 문제집

366제

메가스터디 BOOKS

미적분 3점·4점 공략 366제를 집필해주신 선생님

권백일 선생님 양정고 교사 이경진 선생님 중동고 교사 조정묵 선생님 (前) 여의도여고 교사 한용익 선생님 서울국제고 교사
김성남 선생님 성남고 교사 이향수 선생님 명일여고 교사 한명주 선생님 명일여고 교사 홍진철 선생님 중동고 교사
남선주 선생님 경기고 교사 정재복 선생님 양정고 교사

미적분 3점·4점 공략 366제를 검토해주신 선생님

강홍규 선생님 최강학원(대전) 노기태 선생님 대찬학원(대전) 오경민 선생님 수학의힘 경인본원 이청원 선생님 이청원 수학학원
곽정오 선생님 유앤아이영어수학학원(광주) 박대희 선생님 실전수학 왕건일 선생님 토모수학학원(인천) 이현미 선생님 장대유레카학원
권혁동 선생님 매쓰뷰학원 박임수 선생님 고탑 수학학원 우정림 선생님 크누 KNU입시학원 임태형 선생님 생각하는방법학원
기진영 선생님 밀턴수학 학원 박종화 선생님 한뜻학원(안산) 유성규 선생님 현수학 전문학원(청라) 장익수 선생님 코아수학 2관학원(일산)
김동희 선생님 김동희 수학학원 박주현 선생님 장훈고등학교 유영석 선생님 수학서당 학원 전지호 선생님 수풀림학원
김 민 선생님 교진학원 박주환 선생님 MVP 수학학원 유정관 선생님 TIM수학학원 정금남 선생님 삼성이룸학원
김민희 선생님 화정고등학교 박 진 선생님 장군수학 유지민 선생님 백미르 수학학원 정혜승 선생님 샤인학원(전주)
김성은 선생님 블랙박스 수학과학 전문학원 배세혁 선생님 수클래스학원 윤다감 선생님 트루탑 학원 정혜인 선생님 뿌리와샘 입시학원
김연지 선생님 CL 학숙 배태선 선생님 쎈텀수학학원(인천) 윤치훈 선생님 의치한약수 수학교습소 정효석 선생님 최상휘하다 학원
김영현 선생님 거인의 어깨위 영어수학전문학원 백경훈 선생님 우리 영수 전문학원 이대진 선생님 사직 더매쓰 수학전문학원 조보미 선생님 정면돌파학원
김영환 선생님 종로학원하늘교육(구월지점) 백종훈 선생님 자성학원(인천) 이동훈 선생님 이동훈 수학학원 조성찬 선생님 카이수학학원(전주)
김우철 선생님 탑수학학원(제주) 서희광 선생님 최강학원(인천) 이문형 선생님 대영학원(대전) 조재천 선생님 와튼학원
김정규 선생님 제이케이 수학학원(인천) 설홍진 선생님 현수학 전문학원(청라) 이미형 선생님 좋은습관 에토스학원 최규종 선생님 뉴토모수학전문학원
김정암 선생님 정암수학학원 성영재 선생님 성영재 수학전문학원 이상헌 선생님 엘리트 대종학원(아산) 최돈권 선생님 송원학원
김정희 선생님 중동고등학교 손은복 선생님 한뜻학원(안산) 이성준 선생님 공감수학(대구) 최원석 선생님 명사특강학원
김종성 선생님 분당파인만학원 손태수 선생님 트루매쓰학원 이성준 선생님 정면돌파학원 최정휴 선생님 엘리트 에듀 학원
김진혜 선생님 우성학원(부산) 심수미 선생님 김경민 수학전문학원 이운학 선생님 1등급 만드는 강한수학 학원 한상복 선생님 강북 메가스터디학원
김하현 선생님 로지플 수학학원(하남) 안준호 선생님 정면돌파학원 이은영 선생님 탄탄학원(창녕) 한상원 선생님 위례수학전문 일비충천
김호원 선생님 원수학학원 양강일 선생님 양쌤수학과학 학원 이재명 선생님 청진학원 한세훈 선생님 마스터플랜 수학학원
김흥국 선생님 노량진 메가스터디학원 양영진 선생님 이룸 영수 전문학원 이정재 선생님 진학원(일산) 한제욱 선생님 한제욱 수학학원
김희진 선생님 엑시엄학원 양 훈 선생님 델타학원(대구) 이철호 선생님 파스칼 수학학원(군포) 황성대 선생님 알고리즘 김국희 수학학원

메가스터디 N제
수학영역 미적분 3점·4점 공략 366제

발행일	2024년 2월 8일
펴낸곳	메가스터디(주)
펴낸이	손은진
개발 책임	배경윤
개발	김민, 신상희, 성기은, 오성한
디자인	이정숙, 신은지, 윤재경
마케팅	엄재욱, 김세정
제작	이성재, 장병미
주소	서울시 서초구 효령로 304(서초동) 국제전자센터 24층
대표전화	1661-5431
홈페이지	http://www.megastudybooks.com
출판사 신고 번호	제 2015-000159호
출간제안/원고투고	메가스터디북스 홈페이지 <투고 문의>에 등록

이 책의 저작권은 메가스터디 주식회사에 있으므로 무단으로 복사, 복제할 수 없습니다. 잘못된 책은 바꿔 드립니다.

메가스터디BOOKS
'메가스터디북스'는 메가스터디㈜의 출판 전문 브랜드입니다.
유아/초등 학습서, 중고등 수능/내신 참고서는 물론, 지식, 교양, 인문 분야에서 다양한 도서를 출간하고 있습니다.